从新手到高手

Tableau数据可视化分析从新手到高手

宋翔 / 编著

清華大學出版社
北 京

内 容 简 介

本书详细介绍了使用 Tableau 对数据进行可视化分析的大量功能、操作方法和技巧，以及在实际中的应用。全书各章的先后顺序以在 Tableau 中分析数据的工作流程进行安排，便于读者学习和理解。

全书共分 10 章，内容主要包括数据分析的一些重要概念和术语、Tableau Desktop 的界面组成和工作区的使用方法、连接和管理数据源、编辑数据源中的数据、数据模型的概念和构建数据模型的方法、管理数据模型中的字段、创建视图的基本方法、使用标记卡控制视图的显示细节、为数据分组、钻取数据、排序和筛选数据、设置视图格式、创建不同类型的图表、创建和设置仪表板、创建和设置故事以及优化、保存和共享分析成果等内容，第 10 章通过一个综合案例，介绍在实际应用中使用 Tableau 对数据进行可视化分析的方法。另外，本书赠送案例使用的数据源文件和制作完成的 Tableau 工作簿文件，以及案例的多媒体视频教程和教学课件。

本书适合所有想要学习使用 Tableau 进行数据可视化分析的用户，也适合从事数据分析的专业人员，还可作为各类院校和培训班的 Tableau 可视化数据分析的教材。

图书在版编目（CIP）数据

Tableau数据可视化分析从新手到高手 / 宋翔编著. —北京：清华大学出版社，2023.9
（从新手到高手）
ISBN 978-7-302-64072-1

Ⅰ.①T… Ⅱ.①宋… Ⅲ.①可视化软件 Ⅳ.①TP31

中国国家版本馆CIP数据核字（2023）第126744号

责任编辑：张　敏
封面设计：郭二鹏
责任校对：徐俊伟
责任印制：杨　艳

出版发行：清华大学出版社
网　　址：http://www.tup.com.cn，http://www.wqbook.com
地　　址：北京清华大学学研大厦A座　　邮　　编：100084
社 总 机：010-83470000　　邮　　购：010-62786544
投稿与读者服务：010-62776969，c-service@tup.tsinghua.edu.cn
质 量 反 馈：010-62772015，zhiliang@tup.tsinghua.edu.cn
课 件 下 载：http://www.tup.com.cn，010-83470236
印 装 者：三河市人民印务有限公司
经　　销：全国新华书店
开　　本：185mm×260mm　　印　　张：12　　字　　数：351千字
版　　次：2023年11月第1版　　印　　次：2023年11月第1次印刷
定　　价：69.80元

产品编号：089997-01

编写本书的目的是帮助读者快速掌握 Tableau Desktop 的核心功能和技术，并可使用 Tableau 对各类数据进行可视化分析，达到灵活运用的目的，顺利完成实际工作中的任务，解决实际应用中的问题。与市面上的同类书籍相比，本书具有以下几个显著特点：

1. 结构系统

全书各章的先后顺序以在 Tableau 中分析数据的工作流程（创建数据源→构建数据模型→创建视图→创建仪表板→创建故事→优化、保存和共享分析结果）进行安排，便于读者学习和理解。每章都是一个独立的主题，读者可以根据自己的喜好选择想要阅读的章节，但是按照各章的既定顺序进行学习，将更容易掌握书中的内容。

2. 内容细致

对于 Tableau 初学者或者使用经验不足的读者来说，很多同类书籍存在一个致命的问题是，对 Tableau 的界面功能、细节和很多重要概念都没有提供足够的介绍或只是一带而过，全书只有千篇一律的鼠标拖曳操作，对操作背后涉及的原理和知识没有清晰和详细的讲解，读者只能照着书机械式地操作，放下书后大脑一片空白。

本书完全针对初学者编写，即使是有一定 Tableau 使用经验的读者，也能从本书中受益。本书注重对功能和知识点细节上的讲解，下面举几个例子：

- 对比 Tableau Desktop 不同版本之间的区别。例如，数据窗格中字段的分组方式、数据窗格按钮的外观，数据源页面构建数据模型时的逻辑层和物理层等，在其他同类书籍中没有清晰和详细的说明。
- 详细介绍连接和管理数据源，以及构建数据模型的方法，并对一些读者容易混淆的概念做了清晰的说明。例如，数据源和数据连接的关系与区别、在一个数据源中创建多个数据连接和在一个工作簿中创建多个数据源的区别，这些内容在其他同类书籍中只是简单介绍或根本没有说明。
- 详细介绍字段的类型和特点，包括维度和度量、离散和连续等，在其他同类书籍中未做详细说明。
- 详细介绍标记卡以及其他可视化工具的使用方法，在其他同类书籍中只是简单介绍，不够系统详细。
- 详细介绍仪表板的创建和设置方法，包括设置仪表板大小、在仪表板中添加对象、使用布局容器设置对象在仪表板中的布局、为仪表板中的对象设计交互等内容，在其他同类书籍中对仪表板几乎没有太多介绍或完全忽略仪表板。

- 详细介绍故事的创建和设置方法，在其他同类书籍中没有详细说明或忽略此内容。

3. 避免冗余

本书在讲解技术点和案例操作步骤时，尽量杜绝在全书中出现重复描述的情况，避免冗余内容，使全书内容紧凑，节省篇幅。其他同类书籍通过多个相似案例和大量重复步骤进行简单堆砌，使书中真正有价值的内容大打折扣。

4. 栏目丰富

全书随处可见的提示、技巧和注意等栏目，可以及时解决读者在学习过程中遇到的问题，并提供一些技巧性的操作。

5. 图文并茂

在每个操作的关键点上使用框线进行醒目标注，读者可以快速找到操作的关键点，节省读图时间，从而轻松学习和掌握书中的内容。

本书以 Tableau 2019 为主要操作环境，但是内容本身同样适用于大多数 Tableau 版本。在由于版本不同而导致内容存在较大的差异时，本书会给出不同版本之间的区别。例如，在介绍数据模型时，在 Tableau 较高版本中新增了逻辑层，而在 Tableau 较低版本中只有物理层，本书对诸如此类的区别做了详细介绍。

全书共分 10 章，各章内容的简要介绍如表 1 所示。

表 1

章　名	简　介
第 1 章　Tableau 快速入门	介绍在 Tableau Desktop 中进行数据分析所需了解的一些重要概念和术语，以及 Tableau Desktop 的界面组成和工作区的使用方法
第 2 章　连接和管理数据源	介绍连接和管理数据源，以及编辑数据源中的数据等内容
第 3 章　构建数据模型	介绍数据模型的概念和构建数据模型的几种方法
第 4 章　可视化呈现数据	介绍在 Tableau 中创建视图的基本且通用的方法，以及一些有用的可视化工具，例如标记卡、分组、层次结构、排序、筛选等
第 5 章　设置视图格式	介绍为视图中的各个元素设置格式的方法
第 6 章　创建不同类型的图表	介绍如何为数据选择合适的图表类型，以及创建常用图表类型的方法
第 7 章　创建仪表板	介绍创建和设置仪表板的方法
第 8 章　创建故事	介绍创建和设置故事的方法
第 9 章　优化、保存和共享分析成果	介绍对工作簿中的数据进行优化、保存和共享的方法
第 10 章　Tableau 在数据分析中的实际应用	通过一个综合案例，介绍在实际应用中使用 Tableau 对数据进行可视化分析的方法

本书适合以下人群阅读：

- 以 Tableau 为主要工具进行数据处理和分析的各行业人员。
- 需要在 Tableau 中制作各类图表的用户。
- 使用 Tableau 进行数据可视化分析和报表设计的用户。
- 从事电商零售业务并需要进行数据分析的个人或企业用户。
- 从事数据整理、分析和管理的 IT 专职人员。
- 从事数据分析工作的专业人员。
- 对使用 Tableau 处理和分析数据感兴趣的用户。
- 在校学生和社会求职者。
- 对使用 Power BI 或其他可视化分析工具的用户也有一定的参考价值。

本书附赠以下资源：

- 本书使用的数据源文件和制作完成的 Tableau 工作簿文件。
- 本书案例的多媒体视频教程。
- 本书教学课件。

读者可以扫描下方二维码下载本书的配套资源。

案例文件

视频教程

教学课件

目录

CONTENTS

第 1 章

Tableau 快速入门

作为本书的第 1 章，本章主要介绍在 Tableau Desktop 中进行数据分析所需了解的一些重要概念和术语，以及 Tableau Desktop 的界面组成和工作区的使用方法。无论是否使用过 Tableau Desktop，都建议仔细阅读本章内容，从而更好地了解和使用 Tableau Desktop。

1.1 Tableau 产品体系和功能简介

Tableau 有一套完整的产品体系，其中的各个产品分别适用于数据处理和分析过程中的各个环节。Tableau 全套产品包括 Tableau Prep、Tableau Desktop、Tableau Server、Tableau Cloud（即原来的 Tableau Online）、Tableau Public、Tableau Mobile、Tableau Reader 等。下面简要介绍其中的几个主要产品。

1. Tableau Prep

Tableau Prep 包括 Tableau Prep Builder 和 Tableau Prep Conductor 两个子产品，在分析数据之前，可以先使用 Tableau Prep 对数据进行合并、调整和整理，以便在 Tableau Desktop 中更轻松地分析数据。

2. Tableau Desktop

Tableau Desktop 是 Tableau 的核心产品，它是一个桌面端应用程序。使用 Tableau Desktop 可以连接来自文件、数据库等不同来源的数据，并构建数据模型，然后以文本、图表等多种形式呈现数据分析结果。使用 Tableau Desktop 中的仪表板可以同时查看和分析多个结果，使用 Tableau Desktop 中的故事可以将分析结果以生动的形式完整呈现给业务决策者和相关人员。本书主要介绍使用 Tableau Desktop 进行数据可视化分析的方法。

3. Tableau Server

Tableau Server 是服务器端应用程序，需要在本地服务器中安装该产品，使用该产品可以发布和管理仪表板和数据源。将在 Tableau Desktop 中制作好的仪表板发布到 Tableau Server 中，网络中的其他用户就可以使用浏览器查看仪表板的内容，便于多人交流和互动。

4. Tableau Cloud

Tableau Cloud 原名为 Tableau Online，该产品是 Tableau Server 的云托管版本，具有与 Tableau Server 类似的功能，但是其访问范围是世界级的，而非 Tableau Server 限于本地网络之内。这意味着将仪表板发布到 Tableau Cloud 后，在任何可以连接 Internet 的地方，都可以使用浏览器访问 Tableau Cloud 中的仪表板。

1.2 Tableau 中的重要概念和术语

在开始真正接触 Tableau 之前，首先需要了解 Tableau 中的几个重要概念和术语，它们将为继续学习并与其他用户进行交流提供帮助。这些概念在 Tableau 中的实现方法和具体操作，将在本书后续章节中进行介绍。

1.2.1 数据源

简单来说，数据源是指数据的来源。数据可以来自于一个文本文件或 Excel 文件，也可以来自于一个数据库，甚至是云端数据，它们是要在 Tableau 中进行分析的源数据。

将“数据源”一词放到 Tableau 环境中，其含义将变得有所不同。Tableau 中的数据源是指用户的源数据与 Tableau 之间的链接，其内容包括以实时连接或数据提取方式连接到的源数据、连接信息（例如数据的本地位置或网络位置、数据库服务器的登录信息等）、包含数据的表或工作表的名称，以及在 Tableau 中对数据进行的自定义设置（例如重命名字段、创建计算字段等）。

在第 2 章实际操作数据源时，会对上述概念有更深刻的理解。

1.2.2 字段、维度和度量

字段是指表中的列，一个表有几列数据，在 Tableau 中就会有几个字段，列和字段本质上是可以互换的术语，在 Tableau 中通常使用“字段”描述列数据。由同一行中各个字段组成的数据称为记录，每一行数据都是一条记录。

用户使用的字段是由连接到 Tableau 中的数据源自动提供的。然而，Tableau 默认会创建以下几个字段：度量名称、度量值、记录数或表名称（计数）。如果数据源包含地理字段，则还会创建“纬度（生成）”和“经度（生成）”两个字段。

列中的数据称为字段的值或成员，不同列中的数据可以是文本、数值、日期等不同的数据类型。数值类型的数据可以是正值或负值，这取决于字段本身的含义。例如，“销售利润”字段的值可以为正也可以为负，“销售额”字段的值只能为正值。

由于可以对数值类型的数据进行计算，例如求和或计数，而通常不会对文本类型的数据进行计算，因此，可以将字段分为度量和维度两类。维度主要用于描述事物而非计算，名称、类别、颜色、日期等字段都是维度；度量主要用于对数值进行计算，销量、销售额、浏览量、人数等字段都是度量。

除了维度和度量之外，字段还分为离散和连续两种。离散是指各自分离且不同，范围是有限的；连续是指一个不间断的整体，范围是无限的。维度通常是离散的，度量通常是连续的，但也并非必须如此，这意味着维度可以是连续的，度量可以是离散的。在 Tableau Desktop 中，离散的维度和度量显示为蓝色，连续的维度和度量显示为绿色。

在 Tableau Desktop 中，离散字段在图表中以标题的形式出现，连续字段在图表中以轴的形式出现。标题意味着信息是分段不连续的，轴意味着刻度从 0 开始的一系列连续的值。

在图 1-1（a）中，由于“数量”是一个离散的维度字段，并且位于“列”功能区中，因此将该字段创建为水平标题，并使用柱形图分段对比不同数量的利润。在图 1-1（b）中，由于“数量”是一个连续的维度字段，并且位于“列”功能区中，因此将该字段创建为水平轴，并使用折线图表示一个连续的趋势。

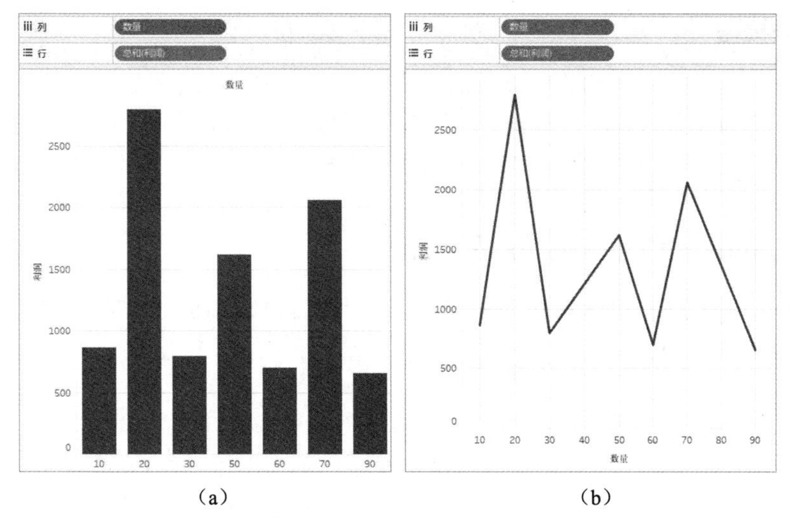

（a）　　　　（b）

图 1-1　离散字段和连续字段

提示：在 Tableau Desktop 中，将图表和其他可视化对象统称为视图。

1.2.3　聚合和粒度

聚合是指将多个值经过计算组合为单一值，例如计算多个数值之和或求它们的平均值。Tableau 自动对度量字段中的值进行聚合，默认的聚合方式是求和。可以根据需要，将聚合方式更改为平均值、计数、最大值、最小值等。也可以对维度字段进行聚合，但是聚合方式只有计数、最大值、最小值几种。

粒度是指数据的详细程度，它由维度定义。一个表中的维度字段越多，表中数据所表达的信息越详细。比较图 1-2 所示的两张表，图 1-2（a）显示每个月的数量，图 1-2（b）显示每一天的数量，图 1-2（b）中的数据显然更详细。

日期	数量
1月	60
2月	90
3月	30
4月	50
5月	80
6月	20

（a）

日期	数量
1月1日	10
1月2日	20
1月3日	30
2月1日	10
2月2日	30
2月3日	50

（b）

图 1-2　不同粒度的数据

1.2.4　数据类型

数据源中的每一个字段都具有一种数据类型。数据类型表示字段中存储的数据种类，并为 Tableau 提供有关如何格式化、解释数据以及可以对该数据执行哪些操作的信息。例如，可以对数值字段执行数学运算，为地理字段创建地图。表 1-1 列出了 Tableau 中用于标识数据类型的图标及其对应的数据类型。

表 1-1　Tableau 中的数据类型

图　　标	数 据 类 型
Abc	字符串（文本）
#	数值
📅	日期
📅🕒	日期和时间
T|F	布尔值
🌐	地理值

1.2.5 数据模型

“数据模型”是数据分析领域最常出现的术语之一，它是指通过关系使数据相互关联在一起的一组表。数据模型中表的数量可以有两个或多个，它们之间两两相关，最后形成一张关系网。实际上，单张表也是一个数据模型，只要其中的数据结构符合规范并有利于分析，就可以认为它是一个数据模型。

1.3 Tableau Desktop 界面组成

Tableau Desktop 的界面整体分为“开始”页面、“数据源”页面、“工作区”页面 3 个部分，每个页面用于执行特定的任务。

1.3.1 “开始”页面

启动 Tableau Desktop 后，首先显示的是“开始”页面，如图 1-3 所示。“开始”页面是 Tableau Desktop 的中心位置，它由“连接”“打开”和“探索”3 个窗格组成，可以在“开始”页面中执行以下任务：

- “连接”窗格：连接新的数据源或打开已保存的数据源。数据源可以是存储在 Excel 文件、文本文件、Access 文件、Tableau 数据提取文件中的数据，也可以是存储在 SQL Server、Oracle 等数据库中的数据。根据连接频率，“连接”窗格中显示的名称会自动调整。
- “打开”窗格：曾经使用过的工作簿会以缩略图的形式显示在该窗格中，单击缩略图即可在 Tableau Desktop 中打开相应的工作簿。
- “探索”窗格：浏览 Tableau 社区中的博客文章、新闻、培训视频和教程等内容。

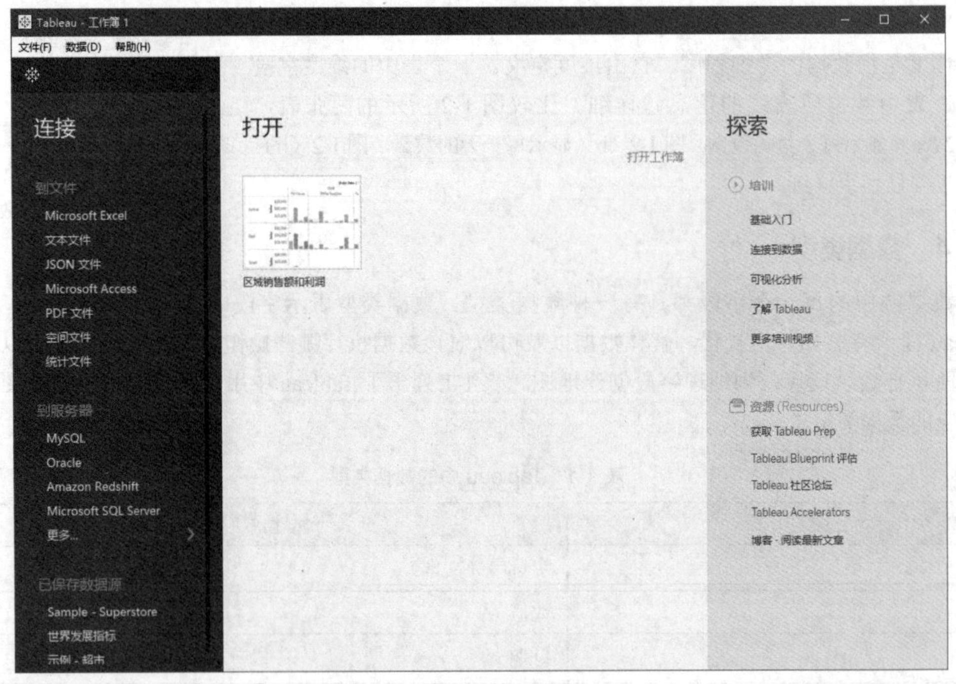

图 1-3 “开始”页面

提示：已保存的数据源是指存储在“我的 Tableau 存储库”文件夹中的数据源。如果手头没有可用的数据源，则可以使用 Tableau 自身提供的几个示例数据源来熟悉 Tableau Desktop 的功能。

1.3.2　“数据源”页面

在 Tableau Desktop 中连接数据源后，将自动显示“数据源”页面。在“工作区”页面中单击“数据源”选项卡，也会显示“数据源”页面。“数据源”页面分为左侧窗格、画布、数据网格 3 个区域，如图 1-4 所示。

- 左侧窗格：已连接的数据源名称及其中包含的表将显示在左侧窗格中。图 1-4 中连接到的数据源名称为“销售数据”，其中包含“商品”和“订单”两张表。
- 画布：画布位于“数据源”页面右侧的上半部分，为了对数据源中的数据进行分析，需要将左侧窗格中的一个或多个表添加到画布中，以此来构建数据模型，为数据分析做好准备。图 1-4 中已将“订单”表添加到画布中。
- 数据网格：将一个表添加到画布后，该表中的数据会显示在画布下方的数据网格中。如果画布中有多个表，则会显示当前选中的表中的数据。如需查看表中的元数据（即组成表的各个字段的名称和数据类型），可以单击数据上方工具栏中的“管理元数据”按钮。单击“浏览数据源”按钮，将重新显示表中的数据。

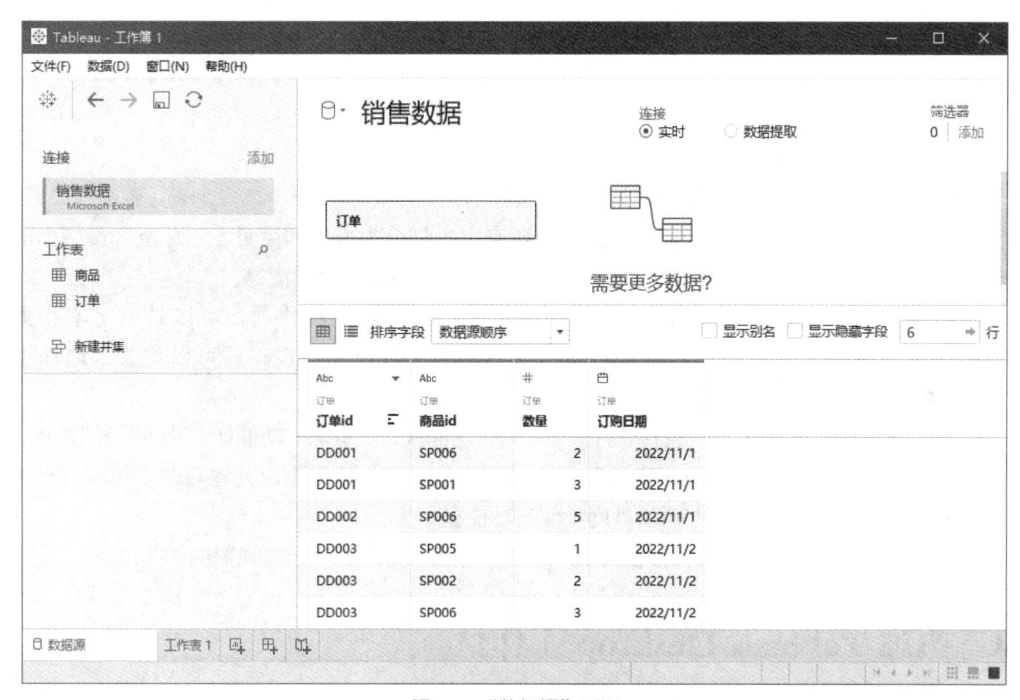

图 1-4　“数据源”页面

1.3.3　“工作区”页面

连接好数据源，接下来就可以在“工作区”页面中分析数据了。在 Tableau Desktop 窗口底部单击“工作表 1”选项卡，将切换到“工作区”页面，如图 1-5 所示。“工作区”页面由“数据 / 分析”窗格、视图、“行”和“列”功能区、“页面”功能区、“筛选器”功能区、“标记”卡、状态栏等部分组成。

“工作区”页面的下方是用于切换工作表、仪表板和故事的标签，单击这些标签可以在工作表、仪表板或故事之间切换。在 Tableau Desktop 中创建的文件称为“工作簿”，每个工作簿至少要包含一个工作表，当然，也可以包含多个工作表，还可以包含零个或多个仪表板和故事。

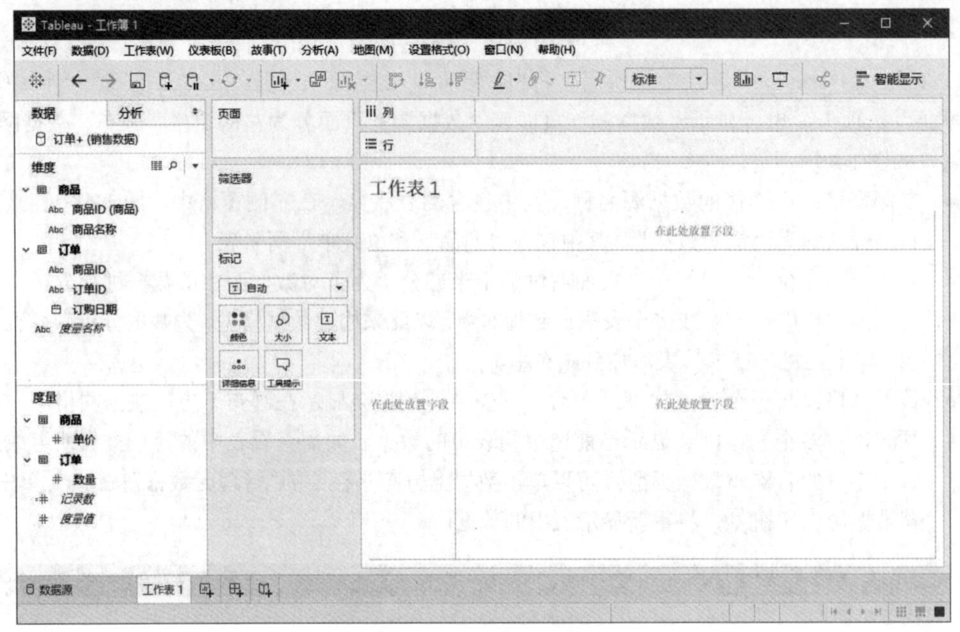

图 1-5 “工作区”页面

“工作区”页面的各部分的功能如下：

- “数据 / 分析”窗格：如果在“数据源”页面的画布中添加了一个或多个表，则会在“数据”窗格中显示这些表中的字段，并自动将所有字段划分为维度和度量。“分析”窗格中的选项用于为视图添加高级分析功能，例如参考线、平均线、盒须图等。
- 视图：视图是用户在 Tableau Desktop 中创建的一种可视化项，可以是由文本和数字组成的表格，也可以是由标题、轴、形状和颜色组成的图表，还可以是表示地理位置的地图。
- 功能区和卡：功能区和卡包括“行”和“列”功能区、“页面”功能区、“筛选器”功能区、“标记”卡几个部分，将字段放置到这些位置上即可创建视图。某些功能区和卡只有在执行特定操作时才会显示，例如“度量值”功能区。
- 状态栏：状态栏位于 Tableau Desktop 窗口的底部，其中显示当前视图的相关信息。

1.4 熟悉 Tableau Desktop 工作区

使用 Tableau Desktop 分析数据的绝大多数工作都是在“工作区”页面中进行的，所以非常有必要熟悉该页面的布局和功能。

1.4.1 “数据”窗格

“数据”窗格位于“工作区”页面的左侧，其中显示在“数据源”页面的画布中添加的表中的所有字段，并自动按照表名以及维度和度量对字段进行分类。每个字段名称左侧的图标标识字段的数据类型。

在一些 Tableau Desktop 版本的“数据”窗格中显示“维度”和“度量”两个标签，所有表中的字段以维度和度量作为分类依据，以表为单位分别显示在“维度”和“度量”标签下，“维度”和“度量”两类字段之间以灰色横线分隔，如图 1-6（a）所示。

在另一些 Tableau Desktop 版本的“数据”窗格中不显示“维度”和“度量”两个标签，每个表中的所有维度字段和度量字段都以本表为单位进行分类，同一个表中的两类字段之间以灰色横线分隔，维度位于横线上方，度量位于横线下方，如图 1-6（b）所示。

已连接的数据源的名称显示在“数据”窗格的顶部，如图 1-7 所示。如果连接了多个数据源，则需要在它们之间选择一个当前要使用的数据源，选中的数据源中的字段会显示在“数据”窗格中。

如需更改所有字段在“数据”窗格中的分组和排列方式，可以单击该窗格中的下拉按钮，在弹出的菜单中选择如图 1-8 所示的选项。

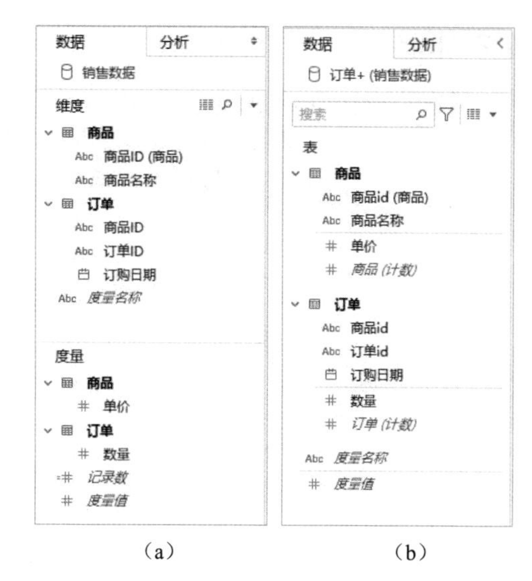

（a）　　（b）

图 1-6　Tableau Desktop 不同版本的“数据”窗格

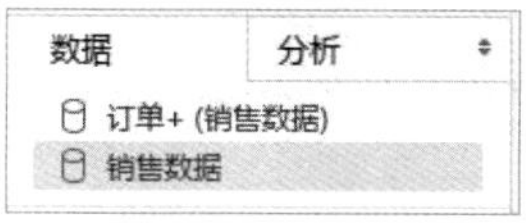

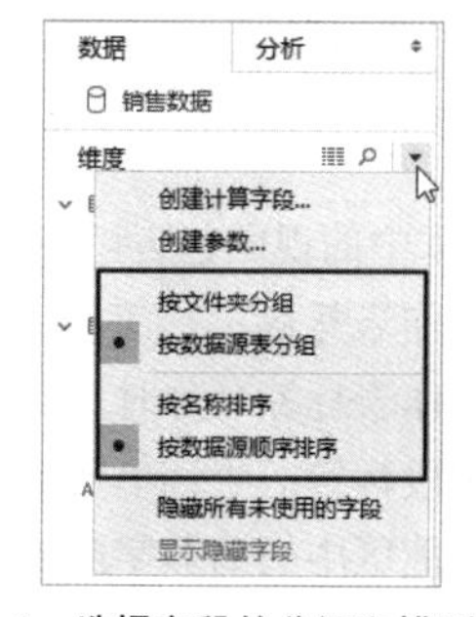

图 1-7　在“数据”窗格的顶部显示已连接的数据源名称

图 1-8　选择字段的分组和排列方式

如果不想显示“数据”窗格，则可以将其隐藏起来，有以下两种方法：

- 单击“数据”窗格右上角的 ⬍ 或 < 按钮，该按钮在 Tableau Desktop 的不同版本中具有不同的外观。
- 单击 Tableau Desktop 窗口菜单栏中的“窗口”，在弹出的菜单中选择“显示边条”命令，取消该命令的选中状态，如图 1-9 所示。

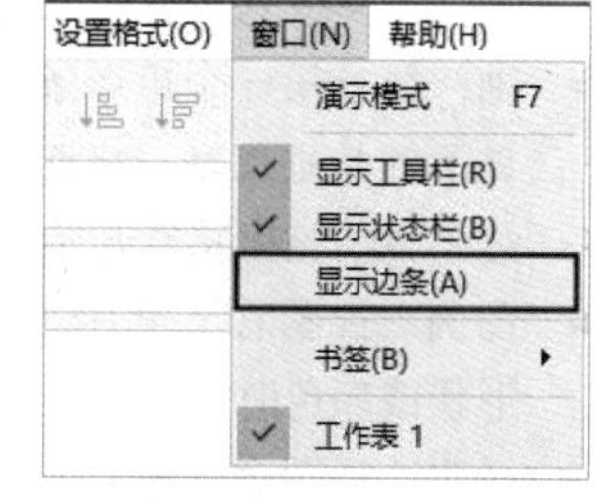

图 1-9　取消“显示边条”命令的选中状态

提示：“显示边条”命令在有的 Tableau Desktop 版本中的名称为“显示边栏”。

如需重新显示“数据”窗格，只需重复执行以上两种操作之一即可。

在“数据”窗格执行的都是与字段有关的操作，包括但不限于以下任务：

- 将“数据”窗格中的字段添加到视图或各个功能区中，构建可视化项。
- 更改字段的名称、数据类型，为字段设置别名。
- 设置字段的默认属性。
- 为字段创建分层结构。
- 将字段在维度和度量之间转换。

上述内容将在本书后续章节中进行详细介绍。

1.4.2 视图

视图是 Tableau Desktop 中的可视化元素的集合，在“工作区”页面中占据最大的区域，如图 1-10 所示。在一个视图中可以包含标题、标签、轴、单元格、标记、图例、说明、工具提示等多种元素，用户可以灵活调整和设置这些元素的显示状态和外观格式。

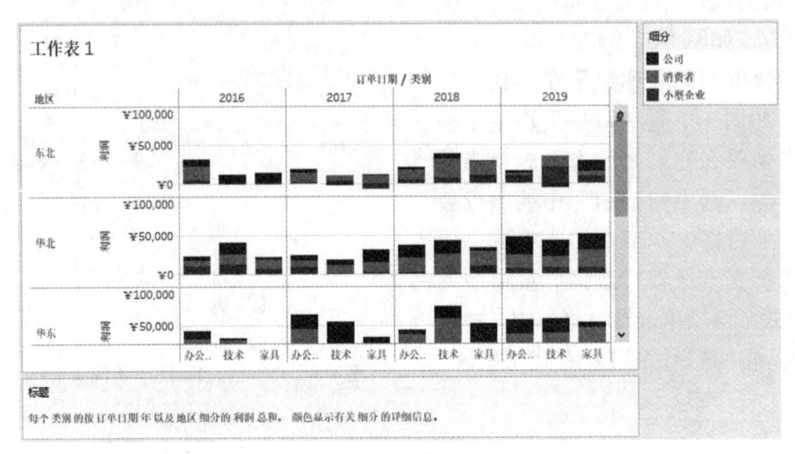

图 1-10　视图

图 1-10 中的视图包含以下元素：

- 工作表标题：“工作表 1”是工作表标题，默认为工作表选项卡标签上的名称，用户修改工作表标签名称时，工作表标题会同步更新。
- 字段标签：“订单日期”“类别”和“地区”都是字段标签，它们是添加到“行”和“列”功能区中的离散字段的名称。
- 标记：图中的所有矩形条都是标记，标记以文本或图形的方式表示视图中的数据。除了矩形条，标记还可以是其他形状、线条、文本、地图等对象。
- 标题：“订单日期”字段中的年份，“类别”字段中的“办公”“技术”和“家具”，“地区”字段中的“东北”“华北”和“华东”，这些都是维度字段中的成员，它们在视图中显示为水平方向或垂直方向上的标题，为视图提供信息的详细级别。
- 轴：每行第一个矩形条左侧的 3 个数字所在的位置就是轴，其上的数字是轴的刻度，此处显示的是垂直轴。将连续字段添加到“行”或“列”功能区时，将创建垂直轴或水平轴，每个轴的刻度从 0 开始。
- 图例：视图右上角有一个标题为“细分”的卡，其中的 3 项内容就是图例。在视图中使用形状或颜色时，图例用于说明每个形状或颜色代表的内容。
- 说明：视图底部的文字，用于说明视图的整体情况。

工具提示也是视图中的一种元素，它是将鼠标指针悬停在视图中的一个或多个标记上时显示的信息和相关选项，如图 1-11 所示。

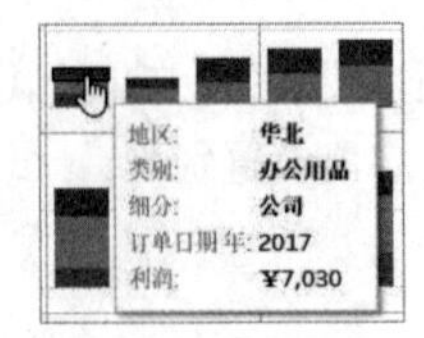

图 1-11　工具提示

Tableau 为用户创建不同类型的视图提供了极大的灵活性，将字段放置在“工作区”页面中的功能区或卡上，并使用颜色、大小、形状、文本等改变标记的显示效果，可以构建出不同结构的视图，从而以不同的角度洞察数据，获得所需的商业见解。

1.4.3 “行”和“列”功能区

“行”和“列”功能区默认位于视图的上方，可以将任意数量的字段添加到这两个功能区中，如图 1-12 所示。添加的字段数量越多，表中就会包含越多的标题和轴，视图中展示的信息也会越详细。同一个功能区中的多个维度字段的标题会形成层级结构，字段之间的排列顺序决定视图中各级标题的显示级别。

如果将维度字段添加到“行”或“列”功能区，则会使用维度字段中的成员名称在视图中创建行标题或列标题。如图 1-13 所示是将“订单日期”字段添加到“列”功能区时在视图中创建的列标题。标题下方的 Abc 表示文本标记值将出现的位置，以后在视图中添加度量字段后，度量字段中的值会替换 Abc。

图 1-12 “行”和“列”功能区

订单日期			
2016	2017	2018	2019
Abc	Abc	Abc	Abc

图 1-13 “订单日期”字段在视图中创建为列标题

如果同时在“行”和“列”功能区中添加维度字段，则会在视图中创建行标题和列标题，如图 1-14 所示。

如果将度量字段添加到“行”或“列”功能区，则会根据度量字段中的值在视图中创建垂直轴或水平轴。如图 1-15 所示是将“数量”字段添加到“行”功能区时在视图中创建的垂直轴。

如果在“行”和“列”功能区中添加维度字段和度量字段，则会根据两个功能区中的内层字段的类型，在视图中创建柱形图、条形图、折线图等图表。如图 1-16 所示是将“数量”字段添加到“行”功能区，将“地区”字段添加到“列”功能区后创建的柱形图。

	订单日期			
地区	2016	2017	2018	2019
东北	Abc	Abc	Abc	Abc
华北	Abc	Abc	Abc	Abc
华东	Abc	Abc	Abc	Abc
西北	Abc	Abc	Abc	Abc
西南	Abc	Abc	Abc	Abc
中南	Abc	Abc	Abc	Abc

图 1-14 在视图中创建行标题和列标题

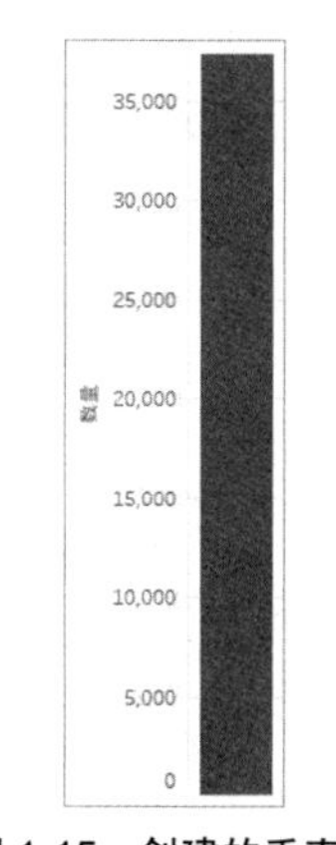

图 1-15 创建的垂直轴

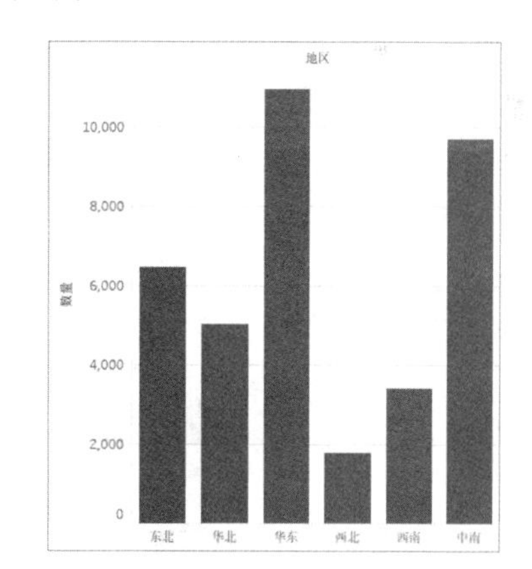

图 1-16 创建的柱形图

1.4.4 “页面”功能区

“页面”功能区默认位于“行”和“列”功能区的左侧，将维度字段添加到“页面”功能区时，将自动在视图的右侧显示页面卡，使用该卡中的控件可以在多个视图之间切换，这些视图是基于该维度字段中的每个成员创建的。

例如，将“地区”字段添加到“页面”功能区，在视图的右侧会显示标题为“地区”的页面卡，如图 1-17 所示。

使用页面卡中的控件可以按照不同的地区查看视图，有以下几种方法：

- 跳转到特定页面：单击页面卡上方的下拉按钮，在打开的列表中选择要查看的地区，如图 1-18 所示。
- 手动翻阅页面：在页面卡中单击地区名称左右两侧的箭头按钮<>，或者拖动该名称下方的滑块，将逐一在各个地区之间切换。
- 自动翻阅页面：单击页面卡中“显示历史记录”复选框上方的箭头按钮◀▶，将按照正序或倒序自动在各个地区之间切换。单击两个箭头按钮中间的方块按钮■，将停止自动切换。这 3 个按钮右侧的几个按钮，用于控制自动切换页面的速度。

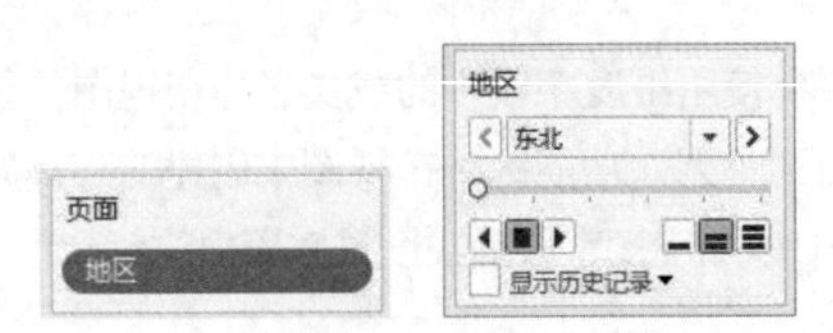

图 1-17 “页面”功能区及其关联的页面卡

图 1-18 选择要查看的地区

1.4.5 “筛选器”功能区

“筛选器”功能区默认位于“页面”功能区的下方，使用该功能区可以筛选要在视图中包含或排除的数据，以便重点查看感兴趣的内容。对已添加到视图中的字段进行筛选称为“内部筛选”，对未添加到视图中的字段进行筛选称为“外部筛选”。无论是内部筛选还是外部筛选，所有设置了筛选的字段都会显示在“筛选器”功能区中。

假设当前视图如图 1-19 所示，显示了各个地区的数量。如果只想在视图中显示“东北”“华北”和“华东”3 个地区的数量，则可以对“列”功能区中的“地区”字段进行筛选，此时是内部筛选。

如需筛选视图中的“地区”字段，可以右击“列”功能区中的“地区”字段，在弹出的菜单中选择“筛选器”命令，在打开的对话框中取消“西北”“西南”和“中南”3 项的选中状态，如图 1-20 所示。单击“确定”按钮，视图将显示筛选后的数据，在“筛选器”功能区中也会出现一个“地区”字段，如图 1-21 所示。

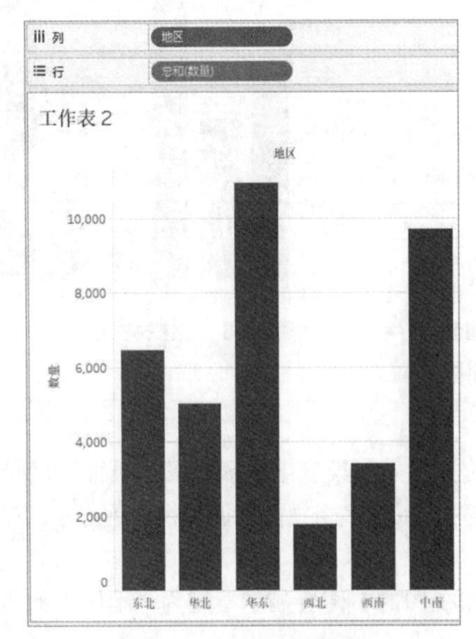

图 1-19 各个地区的数量

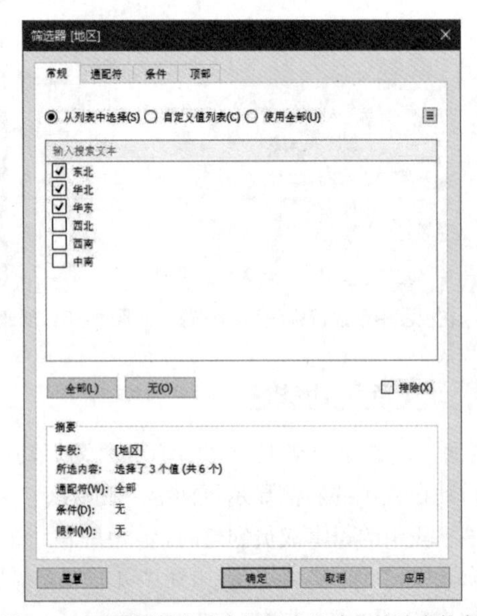

图 1-20 取消不想出现在视图中的选项的选中状态

如需执行外部筛选，可以在“数据”窗格中将要筛选的字段拖动到“筛选器”功能区中，然后在打开的对话框中选择要在视图中显示的数据。如图 1-22 所示是对“类别”字段执行的外部筛选，因为没有将该字段添加到“行”或“列”功能区中。

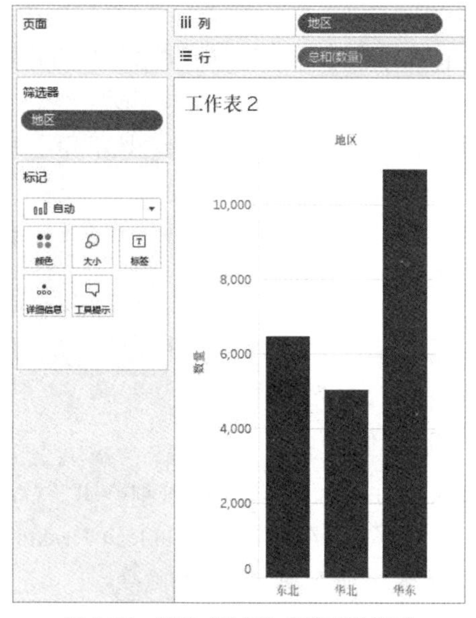

图 1-21　筛选“地区”字段后的视图

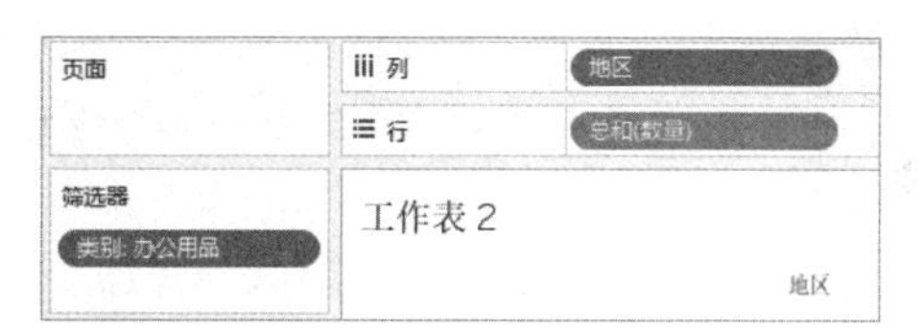

图 1-22　对“类别”字段执行外部筛选

1.4.6　“标记”卡

使用“标记”卡可以控制视图中标记的颜色、大小、形状、文本等属性。如需使用“标记”卡，只需将一个或多个字段拖动到“标记”卡中的按钮上，即可在不改变视图整体结构的情况下，通过颜色、大小、形状、文本等不同形式展示数据。

如图 1-23 所示是将“数量”字段拖动到“标记”卡的“文本”按钮上创建的视图，该视图是一个文本表，第一行和第一列是标题，其他行和列是数据，该文本表类似于 Excel 中的数据透视表。

如图 1-24 所示是将“数量”字段的标记类型改为“颜色”后的效果，现在可以通过颜色的深浅度来表示数量的多少。

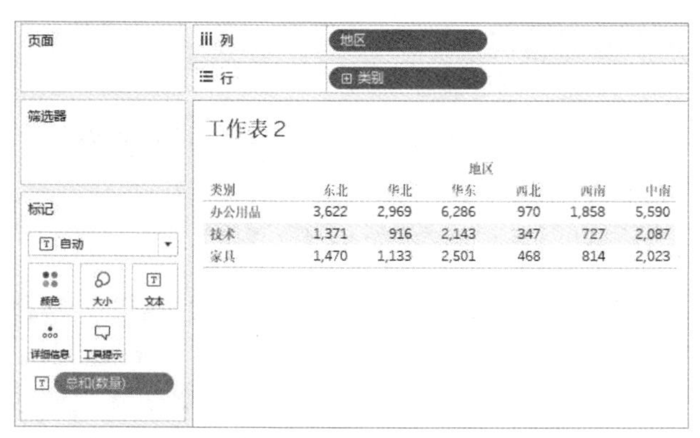

图 1-23　在视图中使用文本标记

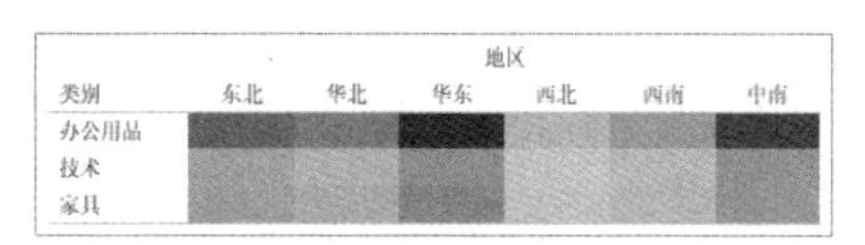

图 1-24　在视图中使用颜色标记

1.4.7 工作表

Tableau Desktop 中的工作表与 Excel 工作表类似，它们都是组成工作簿的基本单元，一个工作簿可以包含多个工作表。它们的不同之处在于，Tableau Desktop 中的工作表不是用于输入数据的，而是利用已导入的数据创建可视化视图，使数据分析更直观。

在 Tableau Desktop 中，一个工作表包含单个视图、功能区、卡、图例、“数据”窗格和“分析”窗格。当工作簿包含多个工作表时，可以单击 Tableau Desktop 窗口下方的工作表标签，在不同的工作表之间切换。如果单击 Tableau Desktop 窗口状态栏右侧的“显示幻灯片”按钮，则所有工作表将以缩略图的形式显示，如图 1-25 所示。

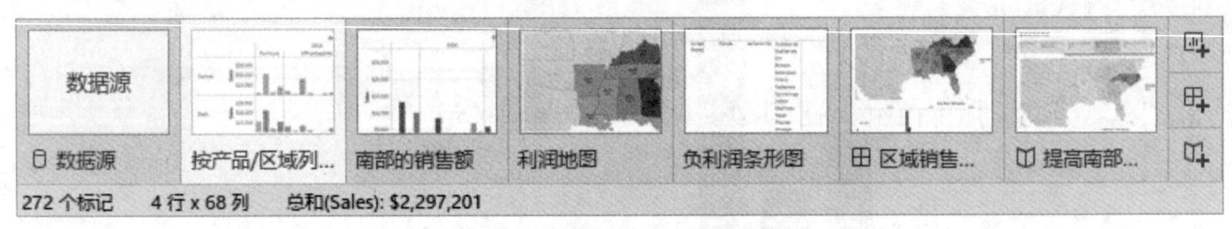

图 1-25　以缩略图形式显示工作表

无论工作表是以选项卡形式还是以缩略图形式显示，在工作表的选项卡或缩略图上右击，都会弹出一个菜单，其中包含与工作表操作相关的命令，如图 1-26 所示。在 Tableau Desktop 中对工作表的很多操作与 Excel 工作表类似，例如新建、移动、复制、重命名、删除等。

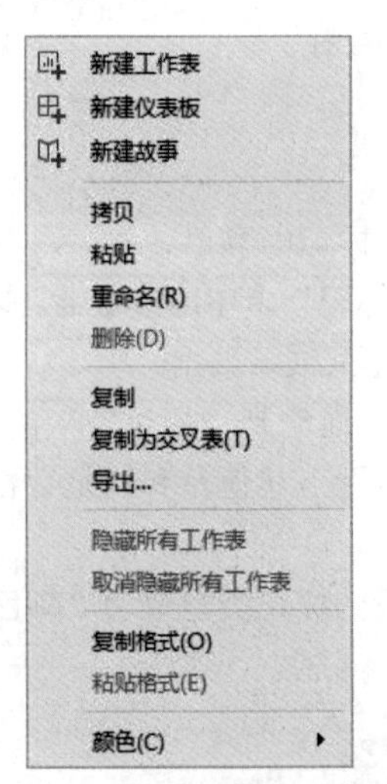

图 1-26　与工作表相关的操作

在 Tableau Desktop 中删除一个工作表后，可以按 Ctrl+Z 组合键恢复刚删除的工作表，而在 Excel 中只能通过关闭但不保存工作簿，才能恢复已删除的工作表。

1.4.8 重新组织工作区

本章前面介绍工作区中的各个功能区和卡的位置时使用了“默认”一词，这意味着用户可以调整它们的位置，以便按照个人习惯重新组织工作区。

如需移动功能区和卡，可以将鼠标指针移动到功能区或卡的标题区，当鼠标指针变为十字箭头时，单击并将功能区或卡拖动到目标位置。拖动过程中会显示一条黑线，它指示要放置的目标位置，如图 1-27 所示。

对于不想显示的功能区或卡，可以单击工具栏中的“显示 / 隐藏卡”按钮，然后在弹出的菜单中取消选择不想显示的功能区或卡，如图 1-28 所示。重新显示处于隐藏状态的功能区和卡的操作方法与此类似，只需在该菜单中将它们选中即可。

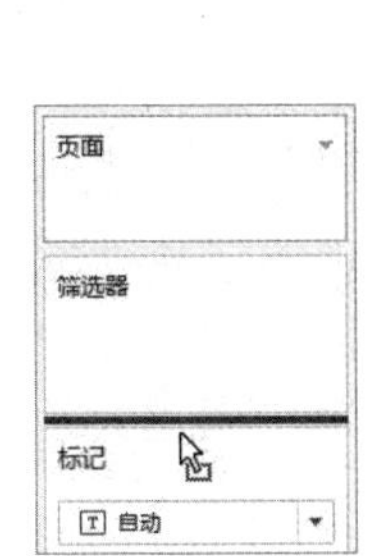

图 1-27　黑线指示要放置的位置

图 1-28　设置功能区和卡的显示或隐藏状态

如需恢复 Tableau Desktop 中的所有功能区和卡的默认位置，可以单击工具栏中的“显示 / 隐藏卡”按钮，然后在弹出的菜单中选择“重置卡”命令。

第2章 连接和管理数据源

开始分析数据前，必须先连接到要使用的数据并为 Tableau Desktop 设置数据源，然后才能在 Tableau Desktop 中使用这些数据。连接数据并设置数据源的工作需要在“数据源”页面中完成。本章将介绍连接和管理数据源，以及编辑数据源中的数据等内容，为数据源构建数据模型的内容将在第 3 章进行介绍。

2.1 适合分析的数据格式

由于数据的来源多种多样，因此，不同来源的数据会以不同的格式存储在表中。然而，并非所有格式的数据都适合在 Tableau 中进行分析。适合分析的数据至少需要符合以下格式要求：

- 以一维表结构存储数据。
- 尽可能细化数据，而非聚合数据。
- 表中的每一列都有列标题。
- 表中没有空行和空单元格。

1. 以一维表结构存储数据

表中的数据不能存储为像数据透视表那样的二维表，而应该像数据库中的表结构一样，即所谓的一维表，它是指每一列只存储同一类数据，表中不能存在包含同类内容的多个列。

如图 2-1 所示是一个二维表的示例，表中的最后 3 列虽然名称不同，但是它们都同属于商品，它们都是商品中的其中一种。为了使表中的数据适合分析，需要将最后 3 列转换为两列，其中一列存储商品的名称，另一列存储商品的销量，合并后的表如图 2-2 所示。

编号	日期	面包	牛奶	果汁
1	6月6日	19	19	26
2	6月7日	50	23	38
3	6月8日	32	16	25

图 2-1　以二维表结构存储的数据

编号	日期	名称	销量
1	6月6日	面包	19
2	6月6日	牛奶	19
3	6月6日	果汁	26
4	6月7日	面包	50
5	6月7日	牛奶	23
6	6月7日	果汁	38
7	6月8日	面包	32
8	6月8日	牛奶	16
9	6月8日	果汁	25

图 2-2　将二维表转换为一维表

2. 尽可能细化数据，而非聚合数据

表中的数据应该尽可能细化，而不是聚合后的数据。如图 2-3 所示的最后一行对每种商品的销量进行求和，求和运算是聚合的一种，聚合还包括求平均值、计数、求最大值、求最小值等。在 Tableau 中分析数据之前，应该删除表中的聚合数据。

另一种情况是表中的数据应尽可能详细。例如，表中包含按天记录的数据要好于按月记录的数据，数据级别越详细，在 Tableau 中就可以进行更多的分析。

3. 表中的每一列都有列标题

应确保表中的每一列都有列标题，以便在将这些数据导入 Tableau Desktop 时能够显示正确的字段名称。

4. 表中没有空行和空单元格

表中的所有数据之间不能有空行，以便使所有数据位于一个连续的范围之内。更重要的是，表中不能有空单元格。如图 2-4（a）所示，即使几种商品具有相同的分类名称，但是在“类别”列中也不能使单元格为空，而必须重复填入相同的类别名称，如图 2-4（b）所示。

编号	日期	面包	牛奶	果汁
1	6月6日	19	19	26
2	6月7日	50	23	38
3	6月8日	32	16	25
	总销量	101	58	89

图 2-3　表中不应该包含聚合数据

编号	类别	名称	库存
1	烘焙	吐司面包	36
2		手撕包	27
3		蛋糕	33
4	饮料	矿泉水	32
5		可乐	27
6		雪碧	23

（a）

编号	类别	名称	库存
1	烘焙	吐司面包	36
2	烘焙	手撕包	27
3	烘焙	蛋糕	33
4	饮料	矿泉水	32
5	饮料	可乐	27
6	饮料	雪碧	23

（b）

图 2-4　表中不能有空单元格

2.2　连接数据并创建数据源

在 Tableau Desktop 中分析数据时，首先要连接到外部文件或数据库。成功连接到一个文件或数据库后，会自动创建一个数据源，用户可以在该数据源中继续连接其他的文件或数据库。这意味着在一个数据源中可以包含多个数据连接，每个数据连接都有自己的名称，并指向不同的文件或数据库。除了连接数据时自动创建的数据源之外，用户可以在同一个工作簿中手动创建一个或多个新数据源，并在这些数据源中连接文件或数据库。

2.2.1　连接文件

在 Tableau Desktop 中可以连接多种类型的文件，例如 Excel 文件、文本文件、Access 文件、PDF 文件、JSON 文件等。本小节以连接 Excel 文件为例，介绍在 Tableau Desktop 中连接文件的方法。连接 Excel 文件的操作步骤如下：

Step01 启动 Tableau Desktop，在“开始”页面的“连接”窗格的“到文件”类别下单击 Microsoft Excel，如图 2-5 所示。

图 2-5　单击 Microsoft Excel

Step02 打开“打开”对话框，导航到 Excel 文件所在的文件夹，然后双击要连接的 Excel 文件，如图 2-6 所示。

Step03 稍后，将在“数据源”页面中显示连接到的 Excel 文件的名称和其中包含的工作表。本例连接到的 Excel 文件的名称为“产品销售数据”，其中包含“客户信息”“订单信息”和“订单明细”3 个工作表，如图 2-7 所示。

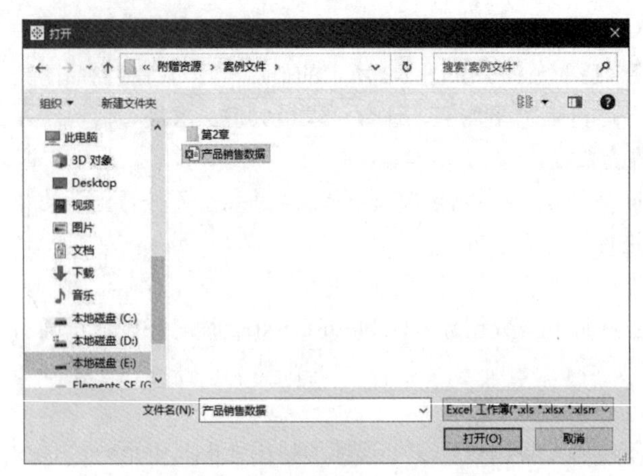

图 2-6　双击要连接的 Excel 文件

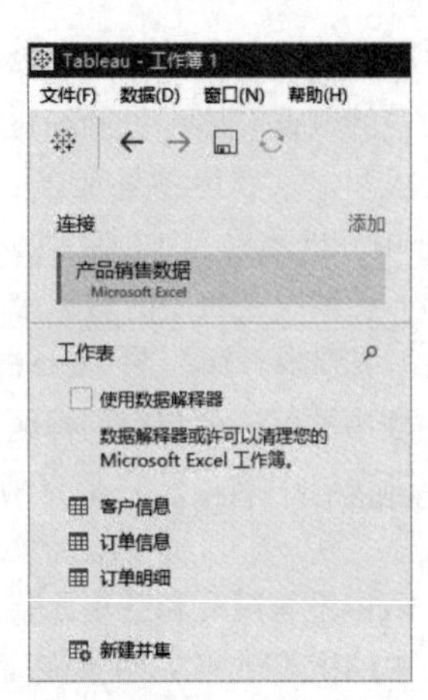

图 2-7　显示已连接的文件名和其中包含的表

2.2.2　连接数据库

在 Tableau Desktop 中可以连接多种类型的数据库，例如 SQL Server、MySQL、Oracle、DB2、MongoDB 等。本小节以连接 SQL Server 数据库为例，介绍在 Tableau Desktop 中连接数据库的方法。连接 SQL Server 数据库的操作步骤如下：

图 2-8　单击 Microsoft SQL Server

Step01 启动 Tableau Desktop，在“开始”页面的“连接”窗格中的“到服务器”类别下单击 Microsoft SQL Server，如图 2-8 所示。

Step02 打开如图 2-9 所示的界面，在“服务器”文本框中输入要连接到的 SQL Server 数据库所在的服务器的名称，在“数据库”文本框中输入数据库中的某个表，如果不知道表名，可以不填写该项。在“输入数据库登录信息”中选择登录服务器的方式，可以选择“使用 Windows 身份验证”方式或“使用特定用户名和密码”两种方式之一。

Step03 设置完成后，单击“登录”按钮，如果通过了身份验证，则会在 Tableau Desktop 的“数据源”页面中显示连接到的服务器名称，以及在 Step02 中指定的数据库和其中包含的表，如图 2-10 所示。

图 2-9　设置数据库服务器的登录信息

图 2-10　连接到 SQL Server 数据库

提示：如果连接到的服务器中有多个数据库，则可以在“数据库”下拉列表中选择一个数据库，下方会显示该数据库中的表。

2.2.3　在一个数据源中建立多个数据连接

在 Tableau Desktop 中成功连接到一个文件或数据库之后，会自动创建一个数据源，数据的连接信息包含在该数据源中。如果使用的数据存储在不同的文件或数据库中，则可以在当前数据源中继续添加新的数据连接，以便连接到所需使用的每一个文件或数据库。在一个数据源中建立多个数据连接的操作步骤如下：

Step 01 按照 2.2.1 小节或 2.2.2 小节中的方法，先在 Tableau Desktop 中连接到一个文件或数据库。

Step 02 如需在当前数据源中连接到第二个文件或数据库，可以在“数据源”页面中单击“添加”，如图 2-11 所示。

Step 03 选择要连接的文件或数据库，然后参照 2.2.1 小节或 2.2.2 小节中的步骤完成数据连接。如图 2-12 所示为连接到 Excel 文件和 SQL Server 数据库，按照建立连接的先后顺序，两个连接的名称依次排列在“数据源”页面中。单击某个连接，下方将显示该连接中包含的表。

图 2-11　单击“添加”

图 2-12　在一个数据源中建立多个数据连接

2.2.4　创建多个数据源

有时可能需要创建多个数据源，然后在每个数据源中连接不同的数据，而不是在一个数据源中建立多个数据连接。启动 Tableau Desktop 并成功连接到一个文件或数据库后，会自动创建一个数据源。此时如需创建一个新的数据源，可以在“数据源”页面中使用以下两种方法：

- 单击菜单栏中的“数据”|“新建数据源”命令，如图 2-13 所示。
- 在画布上方单击数据源图标右侧的下拉按钮，然后在弹出的菜单中选择“新建数据源”命令，如图 2-14 所示。

使用以上两种方法之一，将显示如图 2-15 所示的界面，从中选择要连接的数据类型，并完成数据连接即可。

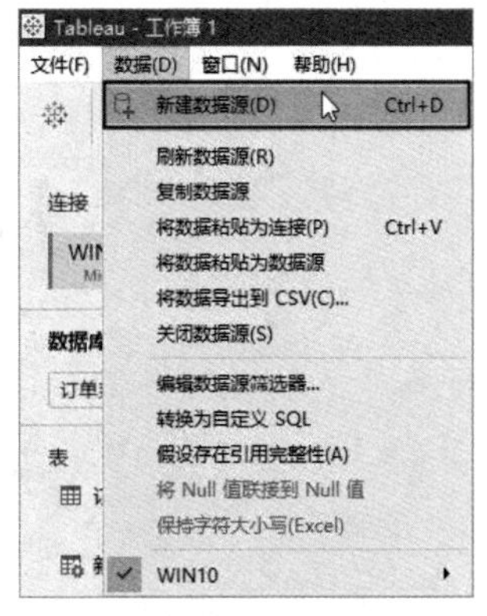

图 2-13　使用菜单栏中的命令

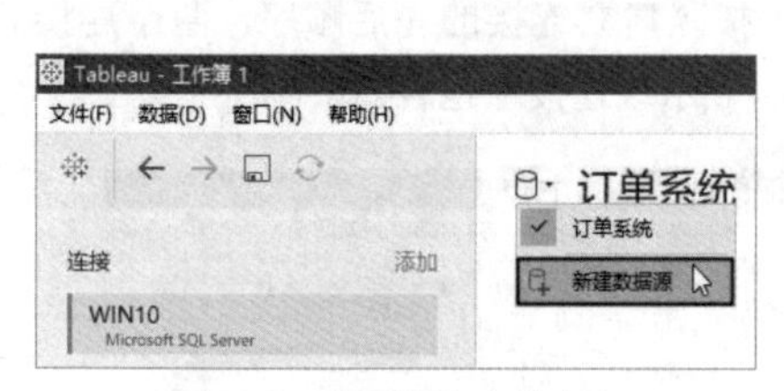

图 2-14　使用画布中的命令

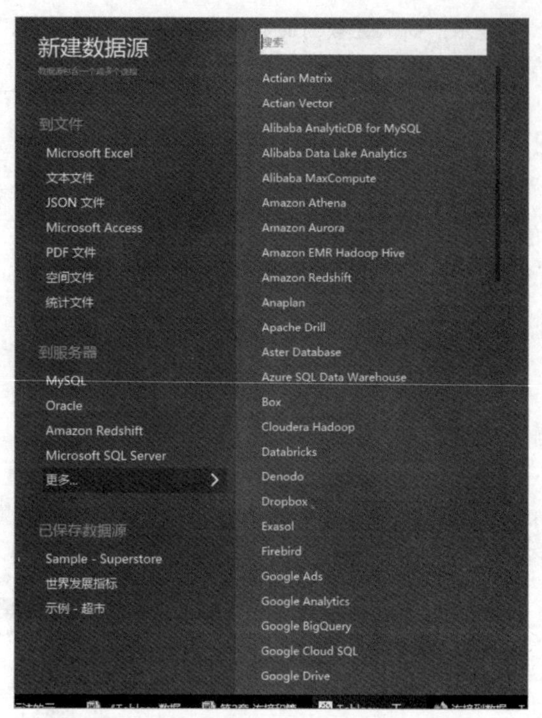

图 2-15　为新建的数据源选择要连接的数据类型

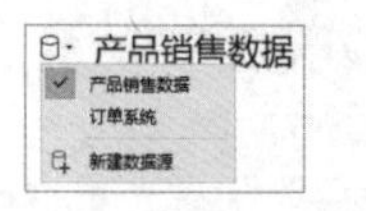

图 2-16　选择要显示的数据源

在 Tableau Desktop 中创建多个数据源之后，在“数据源”页面中只会显示其中一个数据源中的数据连接和表。可以单击画布上方的下拉按钮，在弹出的菜单中选择要显示的数据源，如图 2-16 所示。

2.2.5　在画布中添加表

完成前面几节操作后，还并未完成数据源的设置工作，此时 Tableau Desktop 还不知道用户要使用哪些数据开展分析工作。只有将已建立数据连接的一个或多个表添加到“数据源”页面的画布中，才真正为 Tableau 准备好要使用的数据。

如需在画布中添加表，只要在“数据源”页面的左侧窗格中将一个或多个表拖动到右侧上方的画布中即可，如图 2-17 所示。

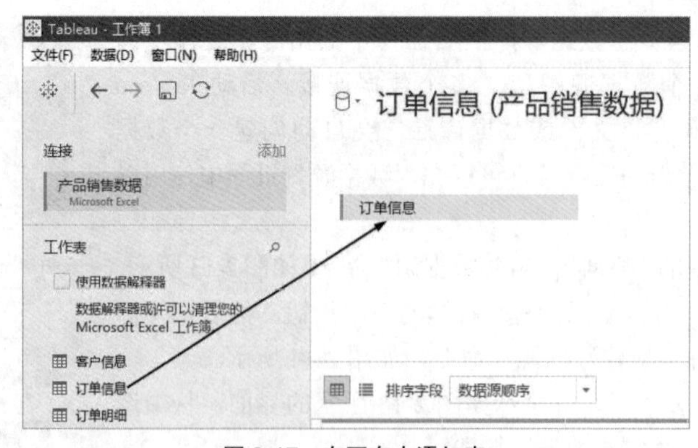

图 2-17　在画布中添加表

2.3　管理数据源

成功连接数据后，可以对数据源执行一些管理操作，例如更改数据源的位置和名称、刷新数据源、复制和导出数据源等，从而使数据源可以更好地工作。

2.3.1　更改数据源的位置和名称

如果在 Tableau Desktop 中建立的数据连接所指向的数据源的位置或名称发生改变，则 Tableau Desktop 中的数据连接会自动失效，此时将中断 Tableau Desktop 与数据源之间的连接，在 Tableau Desktop 中不会显示数据源中的数据。

如需解决此问题，可以在“数据源”页面的左侧窗格中右击数据连接，然后在弹出的菜单中选择“编辑连接”命令，如图 2-18 所示。在打开的对话框中找到并双击更改位置或名称后的数据源，即可使数据源中的表重新显示在“数据源”页面中。

在 Tableau Desktop 中分析数据时，使用的数据源名称显示在“数据源”页面右侧的画布上方，单击即可使其进入编辑状态，如图 2-19 所示，输入新名称后单击页面中的空白处，完成名称的修改。

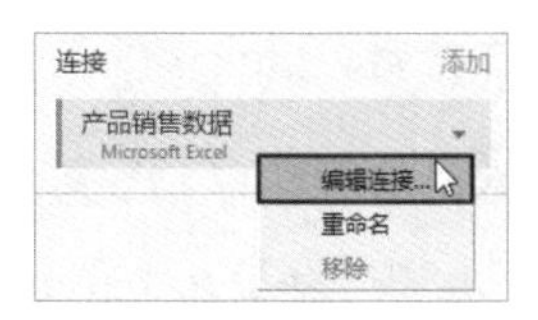

图 2-18　选择“编辑连接”命令

图 2-19　修改数据源的名称

2.3.2　更改数据连接的名称

连接到一个文件或数据库后，默认使用该文件或数据库的名称作为在 Tableau Desktop 中显示的数据连接的名称。有时可能需要修改数据连接的名称，使其含义更清晰，尤其在连接到多个文件或数据库时可能更需要执行此操作。

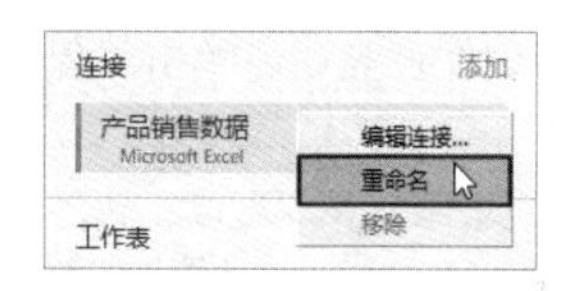

图 2-20　选择“重命名”命令

更改数据连接的名称有以下两种方法：

- 在“数据源”页面的左侧窗格中右击一个数据连接，然后在弹出的菜单中选择“重命名”命令，如图 2-20 所示。
- 双击一个数据连接。

无论使用哪种方法，数据连接的名称都将进入编辑状态，输入所需的名称，然后单击页面中的其他位置即可。

2.3.3　刷新数据源

如果在 Tableau Desktop 中连接到的数据源本身的数据发生改变，为了将所有更改及时反映到 Tableau Desktop 中，可以在“数据源”页面的工具栏中单击“刷新数据源”按钮，如图 2-21 所示。

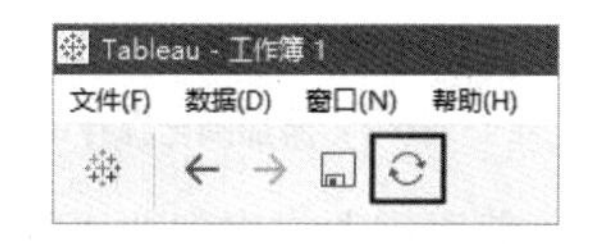

图 2-21　单击“刷新数据源”按钮

提示： *如果无法单击“刷新数据源”按钮，则可能是因为还没有在画布中添加表。*

2.3.4　复制数据源

如需对数据源进行一些修改，但是又不想影响使用该数据源的现有工作表和视图，那么可以通

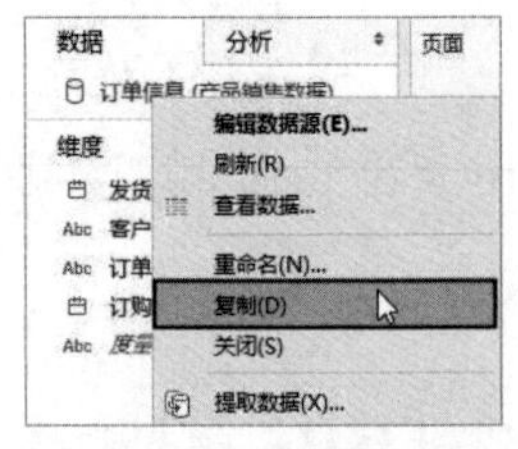

图 2-22　选择“复制”命令

过复制数据源获得其副本，然后修改数据源的副本。复制数据源有以下两种方法：

- 在“数据源”页面中单击菜单栏中的“数据”|“复制数据源”命令。
- 在“工作区”页面中右击“数据”窗格顶部的数据源，然后在弹出的菜单中选择“复制”命令，如图 2-22 所示。

2.3.5　导出数据源

如果在工作簿中创建好的数据源可能会在以后重复使用，则可以将该数据源以文件的形式导出，导出的数据源有以下两种文件格式：

- 数据源（.tds）：包含连接到文件或数据库所需的信息。如果要使用数据源的其他用户具有数据连接所指向的文件或数据库的访问权限，则可以使用该文件格式。
- 打包数据源（.tdsx）：包含数据源（.tds）文件中的所有信息，以及数据连接所指向的数据源中的数据。如果要使用数据源的其他无权访问数据源，则可以使用该文件格式。

默认将数据源导出到以下路径中，假设 Windows 操作系统安装在 C 盘。

```
C:\Users\<用户名>\Documents\我的 Tableau 存储库\数据源
```

如需导出数据源，需要单击 Tableau Desktop 窗口底部的“工作表 1”（或其他工作表），切换到“工作区”页面，右击“数据”窗格顶部的数据源名称，然后在弹出的菜单中选择“添加到已保存的数据源”命令，如图 2-23 所示。

打开如图 2-24 所示的对话框，将自动定位到上面给出的数据源的默认存储位置，设置好文件名和文件类型，单击“保存”按钮，即可将数据源导出到默认位置。

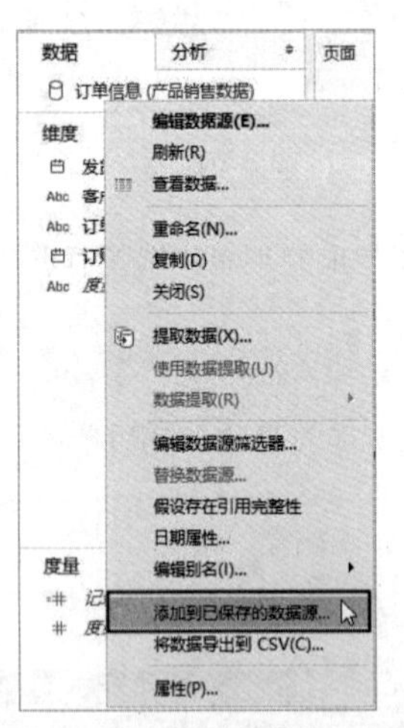

图 2-23　选择“添加到已保存的数据源”命令

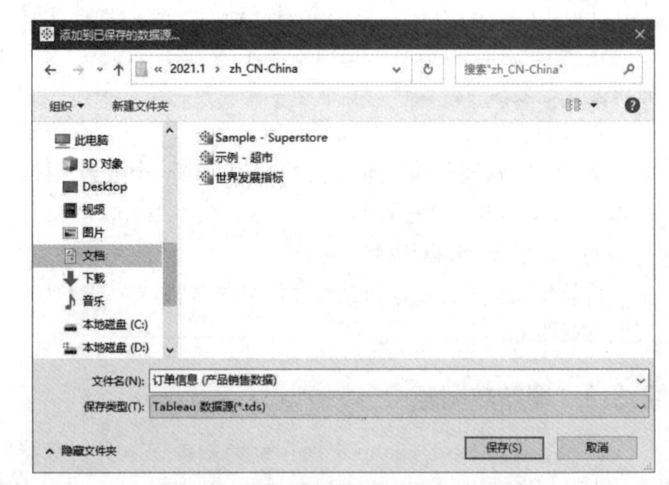

图 2-24　设置数据源的文件名和文件类型

将数据源导出到默认路径后，在 Tableau Desktop 的“开始”页面的“连接”窗格底部会显示该数据源，如图 2-25 所示。选择该数据源，即可在 Tableau Desktop 中自动连接到数据源所指向的文件或数据库。

用户可以更改“我的 Tableau 存储库”文件夹的默认位置，只需单击菜单栏中的“文件”|“存储库位置”命令，在打开的对话框中选择一个文件夹，然后单击“选择文件夹”按钮，如图 2-26 所示。

图 2-25　导出到默认位置的数据源显示在“开始”页面中

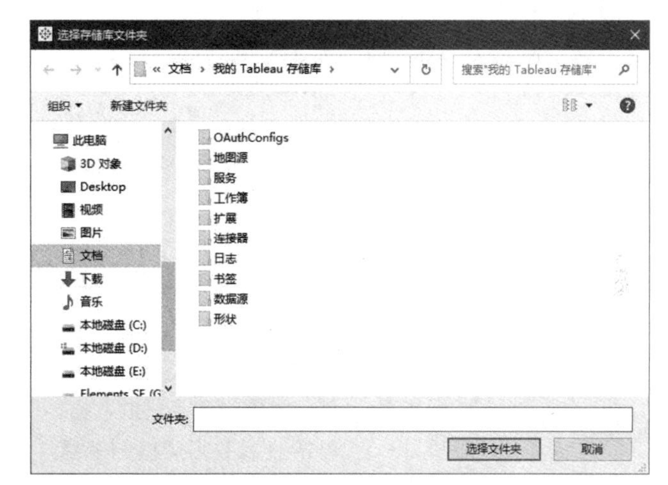

图 2-26　设置存储库的默认位置

2.3.6　关闭数据源

如果不再使用已连接到 Tableau Desktop 中的数据源，则可以将其关闭，即可断开 Tableau Desktop 与数据源之间的连接。关闭数据源时，将自动删除使用该数据源的所有工作表。关闭数据源有以下两种方法：

- 在“数据源”页面中单击菜单栏中的“数据”|“关闭数据源”命令。
- 在“工作区”页面中右击“数据”窗格顶部的数据源，然后在弹出的菜单中选择“关闭”命令。

提示：如果意外关闭了数据源，则可以单击工具栏中的“撤销”按钮或按 Ctrl+Z 组合键，使 Tableau Desktop 重新连接到刚刚关闭的数据源。

2.4　编辑数据源中的数据

成功连接数据后，可以在 Tableau Desktop 中对数据源进行一些调整，例如更改字段名称、隐藏和拆分字段、排序和筛选数据、转置数据等。这些操作不会修改数据连接所指向的数据源本身，而只作用于显示在 Tableau Desktop 中的数据源。本节介绍的内容都是在“数据源”页面中操作的，其中的很多操作也可以在“工作区”页面的“数据”窗格中完成。

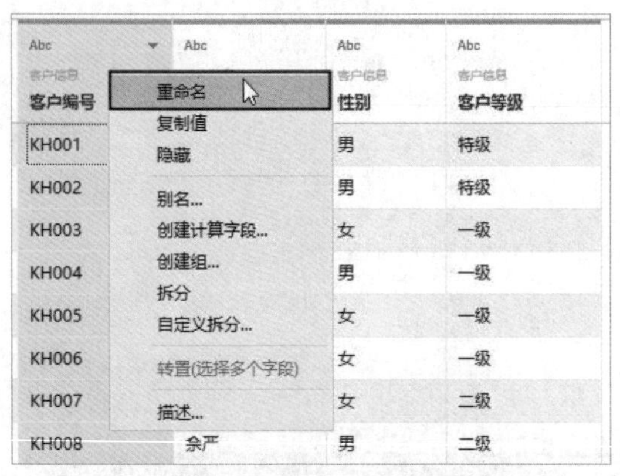

图 2-27　选择“重命名”命令

2.4.1　更改字段名称

将表添加到“数据源”页面中的画布后，会在下方的数据网格中显示当前选中的表中的数据，字段自动加粗显示。如需更改某个字段的名称，可以使用以下两种方法：

- 双击字段名称。
- 右击字段名称所在的区域或单击字段右上角的下拉按钮，在弹出的菜单中选择“重命名”命令，如图 2-27 所示。

无论使用哪种方法，字段名称都会进入编辑状态，输入所需的名称，然后单击字段名称之外的其他位置。

提示：更改字段名称后，以后如需恢复字段的默认名称，可以右击字段，在弹出的菜单中选择“重置名称”命令。

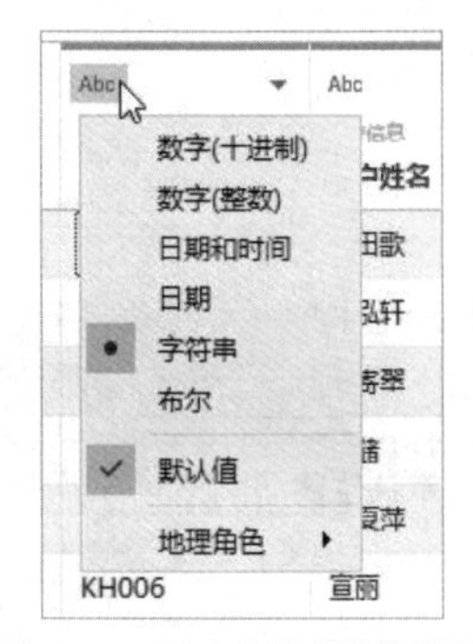

图 2-28　更改字段的数据类型

2.4.2　更改字段的数据类型

成功连接数据后，Tableau 会自动检测和设置表中每个字段的数据类型，有时检测结果可能有误，此时可以手动更改字段的数据类型。如需更改字段的数据类型，可以在“数据源”页面的数据网格中单击表示数据类型的图标，然后在弹出的菜单中选择所需的数据类型，如图 2-28 所示。

提示：如果在菜单中的“默认值”选项的开头显示勾选标记，则说明该字段的数据类型没有被更改过。

2.4.3　隐藏字段

如果不想显示某些字段，则可以将其隐藏，但是字段中的数据仍然存在。如需隐藏字段，可以在数据网格中右击要隐藏的字段，然后在弹出的菜单中选择“隐藏”命令。

如需使隐藏的字段重新显示出来，可以在数据网格中勾选“显示隐藏字段”复选框，如图 2-29 所示。处于隐藏状态的字段的字体颜色较浅，如需使其恢复为正常显示状态，可以右击隐藏状态的字段，在弹出的菜单中选择“取消隐藏”命令，如图 2-30 所示。

图 2-29　勾选“显示隐藏字段”复选框

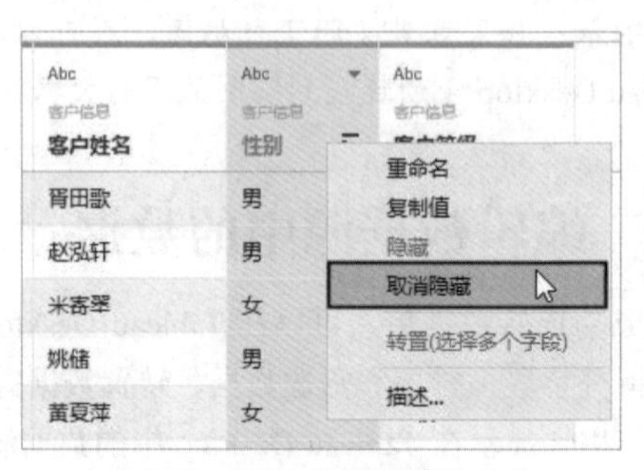

图 2-30　选择“取消隐藏”命令

2.4.4　拆分字段

如果字段中的每项数据由多个值组成，为了便于分析该字段中的数据，可以使用 Tableau Desktop 中的拆分功能将多个值拆分为单个值，拆分后的这些值分别存储在新建的多个字段中。

如图 2-31 所示，“客户信息”字段中的每项数据由姓名、性别、等级 3 部分组成，各部分之间以“-”分隔。

Abc 客户信息 (2) 客户编号	Abc 客户信息 (2) 客户信息
KH001	肖田歌-男-特级
KH002	赵泓轩-男-特级
KH003	米寄翠-女-一级
KH004	姚储-男-一级
KH005	黄夏萍-女-一级
KH006	宣丽-女-一级
KH007	周芹-女-二级
KH008	余产-男-二级

图 2-31　“客户信息”字段中的每项数据包含多个值

为了在数据分析时分别处理客户的姓名、性别和等级，需要将“客户信息”字段中的数据按照姓名、性别、等级拆分为 3 个字段，每个字段只存储一类信息，拆分字段的操作步骤如下：

Step01 在数据网格中右击“客户信息”字段名称所在的区域，然后在弹出的菜单中选择“自定义拆分”命令，如图 2-32 所示。

Step02 打开“自定义拆分”对话框，在“使用分隔符”文本框中输入“-”，然后在“拆分”下拉列表中选择“全部”，如图 2-33 所示。

图 2-32　选择“自定义拆分”命令

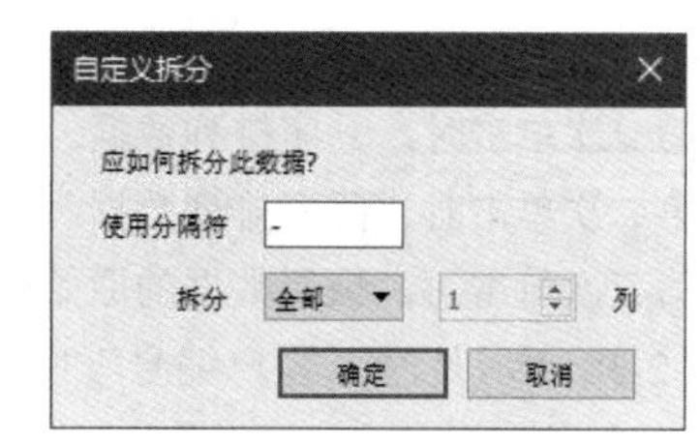

图 2-33　设置拆分选项

Step03 单击“确定”按钮，将“客户信息”字段拆分为 3 个字段，如图 2-34 所示。

Abc 客户复合信息 客户编号	Abc 客户复合信息 客户信息	=Abc 计算 客户信息 - 拆分 1	=Abc 计算 客户信息 - 拆分 2	=Abc 计算 客户信息 - 拆分 3
KH001	肖田歌-男-特级	肖田歌	男	特级
KH002	赵泓轩-男-特级	赵泓轩	男	特级
KH003	米寄翠-女-一级	米寄翠	女	一级
KH004	姚储-男-一级	姚储	男	一级
KH005	黄夏萍-女-一级	黄夏萍	女	一级
KH006	宣丽-女-一级	宣丽	女	一级
KH007	周芹-女-二级	周芹	女	二级
KH008	余产-男-二级	余产	男	二级

图 2-34　拆分字段

Step04 为拆分后得到的 3 个字段设置合适的名称，然后将原来的“客户信息”字段隐藏即可。

2.4.5　转置数据

如图 2-35 所示为 2.1 节介绍过的二维表，如需在 Tableau Desktop 中对该表中的数据进行分析，需要先将其转换为一维表。

使用 Tableau Desktop 中的转置功能可以将二维表转换为一维表，操作步骤如下：

编号	日期	面包	牛奶	果汁
1	6月6日	19	19	26
2	6月7日	50	23	38
3	6月8日	32	16	25

图 2-35　二维表

Step01 在数据网格中选择要转置的多个列，本例为表中的最后 3 列。

Step02 右击 Step01 中选择的任意一列的字段名称所在的区域，在弹出的菜单中选择“转置”命令，如图 2-36 所示，将创建两个新列，在其中一列中存储上述 3 列的字段名称，另一列存储这 3 列中的值，如图 2-37 所示。最后为转换后的各列设置合适的名称。

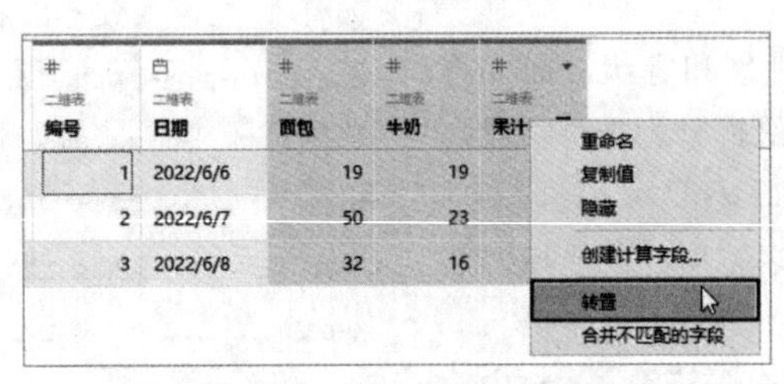

图 2-36 选择“转置”命令

二维表 编号	二维表 日期	转置 转置字段名称	转置 转置字段值
1	2022/6/6	果汁	26
2	2022/6/7	果汁	38
3	2022/6/8	果汁	25
1	2022/6/6	牛奶	19
2	2022/6/7	牛奶	23
3	2022/6/8	牛奶	16
1	2022/6/6	面包	19
2	2022/6/7	面包	50

图 2-37 转置为一维表

2.4.6 排序数据

可以对 Tableau Desktop 中的数据源按照行或列排序。如需按行排序，可以在数据网格中单击字段标题右侧的按钮，有以下 3 种效果：

- 第一次单击时，升序排列数据。
- 第二次单击时，降序排列数据。
- 第三次单击时，恢复数据的原始顺序。

如图 2-38 所示是对“客户编号”字段中的数据升序排列后的效果，客户编号从小到大依次排列。

订单信息 订单编号	订单信息 订购日期	订单信息 发货日期	订单信息 客户编号
DD001	2022/7/6	2022/7/9	KH002
DD002	2022/7/6	2022/7/7	KH007
DD003	2022/7/6	2022/7/8	KH001
DD004	2022/7/6	2022/7/8	KH007
DD005	2022/7/6	2022/7/7	KH004
DD006	2022/7/6	2022/7/7	KH001
DD007	2022/7/7	2022/7/10	KH005
DD008	2022/7/7	2022/7/8	KH003

订单信息 订单编号	订单信息 订购日期	订单信息 发货日期	订单信息 客户编号
DD006	2022/7/6	2022/7/7	KH001
DD003	2022/7/6	2022/7/8	KH001
DD030	2022/7/9	2022/7/10	KH001
DD001	2022/7/6	2022/7/9	KH002
DD015	2022/7/7	2022/7/9	KH002
DD022	2022/7/8	2022/7/11	KH002
DD027	2022/7/9	2022/7/12	KH002
DD008	2022/7/7	2022/7/8	KH003

图 2-38 升序排列数据

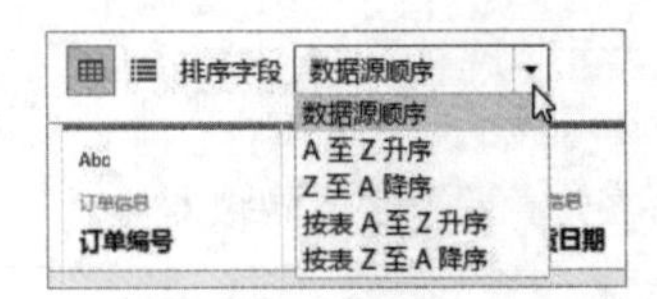

图 2-39 选择排序方式

按列排序是指调整表中各列的前后次序。如需按列排序，可以在数据网格中单击“排序字段”右侧的下拉按钮，然后在打开的下拉列表中选择排序方式，如图 2-39 所示。

2.4.7 筛选数据

如果只想对数据源中的部分数据进行分析，则可以在开始分析之前，先从数据源中筛选出所需使用的数据，从而减少数据源中的数据量。筛选数据源的操作步骤如下：

Step01 在“数据源”页面中单击画布右上方的“添加”，如图 2-40 所示。

Step02 打开“编辑数据源筛选器”对话框，单击“添加”按钮，如图 2-41 所示。

图 2-40　单击“添加”

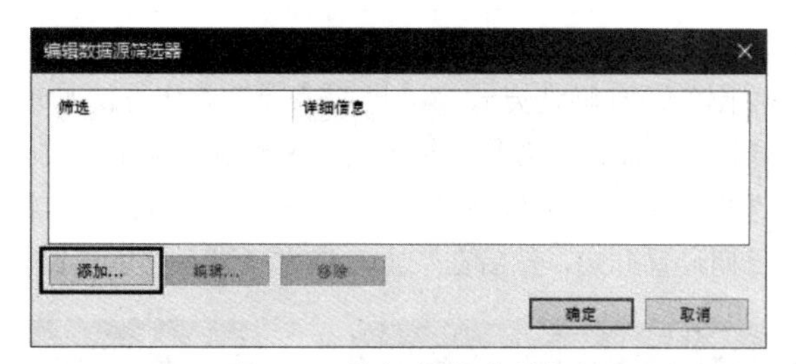

图 2-41　单击“添加”按钮

Step03 打开“添加筛选器”对话框，选择要筛选的字段，然后单击“确定”按钮，如图 2-42 所示。

Step04 打开“筛选器”对话框，为 Step03 选择的字段设置筛选条件，此处为“性别”字段设置的筛选条件是只筛选女性客户，如图 2-43 所示。

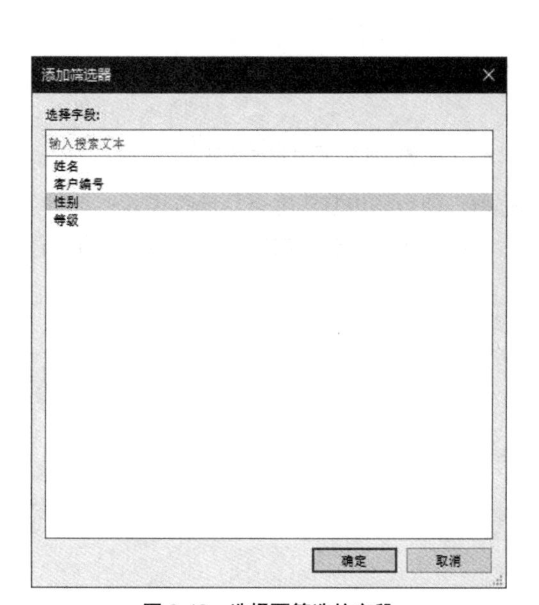

图 2-42　选择要筛选的字段

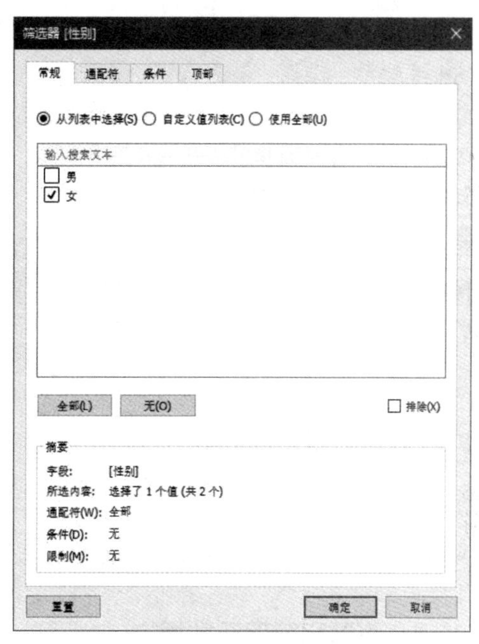

图 2-43　设置筛选条件

Step05 单击“确定”按钮，返回“编辑数据源筛选器”对话框，为“性别”字段设置的筛选条件显示在该对话框中，如图 2-44 所示。

Step06 单击“确定”按钮，将在数据网格中只显示女性客户的数据，如图 2-45 所示。

图 2-44　显示已设置的筛选条件

Abc 客户信息 客户编号	Abc 客户信息 姓名	Abc 客户信息 性别	Abc 客户信息 等级
KH003	米寄翠	女	一级
KH005	黄夏萍	女	一级
KH006	宣丽	女	一级
KH007	周芹	女	二级
KH009	楚诗夏	女	二级

图 2-45　筛选后的数据

上面介绍的是筛选文本类型字段的一般操作方法。筛选数值和日期两种类型的字段时具有更多、更灵活的方式。如图 2-46 所示为筛选日期类型字段时打开的对话框，其中包含“相对日期”和“日期范围”两种筛选方式。“日期范围”操作方法与前面介绍的筛选文本类型数据的方法类似，也是通过勾选或取消对复选框的勾选来筛选字段中的数据。

如果选择“相对日期”，然后单击“下一步”按钮，则将打开如图 2-47 所示的对话框，在上方选择一种日期设置方式，然后在下方对该方式进行具体设置。

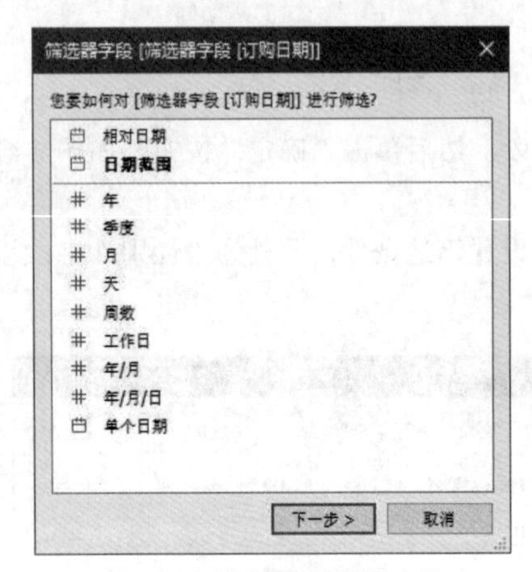

图 2-46　筛选日期类型的字段

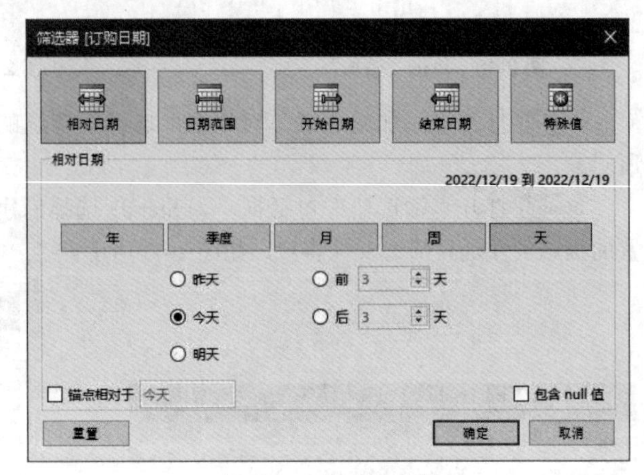

图 2-47　设置相对日期

无论筛选哪种类型的数据，如需删除已创建的筛选器，使数据恢复到完全显示的状态，可以单击画布右上方的“编辑”，如图 2-48 所示，在打开的对话框中选择要删除的筛选器，然后单击“移除”按钮。

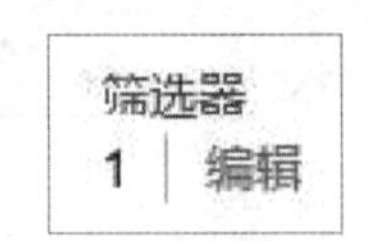

图 2-48　单击“编辑”

提示：“编辑”左侧的数字表示当前已创建的筛选器的数量。

2.4.8　查看和管理元数据

元数据定义了一个表中包含的字段的名称和数据类型。将一个表添加到画布后，可以单击“管理元数据”按钮，查看该表的元数据，如图 2-49 所示。第 1 列显示字段的名称和数据类型，第 2 列显示该字段所属的表的名称，第 3 列显示字段在源数据中的原始名称。在 Tableau Desktop 中可以修改第一列中的字段名称和数据类型，操作方法请参考 2.4.1 小节和 2.4.2 小节。

图 2-49　查看表的元数据

第 3 章 构建数据模型

第 1 章简要介绍了数据模型的概念，在 Tableau Desktop 中进行分析的数据可能来自于一个或多个表，如需使这些表中的数据成为一个内在关联的整体，需要将这些数据合并起来，即构建数据模型。在 Tableau Desktop 中通过为两个或多个表创建关联、联接或并集，可以将不同表中的数据合并到一起，本章将介绍合并数据的几种方式的概念和实现方法。

3.1 Tableau 数据模型简介

在 Tableau Desktop 中创建的每个数据源都有一个数据模型，每个数据模型由添加到画布中的一个或多个表组成。可以将数据模型看作是一个由多个表以及它们之间的关系组成的关系图，通过此关系图，Tableau 可以获悉如何查询这些表中的数据。

在 Tableau Desktop 2020.2 之前的版本中，数据模型只有一个物理层，将表添加到画布时，实际上是将表添加到了数据模型中的物理层，物理层中的表称为物理表。在物理层中可以通过联接或并集来合并表中的数据。如果将两个表添加到画布中，则默认使用联接的方式合并两个表中的数据，联接会根据两个表中的相关字段，将两个表中的数据合并到单个表中，在单个表中横向整合两个表中的字段。

从 Tableau Desktop 2020.2 版本开始，在数据模型中除了包含物理层，还新增了一个逻辑层。在 Tableau Desktop 2020.2 及更高版本中将表添加到画布时，默认是将表添加到了数据模型中的逻辑层。逻辑层中的表称为逻辑表，每个逻辑表在物理层中都有一个与其对应的物理表，每个逻辑表可以包含一个或多个物理表。如果将两个表添加到画布中，则默认为两个表创建关系，以此来合并两个表中的数据，此时并未真正将两个表中的数据合并到单个表中，而是通过两个表中的匹配字段为表中数据建立关联，匹配字段就是关系数据库软件中的主键和外键。

在 Tableau 中构建数据模型需要注意以下几个问题：

- 添加到画布中的第一个表将成为数据模型中的根表，然后可以按任意顺序添加其他表。
- 如需创建星形模型，需要先将事实表添加到画布中，然后添加维度表。
- 如需创建雪花模型，需要将维度表连接到另一个维度表。
- 关联表时设置的关系必须至少由一对匹配的字段组成，这些字段必须具有相同的数据类型。

3.2 关联表中的数据

关联是根据两个表中的匹配字段为两个表创建关系。关联不会真正将两个表中的数据合并到单个表中，而是通过设置的关系告知 Tableau 两个表中的数据是如何相关的，具体来说，就是如何在两个表之间连接数据行。只有在创建视图时，Tableau 才会分析两个表之间的关系，并根据关系中指定的匹配字段在相关表中查找适合的数据。在 Tableau Desktop 中关联表的行为类似于在关系数据库软件（例如 Access）中为表设置关系。

3.2.1 关系类型

关系是指两个表之间存在的某种内在联系。两个表之间的关系有 3 种类型：一对一、一对多（或多对一）、多对多，关系的类型决定两个表中的数据关联方式。

1. 一对一

“一对一”关系是指第一个表中的每条记录在第二个表中只有一个匹配的记录，而第二个表中的每条记录在第一个表中也只有一个匹配的记录。

一对一关系不太常见，因为在大多数情况下，应该将具有一对一关系的两个表中的数据合并到一个表中。在某些特定情况下，可能需要为两个表创建一对一关系。例如，在一个包含客户的个人信息、账号和密码的表中，为了提高账号的安全性，可以将账号和密码单独存储在一个表中，该表与用户个人信息所在的表就是“一对一”关系。

2. 一对多

“一对多”关系是指第一个表中的每条记录在第二个表中有一条或多条匹配的记录，而第二个表中的每条记录在第一个表中只有一条匹配的记录。多对一与一对多是同一种关系类型，只是由于两个表的位置不同而导致相反的关系方向。

客户和订单之间是一对多关系。每个客户可以提交一个或多个订单，但是每个订单只属于一个客户。如图 3-1 所示，“客户信息”表中的“客户编号”字段能够唯一标识每一个客户，在“订单信息”表中也包含该字段，但是客户编号可能会出现多次，这样就可以通过“客户信息”表中的“客户编号”字段，在“订单信息”表中找到每个客户提交了哪些订单，或者通过“订单信息”表中的“客户信息”字段在“客户信息”表中找到对应的客户信息。

客户编号	姓名	性别	等级
KH001	胥田歌	男	特级
KH002	赵泓轩	男	特级
KH003	米寄翠	女	一级
KH004	姚储	男	一级
KH005	黄夏萍	女	一级
KH006	宣丽	女	一级
KH007	周芹	女	二级
KH008	佘严	男	二级
KH009	楚诗夏	女	二级
KH010	张恭	男	二级

订单编号	订购日期	发货日期	客户编号
DD001	2022/7/6	2022/7/8	KH002
DD002	2022/7/6	2022/7/8	KH007
DD003	2022/7/6	2022/7/7	KH001
DD004	2022/7/6	2022/7/7	KH007
DD005	2022/7/6	2022/7/7	KH004
DD006	2022/7/6	2022/7/7	KH001
DD007	2022/7/7	2022/7/8	KH005
DD008	2022/7/7	2022/7/8	KH003
DD009	2022/7/7	2022/7/10	KH003
DD010	2022/7/7	2022/7/10	KH005
DD011	2022/7/7	2022/7/10	KH007
DD012	2022/7/7	2022/7/9	KH003
DD013	2022/7/7	2022/7/10	KH010
DD014	2022/7/7	2022/7/10	KH009
DD015	2022/7/7	2022/7/8	KH002
DD016	2022/7/8	2022/7/11	KH008
DD017	2022/7/8	2022/7/11	KH006
DD018	2022/7/8	2022/7/9	KH007
DD019	2022/7/8	2022/7/10	KH005
DD020	2022/7/8	2022/7/11	KH010

图 3-1　一对多关系

例如，在“客户信息”表中客户编号为 KH001 的客户，在“订单信息”表中该客户编号出现在订单编号为 DD003 和 DD006 的两个订单中，这意味着这两个订单是客户编号为 KH001 的客户提交的。

3. 多对多

“多对多”关系是指第一个表中的每条记录在第二个表中有一条或多条匹配的记录，而第二个表中的每条记录在第一个表中也有一条或多条匹配的记录。

商品和订单之间是多对多关系，同一种商品可以出现在多个订单中，而一个订单也可以包含多种商品。

3.2.2 在逻辑层中关联表

如需为两个或多个表创建关联，需要使用 Tableau Desktop 2020.2 及更高版本。关联在一起的表可以是同一个数据连接或不同数据连接中的表，无论哪种情况，这些表都必须位于同一个数据源中。

在 Tableau Desktop 中建立数据连接后，如需关联两个表中的数据，可以在“数据源”页面中将一个表拖动到画布中，然后将另一个表拖动到画布中，Tableau 会自动检测两个表中的匹配字段。如果发现匹配字段，将为两个表创建关系，并在两个表之间显示一条关系线，如图 3-2 所示。

图 3-2 自动为两个表创建关系

提示：将第二个表添加到画布后，Tableau 为两个表创建关系的同时会自动打开“编辑关系”对话框，单击对话框右上角的╳按钮可以关闭该对话框。

如果 Tableau 检测不到两个表中的匹配字段，则会在两个表之间显示警告图标，将鼠标指针移动到该图标上，会显示如图 3-3 所示的信息，此时需要手动设置用于创建关系的匹配字段。

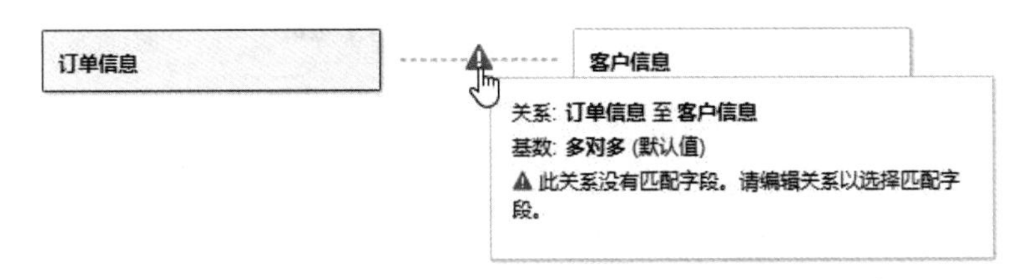

图 3-3 检测不到匹配字段时显示警告图标

提示：即使没有显示警告图标，也可以将鼠标指针移动到关系线上，此时会显示关联的基本信息。

3.2.3 更改或添加匹配字段

无论是需要更改用于确定表关系的匹配字段，还是由于未检测到匹配字段而需要手动对其进行设置，都可以单击两个表之间的关系线或警告图标，打开“编辑关系”对话框，左、右两侧显示当前关系涉及的两个表的名称和已指定的匹配字段，如图 3-4 所示。由于本例中的匹配字段在两个表中的名称相同，为了便于区分，在其中一个字段名称的右侧显示了表名。

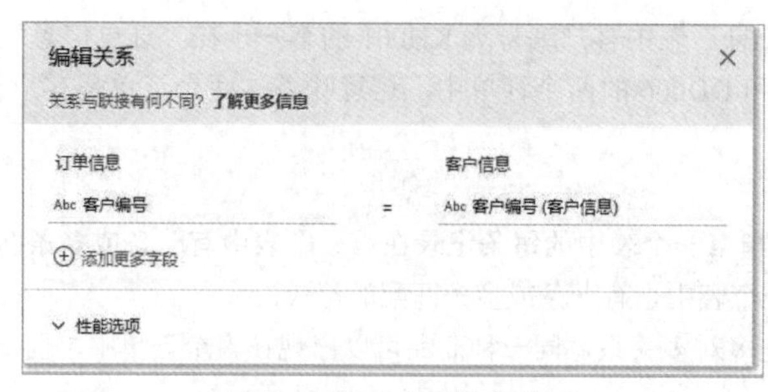

图 3-4 “编辑关系”对话框

如需删除当前设置好的匹配字段，可以将鼠标指针移动到字段所在的行，此时会在该行的右侧显示垃圾桶图标，单击该图标将删除当前的匹配字段，如图 3-5 所示。

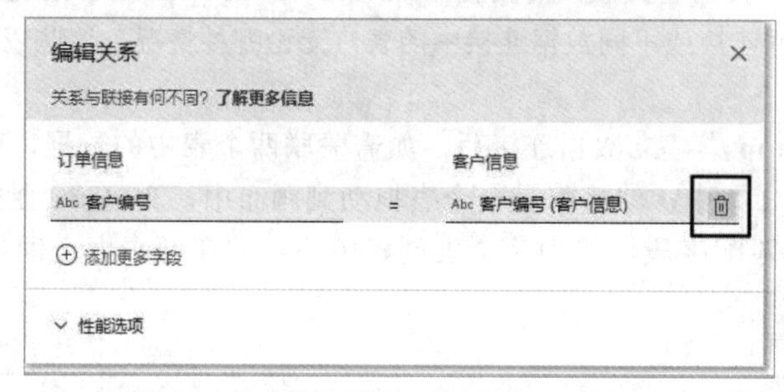

图 3-5 单击垃圾桶图标删除当前的匹配字段

如需更改当前设置好的匹配字段，可以单击左、右两个字段中的任意一个字段，此时会在字段的下方显示表中的所有字段，分别在左、右两侧选择要在关系中使用的匹配字段，即可替换当前的匹配字段，如图 3-6 所示。

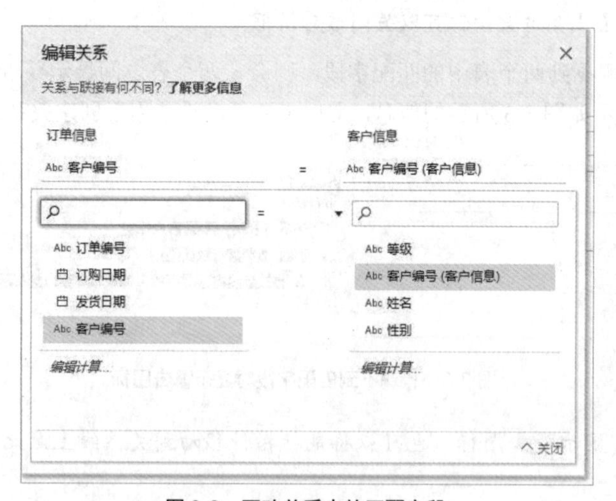

图 3-6 更改关系中的匹配字段

提示：如果表中包含的字段数量较多，则可以通过在搜索框中输入字段的名称快速找到所需的字段。

如需为关系添加多组匹配字段，可以在“编辑关系”对话框中单击“添加更多字段”，然后分别在左、右两侧选择新的一组匹配字段，如图 3-7 所示。

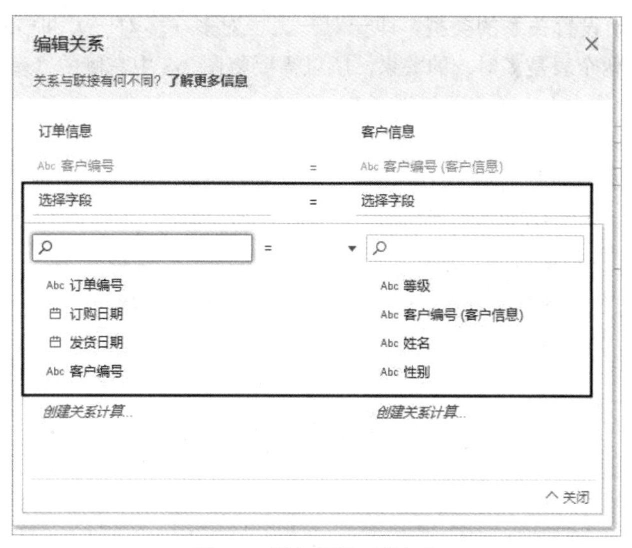

图 3-7 添加新的匹配字段

注意：如果当前正在“编辑关系”对话框中显示表中的所有字段，则需要先单击对话框右下角的“关闭”，然后在“编辑关系”对话框才会显示“添加更多字段”。

3.2.4 优化关系性能

通过设置关系的基数和引用完整性，可以优化 Tableau 在关联的表中查询数据的性能。在为表创建关联时，Tableau 会自动设置关系的基数和引用完整性，所以即使不额外设置这两项，关联的表中的数据也能正常工作。如果了解两个表中的记录之间的唯一性和匹配方式，则可以更改这两项设置，从而更加准确地描述数据，使 Tableau 发挥最佳性能。

如需设置基数和引用完整性，可以在“编辑关系”对话框中单击“性能选项”，然后在展开的对话框中进行设置，如图 3-8 所示。

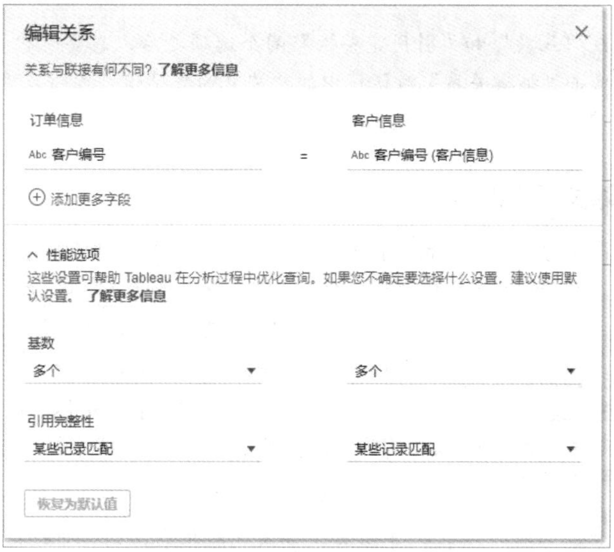

图 3-8 设置基数和引用完整性

“基数”选项用于设置关系的类型，即一对一、一对多（多对一）和多对多。由于“订单信息”和“客户信息”两个表是多对一的关系，所以需要将图 3-8 中右侧的“基数”选项设置为“一个”，如图 3-9 所示。

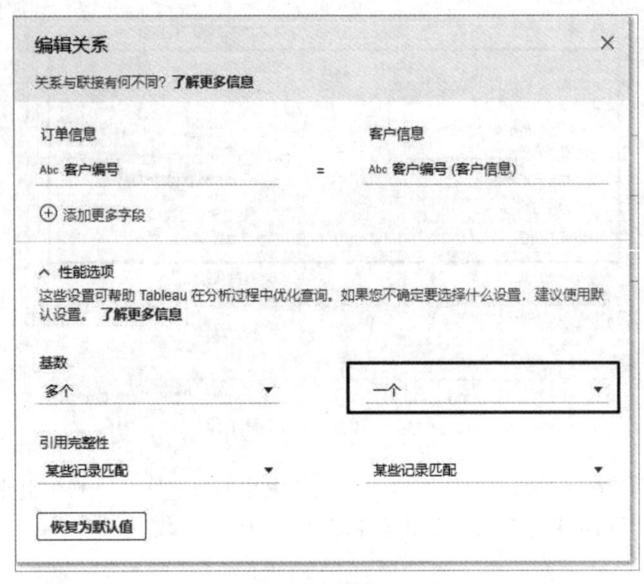

图 3-9　更改“基数”选项

“引用完整性”选项用于设置一个表中的每条记录在其他表中是否存在匹配项。如果一个表中的每条记录始终与另一个表中的一条或多条记录匹配，则应该将“引用完整性”选项设置为“所有记录匹配”，否则设置为“某些记录匹配”。

例如，“订单信息”表中的任意一条记录肯定与“客户信息”表中的某条记录匹配，因为每个订单都必须由一个客户提交，所以该订单必然在“客户信息”表中有一个对应的客户。反之则未必如此，“客户信息”表中的任意一个客户未必提交过订单，这样在“订单信息”表中也就没有对应的订单记录了。

提示：如果在更改“基数”和“引用完整性”两个选项之后，想要使它们恢复到 Tableau 最初的默认设置，则可以单击“编辑关系”对话框中的“恢复为默认值”按钮。“基数”选项的默认值为“多对多”，“引用完整性”选项的默认值为“某些记录匹配”。

3.2.5　移动或删除关系中的表

画布中的每个表都至少与另一个表具有关系。如需为一个表创建与另一个表的关系，可以使用鼠标将该表拖动到另一个表的附近，当在两个表之间显示关系线时，释放鼠标左键，将在两个表之间创建关系，并自动删除该表原来具有的关系。

如需删除关系中的表，可以在画布中右击该表，然后在弹出的菜单中选择“移除”命令，如图 3-10 所示。

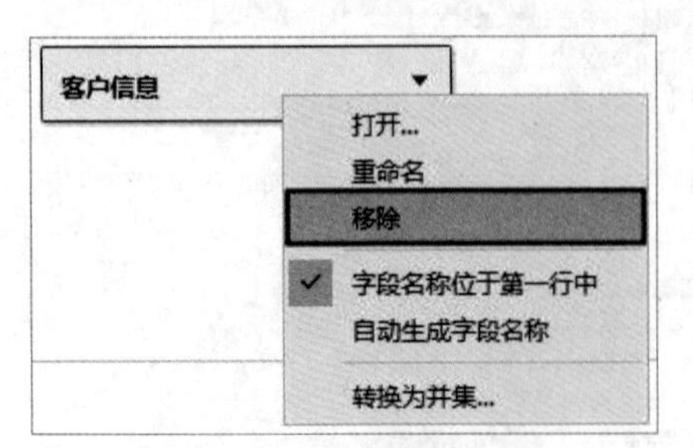

图 3-10　选择“移除”命令

注意：删除画布中的表时，将自动删除与该表关联的下级表。如果删除根表，则会自动删除数据模型中的所有其他表。

3.3 联接表中的数据

与在逻辑层中创建关联不同，联接是在物理层中将两个表中的数据合并到单个表中，而非像关联那样可以保持两个表中的数据各自独立。联接不如关联灵活和智能，并且还存在一些缺陷，所以在大多数情况下，关联是在 Tableau 中合并数据的首选方案。

3.3.1 联接类型

联接的类型决定两个表中数据的合并方式。在 Tableau 中有 4 种联接类型：内联接、左联接、右联接和完全外部联接。

1. 内联接

使用内联接合并两个表时，在合并后的单个表中只包含与两个表都匹配的值，如图 3-11 所示。

名称	产地
A	北京
B	天津
C	上海

+

名称	数量
A	1
B	2
D	3

=

名称	产地	数量
A	北京	1
B	天津	2

图 3-11 内联接

2. 左联接

使用左联接合并两个表时，在合并后的单个表中将包含左侧表中的所有值，以及右侧表中的匹配值。如果左侧表中的值在右侧表中没有匹配值，则在合并后的单个表中的相应单元格中显示 null，如图 3-12 所示。

名称	产地
A	北京
B	天津
C	上海

+

名称	数量
A	1
B	2
D	3

=

名称	产地	数量
A	北京	1
B	天津	2
C	上海	null

图 3-12 左联接

3. 右联接

使用右联接合并两个表时，在合并后的单个表中将包含右侧表中的所有值，以及左侧表中的匹配值。如果右侧表中的值在左侧表中没有匹配值，则在合并后的表中的相应单元格中显示 null，如图 3-13 所示。

名称	产地
A	北京
B	天津
C	上海

+

名称	数量
A	1
B	2
D	3

=

名称	数量	产地
A	1	北京
B	2	天津
D	3	null

图 3-13 右联接

4. 完全外部联接

使用完全外部联接合并两个表时，在合并后的单个表中将包含两个表中的所有值，两个表中互不匹配的值将在单元格中显示 null，如图 3-14 所示。

名称	产地
A	北京
B	天津
C	上海

+

名称	数量
A	1
B	2
D	3

=

名称	产地	数量
A	北京	1
B	天津	2
C	上海	null
D	null	3

图 3-14 完全外部联接

提示：如果不确定使用哪种联接类型来合并多个表中的数据，则可以选择为表创建关联，这是因为关联表时 Tableau 会自动设置联接类型，无须用户额外设置。

3.3.2 在物理层中联接表

在 Tableau Desktop 2020.2 之前的版本中，将表添加到画布时，表默认被添加到物理层。物理层中的表默认使用联接方式合并数据，这意味着如果将两个表添加到画布中，Tableau 会自动为它们创建联接，并在两个表之间使用维恩图表示联接类型，如图 3-15 所示。

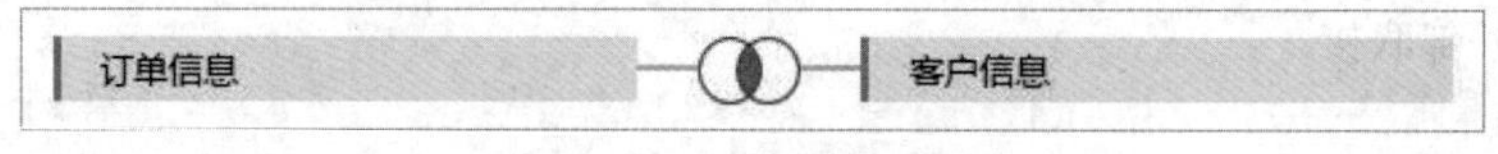

图 3-15 联接两个表

为两个表创建联接后，在数据网格中将显示两个表合并为单个表之后的数据，如图 3-16 所示。

Abc	Abc	Abc	Abc	Abc			Abc
客户信息	客户信息	客户信息	客户信息	订单信息	订单信息	订单信息	订单信息
客户编号 (客户信息)	**姓名**	**性别**	**等级**	**订单编号**	**订购日期**	**发货日期**	**客户编号**
KH002	赵弘轩	男	特级	DD001	2022/7/6	2022/7/8	KH002
KH007	周芹	女	二级	DD002	2022/7/6	2022/7/8	KH007
KH001	胥田歌	男	特级	DD003	2022/7/6	2022/7/8	KH001
KH007	周芹	女	二级	DD004	2022/7/6	2022/7/8	KH007
KH004	姚储	男	一级	DD005	2022/7/6	2022/7/9	KH004
KH001	胥田歌	男	特级	DD006	2022/7/6	2022/7/7	KH001
KH005	黄夏萍	女	一级	DD007	2022/7/7	2022/7/8	KH005
KH003	米寄翠	女	一级	DD008	2022/7/7	2022/7/8	KH003

图 3-16 联接将两个表中的数据合并到单个表中

如需在 Tableau Desktop 2020.2 及更高版本中创建联接，可以先将一个表添加到画布中，此时该表默认位于逻辑层。然后在画布中双击该表进入其物理层，其中包含该表在物理层中对应的物理表。此时将另一个表添加到当前的物理层中，即可为两个表创建联接，如图 3-17 所示。

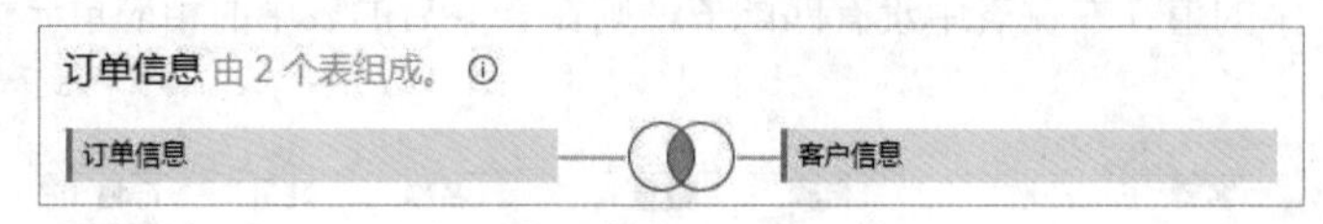

图 3-17 在逻辑表的物理层中

提示：单击物理层右上角的 × 按钮，将关闭物理层，并返回逻辑层。

3.3.3 更改联接类型

创建联接时，Tableau 会根据两个表中的匹配字段自动设置联接类型，用户可以在创建联接后更改表之间的联接类型。

如果使用的是 Tableau Desktop 2020.2 之前的版本，则可以在“数据源”页面的画布中单击两个表之间的维恩图，然后在打开的“联接”对话框中选择联接类型，如图 3-18 所示。

如果使用的是 Tableau Desktop 2020.2 及更高版本，则可以先在画布中双击包含联接在一起的物理表的逻辑表，进入物理层后单击维恩图，然后选择联接类型，如图 3-19 所示。

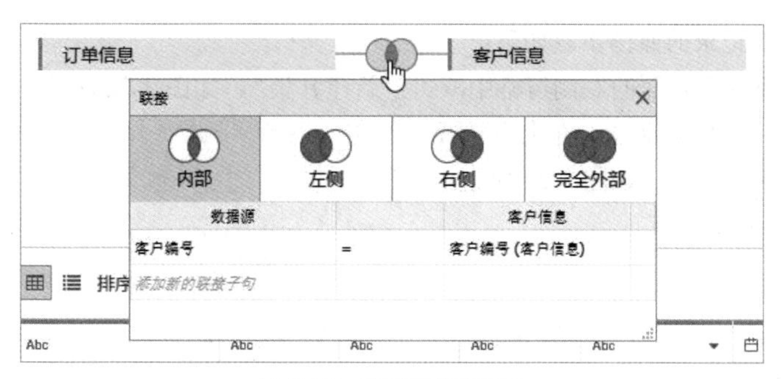

图 3-18　更改联接类型 1

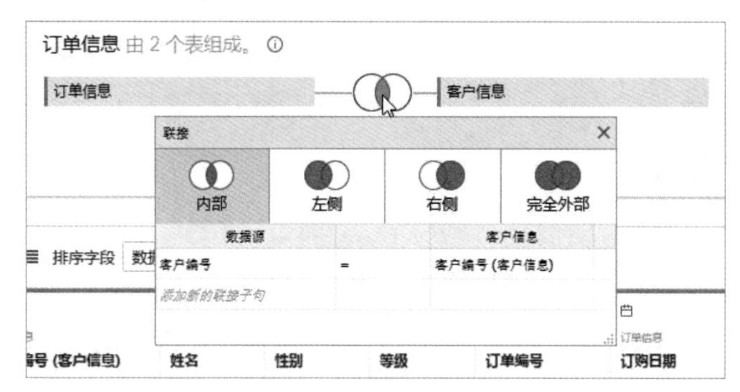

图 3-19　更改联接类型 2

与创建关联时可以更改或添加匹配字段类似，创建联接时也可以设置匹配字段，联接中的匹配字段称为联接子句。在“联接”对话框中可以更改联接的联接子句，也可以添加多组联接子句，如图 3-20 所示。

注意：创建联接时，用于为两个表建立联接的匹配字段必须具有相同的数据类型。如果在创建联接后更改联接字段的数据类型，则会立刻断开两个表的联接。

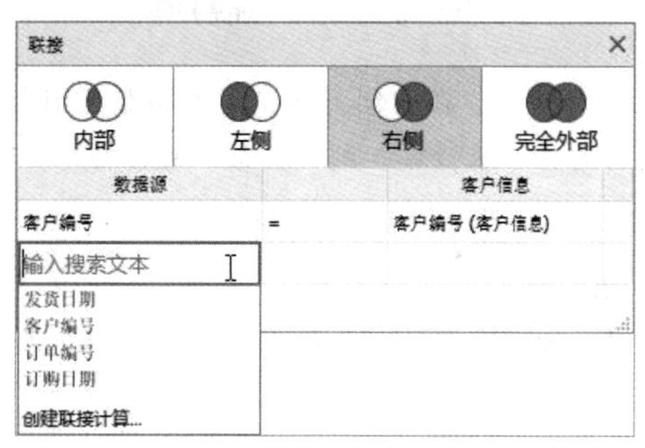

图 3-20　设置联接子句

3.4　合并表中的记录

通过为表创建并集，可以将多个表中的记录合并到一个表中，它是一种纵向的合并，这种合并方式类似于关系数据库软件（例如 Access）中的追加记录操作。为了获得最好的合并结果，要合并的各个表应该具有相同的字段数，相关字段的名称和数据类型也必须相同。

3.4.1　通过并集合并表中的记录

如图 3-21 所示是要合并的 3 个表，它们具有相同的结构，即每个表都有相同数量、名称和数据类型的字段。

客户编号	姓名	性别	等级
KH001	宵田歌	男	特级
KH002	赵泓轩	男	特级

客户编号	姓名	性别	等级
KH003	米寄翠	女	一级
KH004	姚储	男	一级
KH005	黄夏萍	女	一级
KH006	宣丽	女	一级

客户编号	姓名	性别	等级
KH007	周芹	女	二级
KH008	佘严	男	二级
KH009	楚诗夏	女	二级
KH010	张恭	男	二级

图 3-21　要合并的 3 个表

合并 3 个表中的记录的操作步骤如下：

Step01 在“数据源”页面的左侧窗格中双击“新建并集”，如图 3-22 所示。

Step02 打开“并集”对话框，在上方选择“特定（手动）”选项卡，然后将左侧窗格中的一个表拖动到“并集”对话框中，如图 3-23 所示。

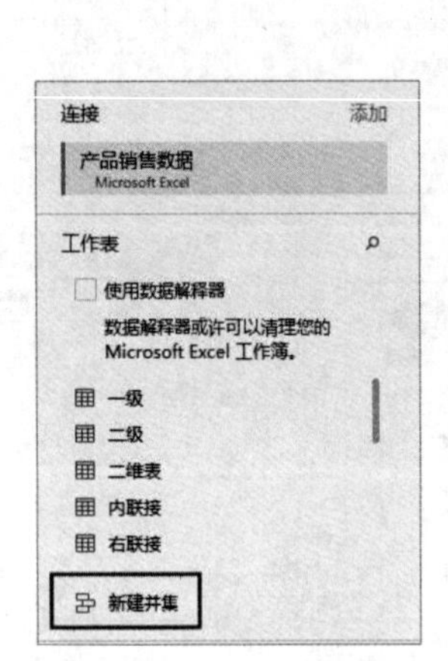

图 3-22 双击“新建并集”

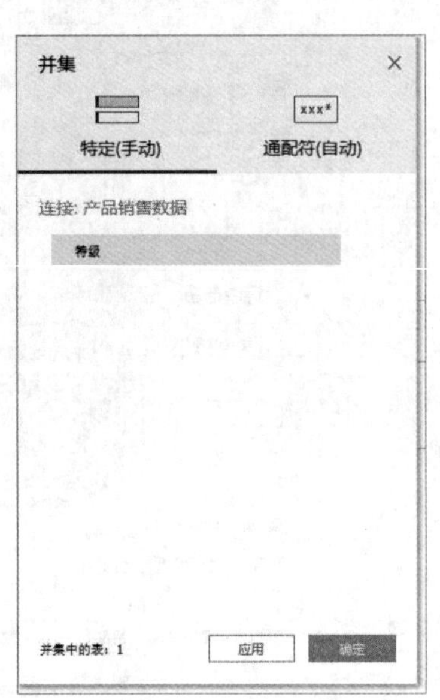

图 3-23 在对话框中添加要合并的第一个表

提示：在左侧窗格中通过按住 Ctrl 键或 Shift 键，并配合鼠标单击，可以同时选择多个表，并将它们一次性添加到“并集”对话框中。

Step03 将要合并的另一个表拖动到“并集”对话框中，并放置到第一个表的下方，如图 3-24 所示。

Step04 使用相同的方法，将第三个表添加到“并集”对话框中，如图 3-25 所示。

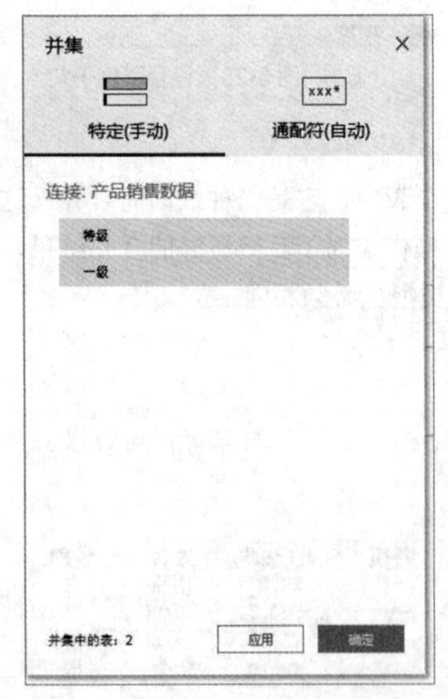

图 3-24 在对话框中添加要合并的第二个表

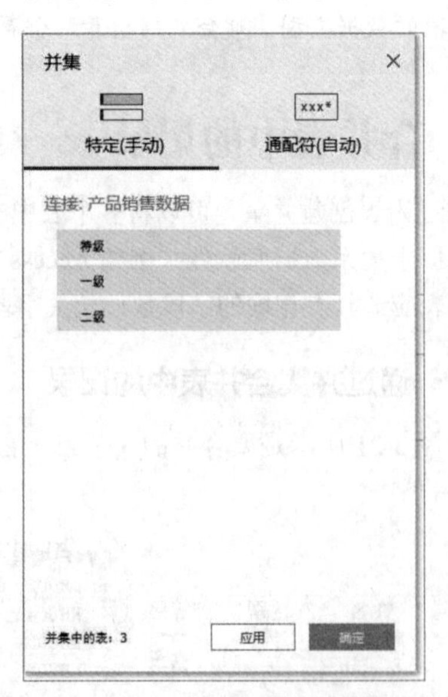

图 3-25 在对话框中添加要合并的第三个表

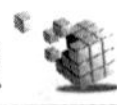

Step05 单击“确定”按钮，将“并集”对话框的所有表中的记录合并到一个新建的名为“并集”的表中，如图 3-26 所示。

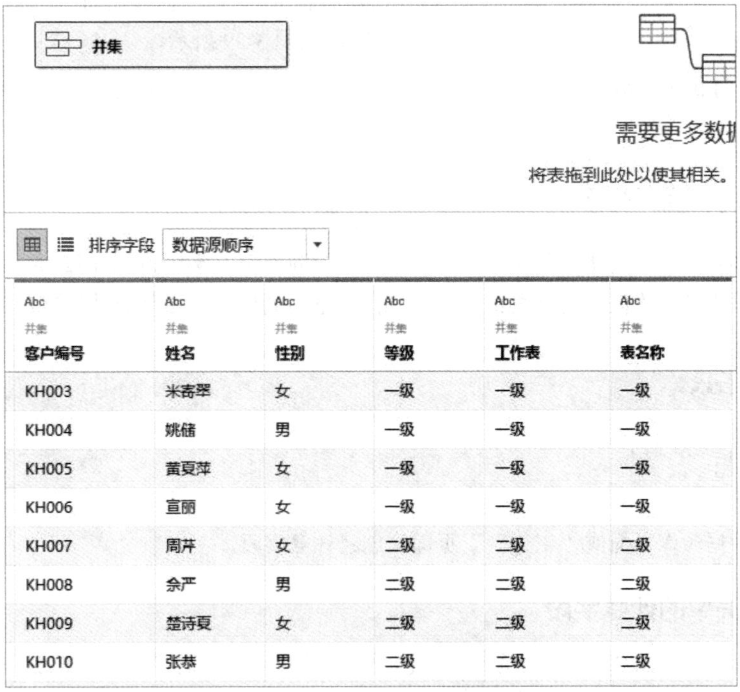

并集
需要更多数据
将表拖到此处以使其相关。
排序字段
数据源顺序
Abc 并集 客户编号
Abc 并集 姓名
Abc 并集 性别
Abc 并集 等级
Abc 并集 工作表
Abc 并集 表名称
KH003 米寄翠 女 一级 一级 一级
KH004 姚储 男 一级 一级 一级
KH005 黄夏萍 女 一级 一级 一级
KH006 宣丽 女 一级 一级 一级
KH007 周芹 女 二级 二级 二级
KH008 佘严 男 二级 二级 二级
KH009 楚诗夏 女 二级 二级 二级
KH010 张恭 男 二级 二级 二级

图 3-26 合并表中的记录

3.4.2 重命名合并记录后的表

如需修改合并记录后由 Tableau 自动创建的逻辑表的名称，可以在画布中右击该表，在弹出的菜单中选择“重命名”命令，然后输入所需的名称并按 Enter 键，如图 3-27 所示。

如需修改合并记录后的逻辑表中的物理表的名称，可以双击画布中的逻辑表，进入物理层后双击其中的物理表，然后输入所需的名称并按 Enter 键，如图 3-28 所示。

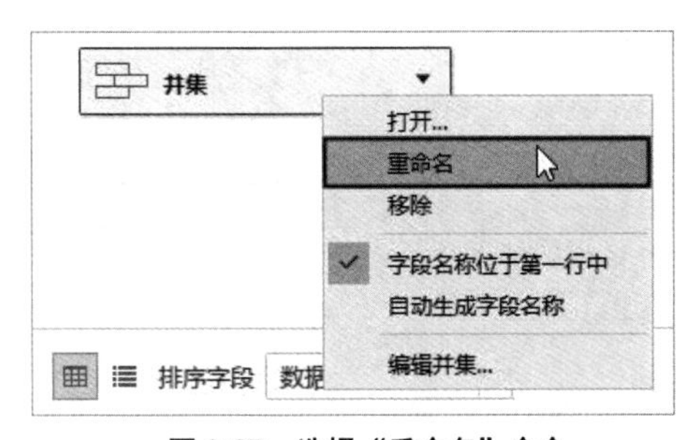

并集
打开...
重命名
移除
字段名称位于第一行中
自动生成字段名称
编辑并集...
排序字段

图 3-27 选择“重命名”命令

并集 由 3 个表组成。
并集

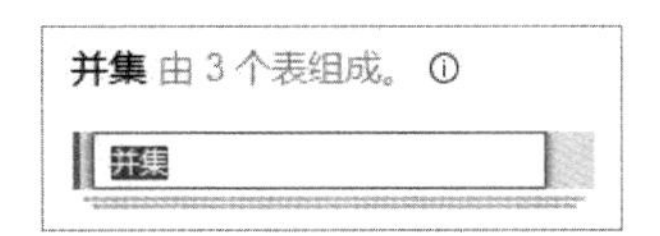

图 3-28 修改物理表的名称

3.4.3 添加要合并的表或删除已合并的表

如需在当前已合并记录的表中继续合并其他表中的记录，可以在画布中右击合并记录后的逻辑表，在弹出的菜单中选择“编辑并集”命令，打开“并集”对话框，然后从左侧窗格中将要合并的表拖动到该对话框中。

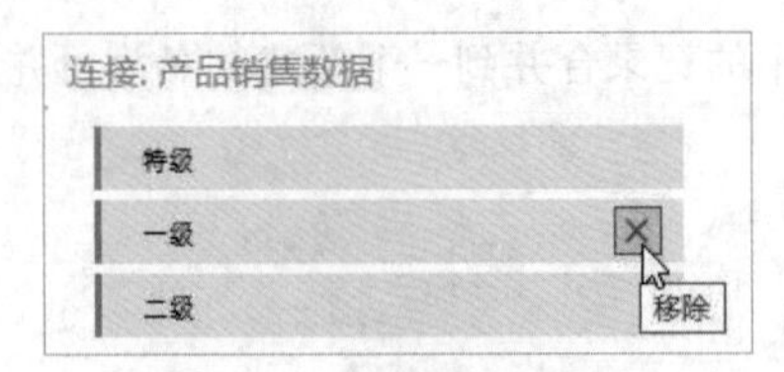

图 3-29 从并集中删除表

如需从当前已合并记录的表中删除一个或多个表中的记录，可以打开“编辑并集”对话框，然后将鼠标指针移动到要删除的表上，当右侧显示☒图标时，单击该图标即可将表删除，如图 3-29 所示。

3.5 创建计算字段

如果数据源中缺少分析所需的数据，则可以通过创建对现有字段执行计算的公式来获得所需的数据。通过输入计算公式创建的字段称为计算字段。下面列出了需要创建计算字段的一些常见应用场景：

- 为数据分段。
- 聚合数据。
- 筛选结果。
- 计算比率。

可以在“数据源”页面或“工作区”页面中创建计算字段。

3.5.1 创建简单的计算字段

如图 3-30 所示，数据源中有“销售额”和“利润”两个字段，可以通过这两个字段计算出成本。此处介绍在“数据源”页面中创建计算字段的方法，创建“成本”计算字段的操作步骤如下：

Step 01 将包含“销售额”和“利润”两个字段的“订单明细”表添加到“数据源”页面的画布中。

Step 02 在数据网格中右击“销售额”字段的顶部区域，然后在弹出的菜单中选择“创建计算字段”命令，如图 3-31 所示。

订单明细 数量	订单明细 销售额	订单明细 利润
23	230	55.20
80	400	112.00
43	3,010	662.20
91	273	54.60
71	355	53.25
98	4,900	882.00
44	3,080	616.00
72	1,080	248.40

图 3-30 “销售额”和“利润”两个字段

图 3-31 选择“创建计算字段”命令

Step 03 打开如图 3-32 所示的计算编辑器，在上方的文本框中输入计算字段的名称，本例为“成本”，然后在下方输入以下公式：

[销售额]-[利润]

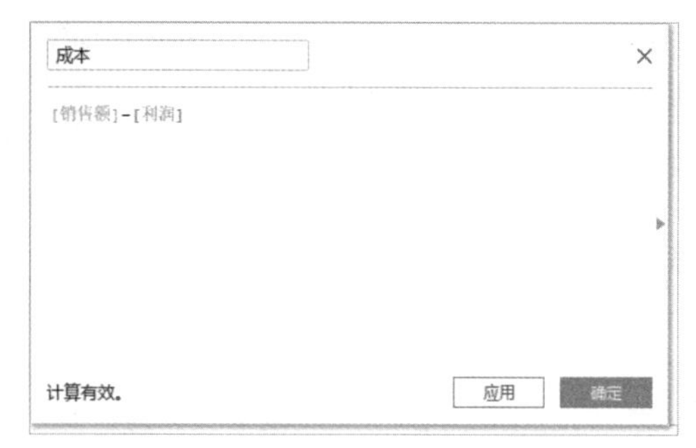

图 3-32　输入计算字段的名称和公式

提示：对话框的左下角会显示对输入公式的正确性的判断结果，显示“计算有效”表示用户输入的公式在语法上是正确的，可以正常计算。

Step04 单击“确定”按钮，关闭计算编辑器，新建的“成本”计算字段将显示在数据网格中，如图 3-33 所示。

提示：为了与数据源中的原生字段相区别，Tableau 会在计算字段的数据类型图标上显示一个等号，如图 3-34 所示。

# 订单明细 数量	# 订单明细 销售额	# 订单明细 利润	=# 计算 成本
23	230	55.20	174.80
80	400	112.00	288.00
43	3,010	662.20	2,347.80
91	273	54.60	218.40
71	355	53.25	301.75
98	4,900	882.00	4,018.00
44	3,080	616.00	2,464.00
72	1,080	248.40	831.60

图 3-33　创建的计算字段显示在数据网格中

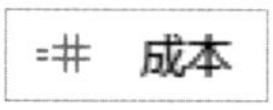

=# 成本

图 3-34　计算字段的数据类型图标

3.5.2　使用函数创建计算字段

函数提供了丰富的计算方式，只需为函数提供要计算的数据，函数就能计算出结果。创建计算字段时，为了满足不同需求的计算，可以在输入的公式中使用函数，而不只是简单的四则运算。

如图 3-35 所示，客户编号由字母和数字两部分组成，现在要创建一个名为“数字编号”的计算字段，其中只包含客户编号中的后 3 位数字。

此处介绍在“工作区”页面中创建计算字段的方法，创建“数字编号”字段的操作步骤如下：

Step01 将包含“客户编号”字段的“客户信息”表添加到“数据源”页面的画布中。

Step02 单击 Tableau Desktop 窗口下方的“工作表 1”，切换到“工作区”页面，然后单击菜单栏中的“分析”|“创建计算字段”命令，如图 3-36 所示。

Abc 客户信息 客户编号	Abc 客户信息 姓名	Abc 客户信息 性别	Abc 客户信息 等级
KH001	胥田歌	男	特级
KH002	赵泓轩	男	特级
KH003	米寄翠	女	一级
KH004	姚储	男	一级
KH005	黄夏萍	女	一级
KH006	亘丽	女	一级
KH007	周芹	女	二级
KH008	佘严	男	二级

图 3-35　客户编号由字母和数字组成

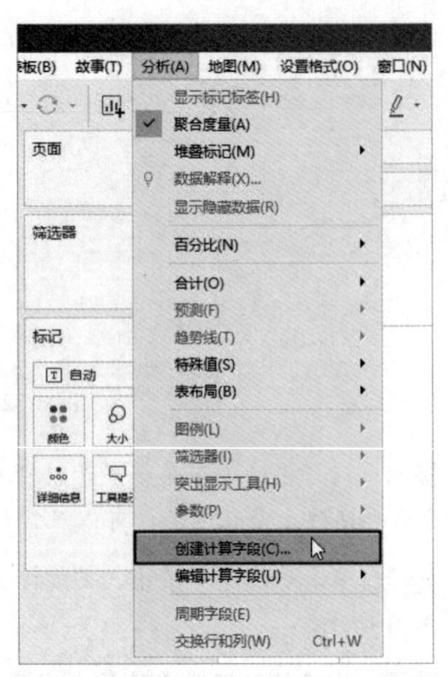

图 3-36　选择“创建计算字段”命令

技巧：由于要在公式中输入“客户编号”字段的名称，所以可以直接在“数据”窗格中右击“客户编号”字段，然后在弹出的菜单中选择“创建”|“计算字段”命令，在打开的计算编辑器中会自动输入“客户编号”字段的名称，如图 3-37 所示。

Step03 打开计算编辑器，在上方的文本框中输入计算字段的名称，本例为“数字编号”，如图 3-38 所示。

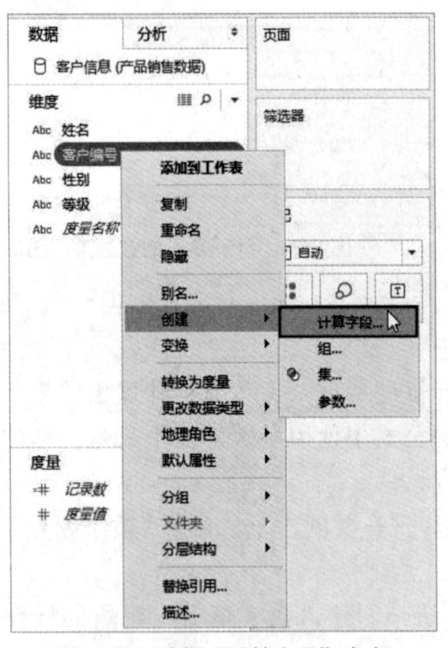

图 3-37　选择“计算字段”命令

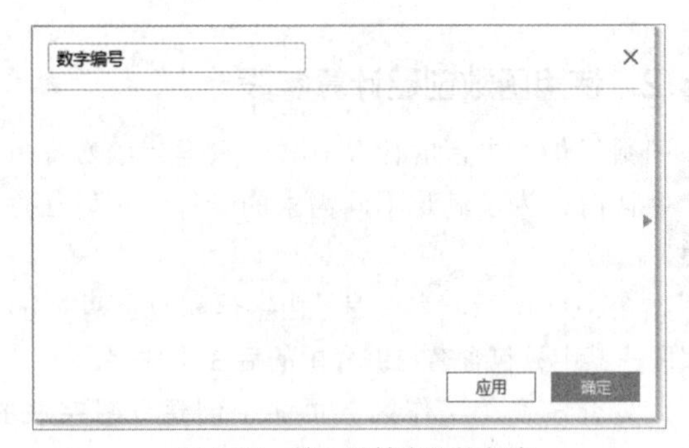

图 3-38　输入计算字段的名称

Step04 单击计算编辑器右侧中间位置处的三角按钮，展开函数列表，然后双击其中的 RIGHT，将 RIGHT 函数添加到左侧的公式文本框，如图 3-39 所示。

提示：添加函数后，可以再次单击三角按钮将函数列表折叠起来。

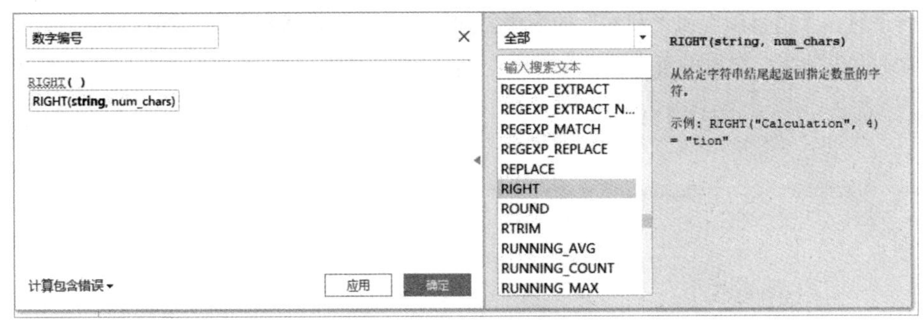

图 3-39　添加 RIGHT 函数

Step05 在左侧的 RIGHT 函数右侧的圆括号中输入“[客户编号],3”，完整公式如下，如图 3-40 所示。

```
RIGHT([ 客户编号 ],3)
```

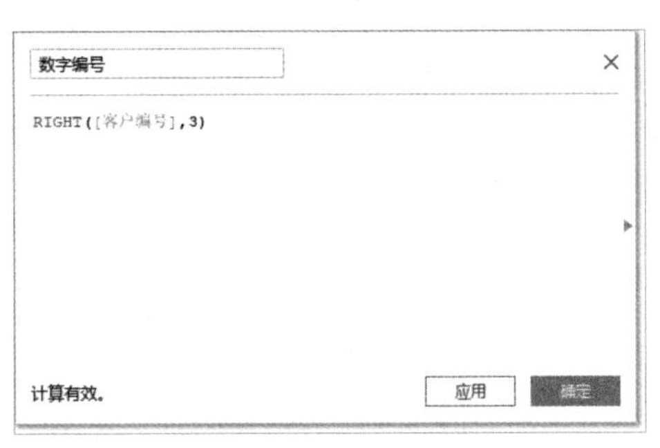

图 3-40　输入公式

提示：在 Step05 中输入的内容由两部分组成，它们之间以逗号分隔。两个部分都是 RIGHT 函数的参数，第一个部分是 RIGHT 函数要处理的数据，本例为“客户编号”字段中的每个客户编号；第二个部分是要提取的字符个数，本例输入 3，表示从每个客户编号的最右侧提取 3 个字符。

Step06 单击“确定”按钮，关闭计算编辑器，创建的“数字编号”计算字段将显示在“数据”窗格中，如图 3-41 所示。

图 3-41　创建的计算字段显示在“数据”窗格中

有时可能需要使用聚合函数来创建计算字段，例如创建“销售利润率”字段。销售利润率的计算公式如下：

```
利润 ÷ 销售额 ×100%
```

在一个包含“销售额”和“利润”的表中创建一个名为“销售利润率”的计算字段，在计算编辑器中输入以下公式，然后单击“确定”按钮，如图 3-42 所示。

```
SUM([利润])/SUM([销售额])
```

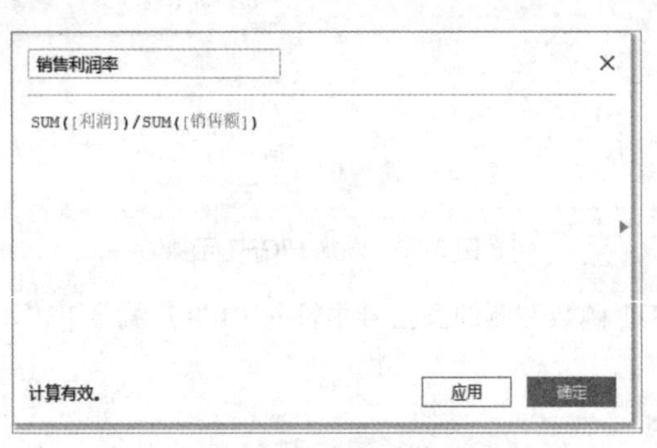

图 3-42　创建“销售利润率”计算字段

提示：创建“销售利润率”计算字段时，如果在公式中输入“×100%”或“*100%”，则公式会出现错误。如需以百分比格式显示销售利润率，可以在将该计算字段添加到视图后，设置该字段的数字格式，具体方法将在第 4 章中介绍。

3.5.3 编辑计算字段

如需修改计算字段的名称或公式，可以在“数据源”页面的数据网格或“工作区”页面的“数据”窗格中右击计算字段，然后在弹出的菜单中选择“编辑”命令，如图 3-43 所示，在打开的计算编辑器中进行修改，完成后单击“确定”按钮。

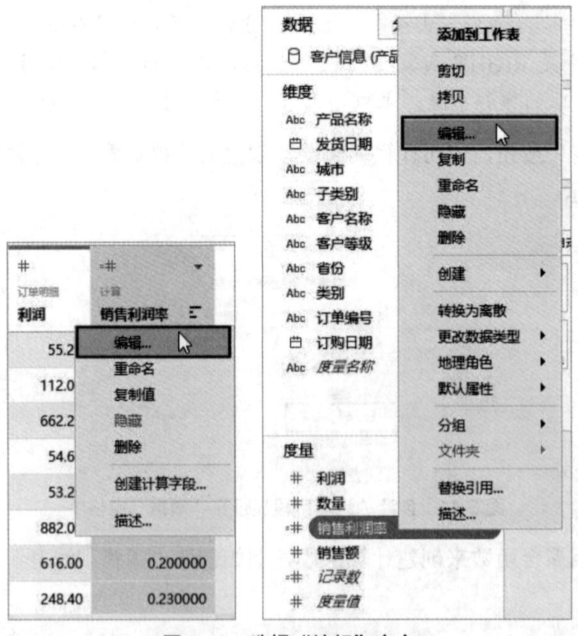

图 3-43　选择“编辑”命令

3.6　在数据窗格中管理字段

第 1 章曾经介绍过“数据”窗格的外观和布局结构，本节将介绍在“数据”窗格中对字段执行的一些常用操作，其中的一些操作与在“数据源”页面管理字段的方法类似。“数据”窗格位于“工作区”页面中，为了在“数据”窗格中显示正确的字段，需要先连接数据并设置数据源，然后单击 Tableau Desktop 窗口下方的“工作表 1”（或其他工作表名称），切换到“工作区”页面。

3.6.1　更改字段名称

如需在“数据”窗格中更改字段的名称，可以使用以下几种方法：

- 在“数据”窗格中右击字段，然后在弹出的菜单中选择“重命名”命令，如图 3-44 所示。
- 在“数据”窗格中单击字段并按住鼠标左键，当字段名称显示为编辑状态时，释放鼠标左键。
- 在“数据”窗格中单击字段，然后按 F2 键。

使用任意一种方法，将进入字段名称的编辑状态，如图 3-45 所示。输入字段的新名称，然后按 Enter 键，即可完成名称的修改。

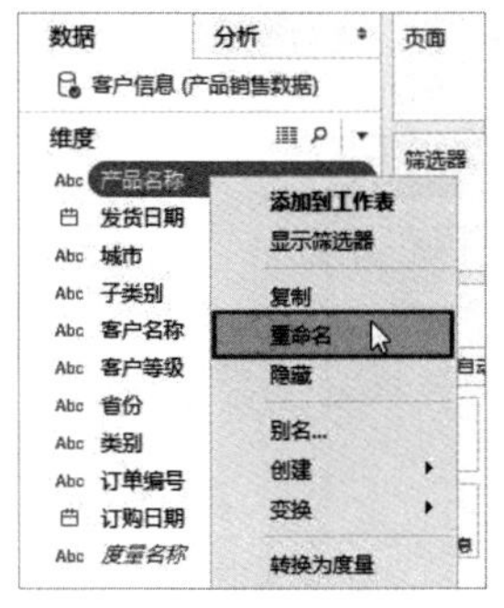

图 3-44　选择“重命名”命令

图 3-45　字段名称显示为编辑状态

如需将字段名称恢复为默认名称，可以进入字段名称的编辑状态，然后单击字段名称右侧的箭头 ↺，如图 3-46 所示。

如需一次性恢复多个字段的默认名称，可以在“数据”窗格中选择这些字段，然后右击选中的任意一个字段，在弹出的菜单中选择“重置名称”命令，如图 3-47 所示。

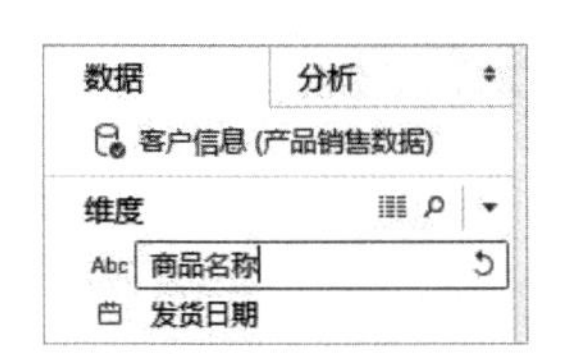

图 3-46　单击右侧箭头恢复字段的默认名称

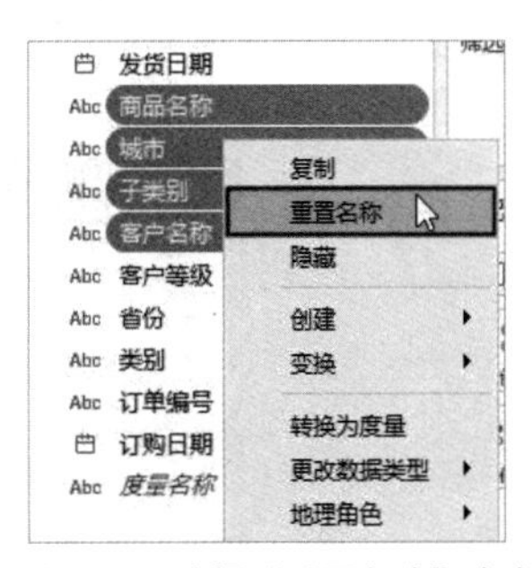

图 3-47　选择“重置名称”命令

3.6.2　为字段中的成员创建别名

通过为字段中的成员创建别名，可以使字段成员在视图中以指定的名称显示。只能为离散维度字段中的成员创建别名，不能为连续维度字段、日期字段和度量字段创建别名。

如需为字段中的成员创建别名，可以在“数据”窗格中右击该字段，然后在弹出的菜单中选择“别名”命令，打开“编辑别名”对话框，如图 3-48 所示。选择要创建别名的字段成员，该成员在“值”列中的内容自动显示为编辑状态，输入所需的名称，然后按 Enter 键，即可为该成员创建别名，如图 3-49 所示。

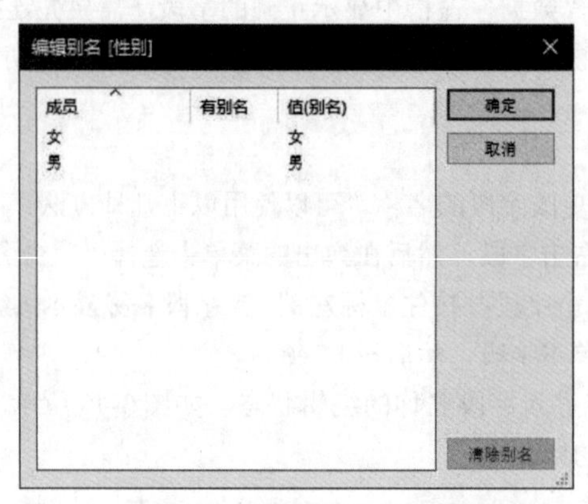

图 3-48 “编辑别名”对话框

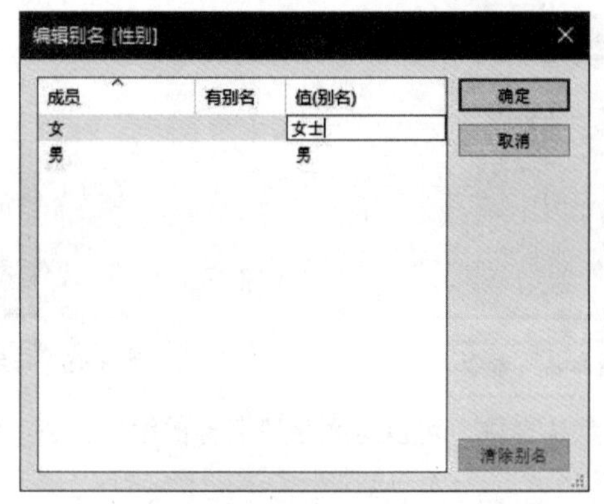

图 3-49 输入别名

提示：如果已经为字段成员创建别名，则会在该字段成员所在行的“有别名”列中显示一个星号，如图 3-50 所示。

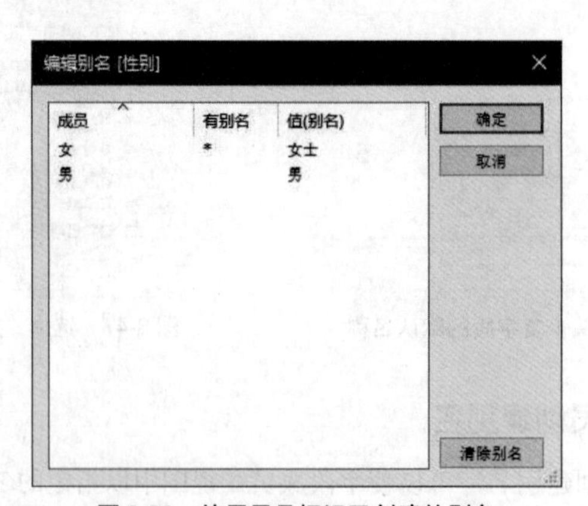

图 3-50 使用星号标记已创建的别名

如需删除字段成员的别名，可以在“编辑别名”对话框中单击 “清除别名”按钮。

3.6.3　更改字段的数据类型

如需在“数据”窗格中更改字段的数据类型，可以在该窗格中右击字段，在弹出的菜单中选择“更改数据类型”命令，然后在子菜单中选择一种数据类型，如图 3-51 所示。

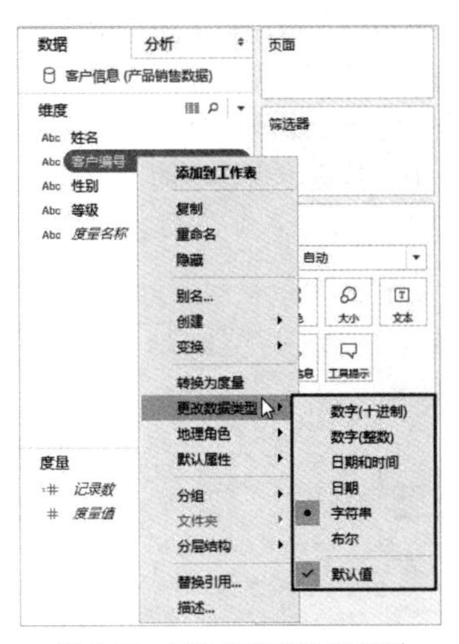

图 3-51　更改字段的数据类型

3.6.4　在维度和度量之间转换

在 Tableau Desktop 中设置数据源后，Tableau 会根据字段的数据类型自动将字段划分为维度或度量，通常将文本类型的字段划分为维度，将数值类型的字段划分为度量。如果字段的分类有误，或者希望字段在视图中发挥特殊的作用，则可以手动将字段在维度和度量之间转换。

如需将字段在维度和度量之间转换，可以在“数据”窗格中右击字段，然后在弹出的菜单中选择“转换为度量”或“转换为维度”命令，如图 3-52 所示。显示哪个命令取决于当前右击的字段是维度还是度量。

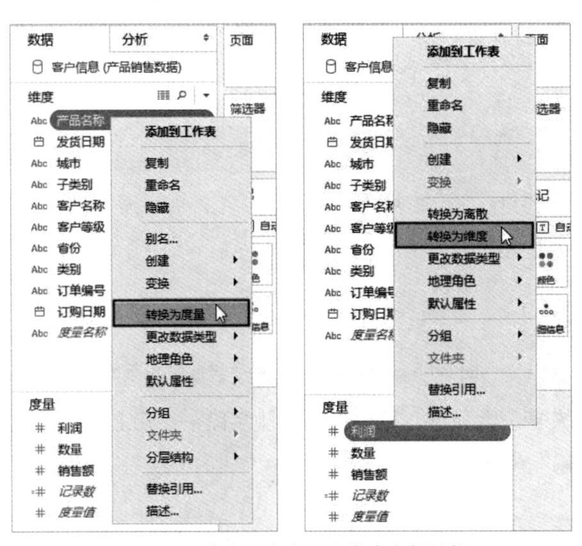

图 3-52　将字段在度量和维度之间转换

另一种转换发生在离散字段和连续字段之间，可以将度量字段在离散和连续之间转换。对于维度字段来说，只有日期维度和数值类型维度可以在离散和连续之间转换。在“数据”窗格中右击要转换的字段，然后在弹出的菜单中选择“转换为连续”或“转换为离散”命令。

3.6.5 隐藏字段

为了避免造成干扰，可以将不使用的字段隐藏起来，这样字段就不会显示在“数据”窗格中或者仅显示为灰色。如需隐藏一个或多个字段，可以先在“数据”窗格中选择这些字段，然后右击选中的任意一个字段，在弹出的菜单中选择“隐藏”命令，如图 3-53 所示。

如需查看隐藏的字段，可以单击“数据”窗格中的下拉按钮，在弹出的菜单中选择“显示隐藏字段”命令，如图 3-54 所示。

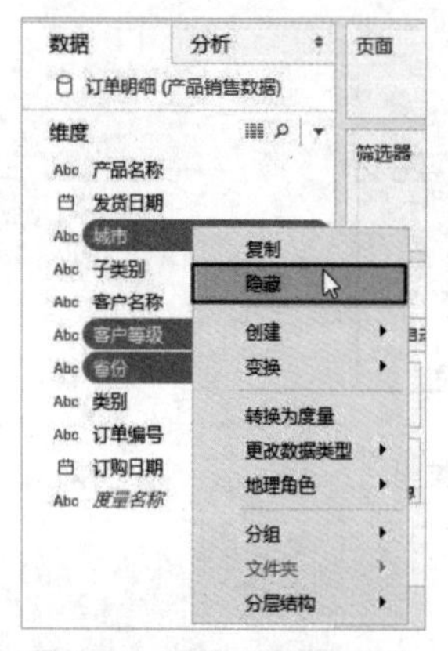

图 3-53　选择“隐藏”命令

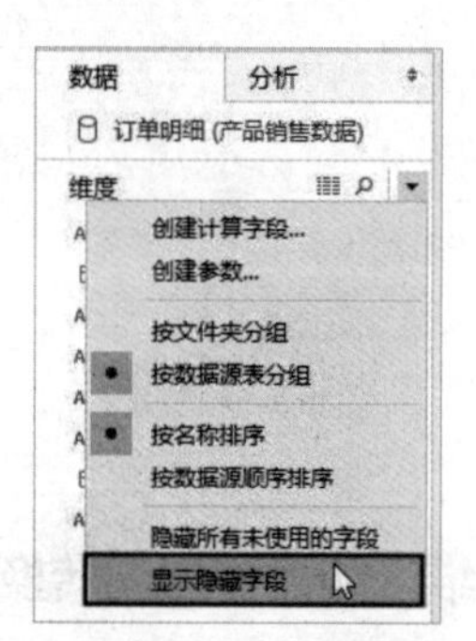

图 3-54　选择“显示隐藏字段”命令

提示：如需隐藏所有未在视图中使用的字段，可以在图 3-54 所示的菜单中选择“隐藏所有未使用的字段”命令。

处于隐藏状态的字段在“数据”窗格中显示为灰色，如图 3-55 所示的“城市”“客户等级”和“省份”3 个字段是处于隐藏状态的字段。

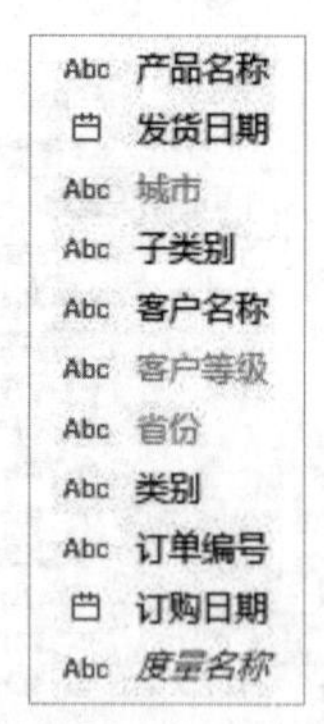

图 3-55　处于隐藏状态的字段显示为灰色

如需使隐藏的字段恢复正常显示，可以选择这些字段，然后右击选中的任意一个字段，在弹出的菜单中选择“取消隐藏”命令。

3.6.6 使用文件夹组织字段

如果“数据”窗格中的字段数量较多，可以使用文件夹组织字段，以便对字段进行分类管理，使“数据”窗格更简洁。为了使用文件夹组织字段，首先需要单击“数据”窗格中的下拉按钮，在弹出的菜单中选择“按文件夹分组”命令，如图 3-56 所示。

现在“数据”窗格中的字段按文件夹分组显示，看不到分组效果是因为在“数据”窗格中还没有创建文件夹。如需创建文件夹，可以右击“数据”窗格中的空白处，在弹出的菜单中选择“创建文件夹”命令，如图 3-57 所示。

图 3-56　选择“按文件夹分组”命令

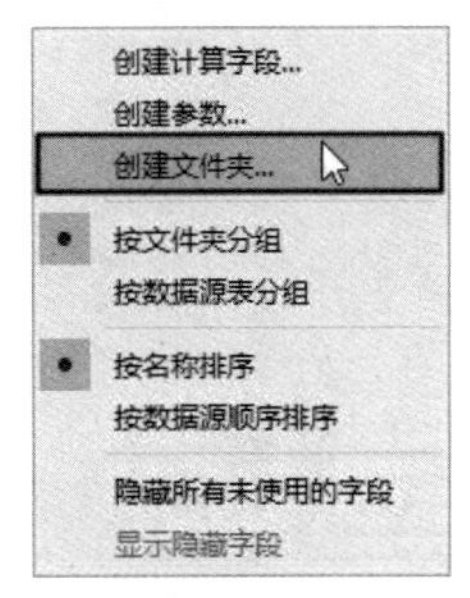

图 3-57　选择“创建文件夹”命令

打开“创建文件夹”对话框，在“名称”文本框中输入文件夹的名称，然后单击“确定”按钮，如图 3-58 所示。创建文件夹后，如需将字段添加到文件夹中，可以直接将字段拖动到文件夹上，当鼠标指针附近出现 + 号时，释放鼠标按键，即可将字段移入文件夹，如图 3-59 所示。

图 3-58　输入文件夹的名称

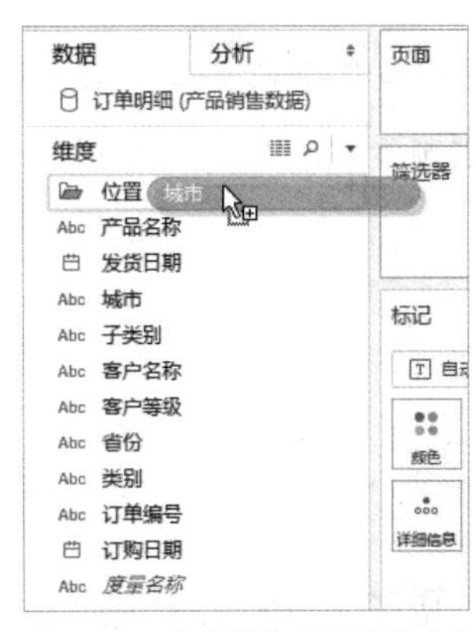

图 3-59　将字段拖动到文件夹上

如果文件夹中包含字段，则可以单击文件夹图标左侧的按钮展开或折叠文件夹，以便显示或隐藏其中的字段，如图 3-60 所示。

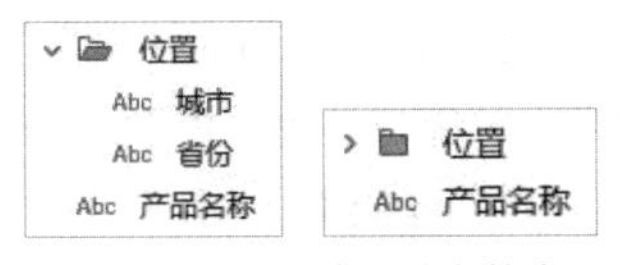

图 3-60　展开或折叠文件夹

如果在“数据”窗格中有多个文件夹，则可以将字段从一个文件夹移动到另一个文件夹，只需将字段从一个文件夹拖动到另一个文件夹即可。还可以右击字段，在弹出的菜单中选择“文件夹”|“添加到文件夹”命令，然后在子菜单中选择移动到的目标文件夹，如图 3-61 所示。

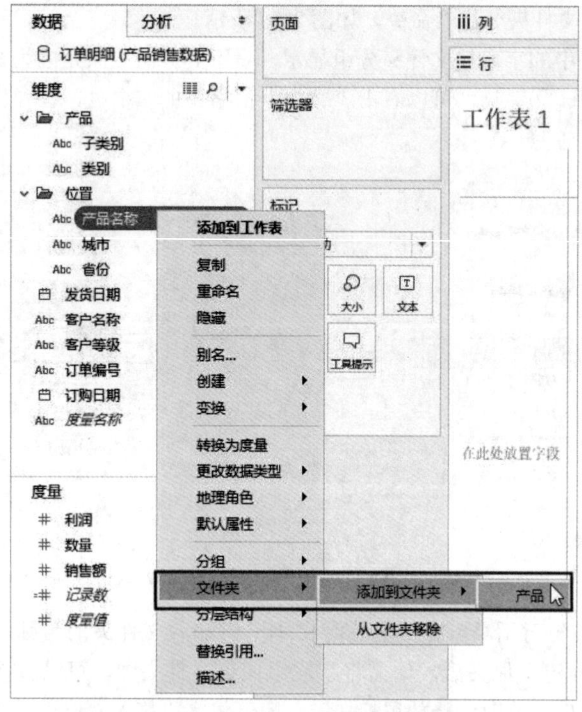

图 3-61　选择移动到的目标文件夹

提示：如需删除文件夹中的字段，可以选择图 36-1 中的“从文件夹移除”命令。

如需删除文件夹，可以右击文件夹，在弹出的菜单中选择“移除文件夹”命令，如图 3-62 所示。

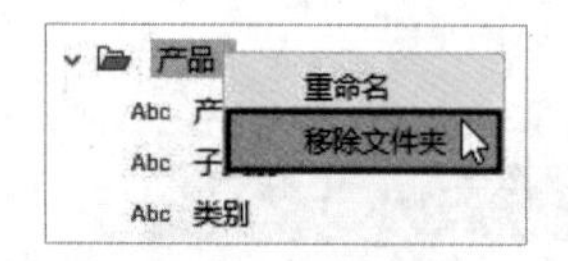

图 3-62　选择“移除文件夹”命令

3.6.7　更改字段的默认值

将字段添加到视图时，字段在视图中最初的显示方式由字段的默认值决定，Tableau 会为每个字段设置默认值，用户可以根据实际需求，更改字段的默认值。如果将字段的默认值设置为日常所需的值，在将字段添加到视图时，就不必每次都要重复更改字段的设置。

如需更改字段的默认值，可以在“工作区”页面的“数据”窗格中右击字段，在弹出的菜单中选择“默认属性”命令，然后在子菜单中选择要更改的默认值类型。如图 3-63 所示是度量字段包含的默认值类型，维度字段包含的默认值类型略有不同。

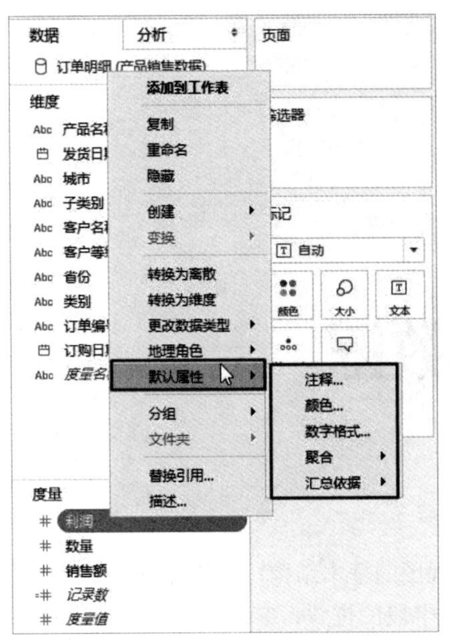

图 3-63　选择默认值的类型

选择一种类型后，再进一步设置默认值。以后将字段添加到视图时，会使用新的默认值来显示字段。

第4章

可视化呈现数据

在 Tableau 中创建的每个视图的基本结构，由放置在各个功能区和标记卡中的维度和度量字段组成，视图的显示方式由这些字段的位置、字段之间的排列顺序，以及字段的数据类型等因素决定。此外，利用分组、层次结构、排序、筛选、高级分析等工具，能够以多种可视化方式呈现视图中的数据。本章将介绍在 Tableau 中创建视图的基本且通用的方法，以及一些有用的可视化工具，创建特定类型图表的方法将在第 6 章进行介绍。

4.1 创建视图

本节将介绍创建视图的基本方法和控制视图显示的一些常用操作。

4.1.1 在视图中添加字段

创建视图的第一步是将字段添加到视图中，以便在视图中显示有意义的数据或呈现图形化信息。在视图中添加字段有多种方法：

- 在“数据”窗格中双击一个或多个字段。
- 将“数据”窗格中的字段拖动到功能区和卡中。
- 将“数据”窗格中的字段拖动到视图中。
- 使用“智能显示”功能，由 Tableau 为用户推荐适合的图表类型，并自动将字段放置到视图中合适的位置。

下面分别介绍这几种方法的具体操作。

1. 双击字段

将字段添加到视图中最简单的方法是在“数据”窗格中双击字段。每次双击一个字段，Tableau 会根据该字段的类型（维度或度量以及离散或连续），将其添加到“行”或“列”功能区。

如图 4-1 所示是双击“销售额”字段后创建的视图，Tableau 自动将该字段添加到“行”功能区。由于“销售额”字段是一个连续度量字段，并且位于“行”功能区，因此，Tableau 使用该字段创建一个垂直轴。如果“销售额”字段是一个离散度量字段，则会使用该字段创建行标题而非垂直轴。

接下来在“数据”窗格中双击“类别”字段，Tableau 会自动将该字段添加到“列”功能区。由于“类别”字段是一个离散维度字段，Tableau 将使用该字段创建水平标题。此时的视图如图 4-2 所示，展示了每类产品的总销售额。

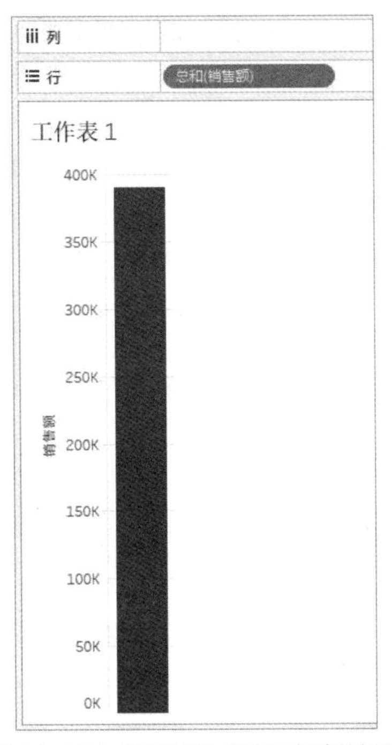

图 4-1　双击“销售额”字段后创建的视图

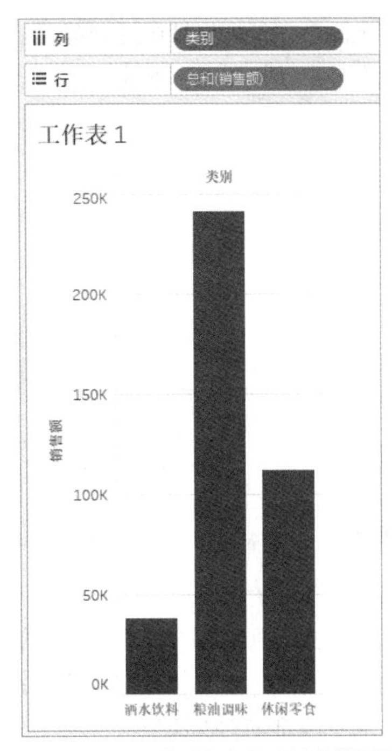

图 4-2　双击“类别”字段后创建的视图

提示：将字段添加到“行”或“列”功能区后，如果字段名称的开头显示为聚合计算的名称，则表明该字段是度量，否则该字段是维度。本例中“销售额”字段的名称开头是“总和”，说明该字段是度量。

通过“双击字段”方式创建的视图也许并不是最终所需的视图，但是它通常可以为用户提供一个切入点，便于后续对视图进一步修改和完善。

根据双击维度字段和度量字段的先后顺序，Tableau 会创建不同类型的视图，规则如下：

- 如果先双击维度字段，则会创建一个文本表（类似于数据透视表），后续双击的字段将细化文本表。
- 如果先双击度量字段，然后双击维度字段，则会创建一个条形图，后续双击的字段将细化条形图。
- 如果先双击度量字段，然后双击日期维度字段，则会创建一个折线图，后续双击的字段将细化折线图。
- 如果先双击连续维度字段，然后双击度量字段，则会创建一个实线图，后续双击的字段将细化实线图。
- 如果先双击一个度量字段，然后双击另一个度量字段，则会创建一个散点图。后续双击的维度字段将细化散点图，后续双击的度量字段将创建散点矩阵。
- 如果双击地理字段，则会创建一个地图，其中包含纬度和经度两个轴，地理字段会被添加到“详细级别”功能区中。后续双击的维度字段将向地图中添加行，后续双击的度量字段将通过大小和颜色细化地图。

2. 将字段拖动到功能区和卡中

如需将字段放置到特定的功能区或“标记”卡中，可以在“数据”窗格中单击一个字段并按住鼠标左键，然后将其拖动到所需的功能区或“标记”卡中。将一个字段拖动到某个功能区或“标记”卡上时，在鼠标指针附近会显示加号，此时释放鼠标左键，即可将字段放置到指定的功能区或“标记”卡中，如图 4-3 所示。

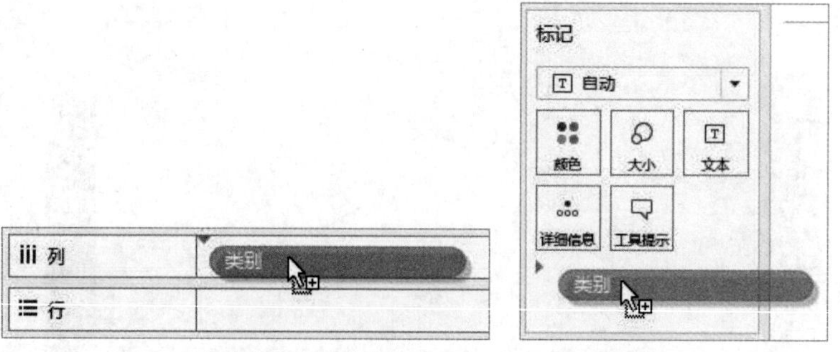

图 4-3　将字段拖动到某个功能区或“标记”上时显示加号

注意： 在“行”和“列”功能区中，不能将维度字段放置到度量字段的右侧，因为这种结构的视图没有意义。

将字段拖动到“行”和“列”功能区时，在视图中的相应位置上会显示标题或轴。可以在任意一个功能区或“标记”卡中放置多个字段，各个字段之间的排列顺序将影响视图的显示结果。

3. 将字段拖动到视图中

可以直接将“数据”窗格中的字段拖动到视图中，而非功能区或“标记”卡。使用这种方式创建的视图是文本表，其外观类似于数据透视表，在文本表的顶部和左侧显示标题，文本表的其他位置显示数据。

将字段拖动到视图中时，可以将鼠标指针悬停在视图中的不同区域，以便查看字段并入视图结构的方式，如图 4-4 所示。拖动维度字段会为视图添加行标题或列标题，拖动度量字段会为视图添加轴。将字段放置到视图中的某个区域后，该字段会同时被添加到“行”或“列”功能区。

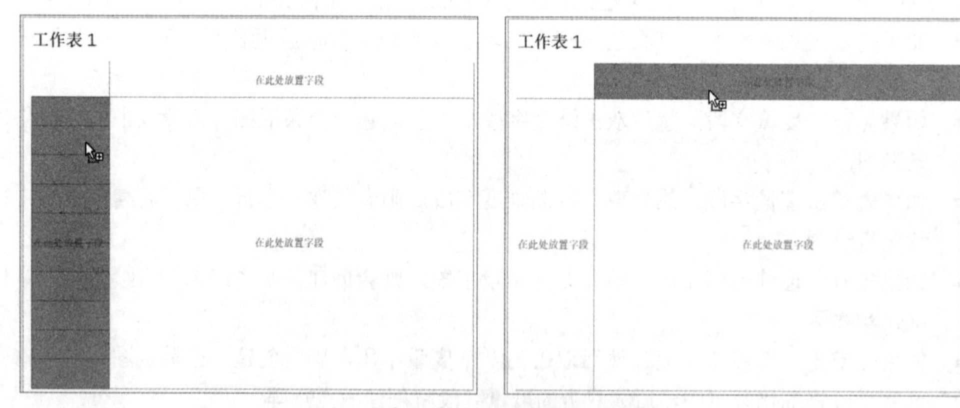

图 4-4　将字段拖动到视图中的不同区域

如果将字段拖动到视图中面积较大的区域，则会在鼠标指针附近显示“智能显示”，如图 4-5 所示。释放鼠标左键后，Tableau 会自动为当前字段选择适合的图表类型。

如图 4-6 所示是一个文本表的示例，该视图展示了每类产品中各个子类别的总销售额。

创建该视图的操作步骤如下：

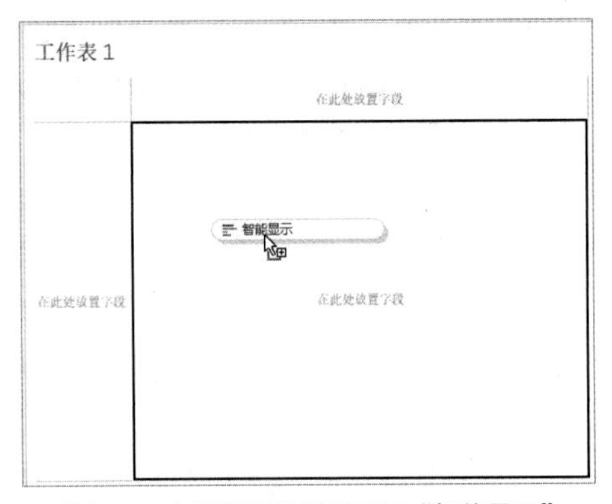

图 4-5　在鼠标指针附近显示“智能显示”

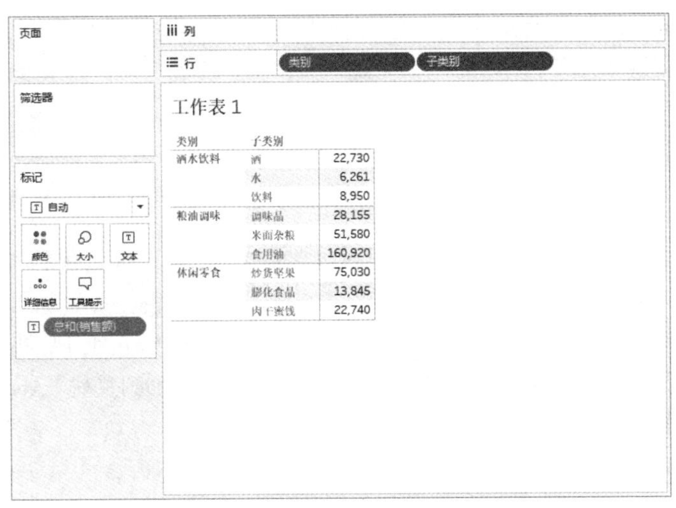

图 4-6　文本表

Step01 将“数据”窗格中的“类别”字段拖动到视图的左侧列区域中，拖动后的视图如图 4-7 所示，“类别”字段被自动添加到“行”功能区。

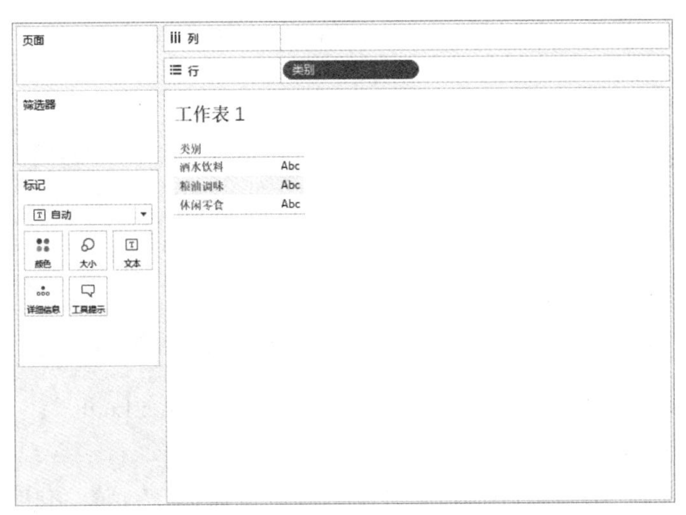

图 4-7　将“类别”字段拖动到视图中

Step02 将“数据”窗格中的“子类别”字段拖动到视图中的“类别”字段的右侧，当显示如图4-8所示的虚线时，释放鼠标左键，即可将“子类别”字段放置到“类别”字段的右侧，它将作为“类别”字段的内部字段，两个字段构成层次关系，如图4-9所示。

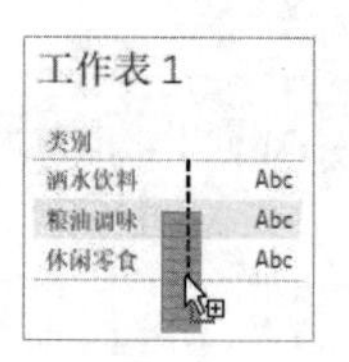

图 4-8　虚线指示字段的放置位置

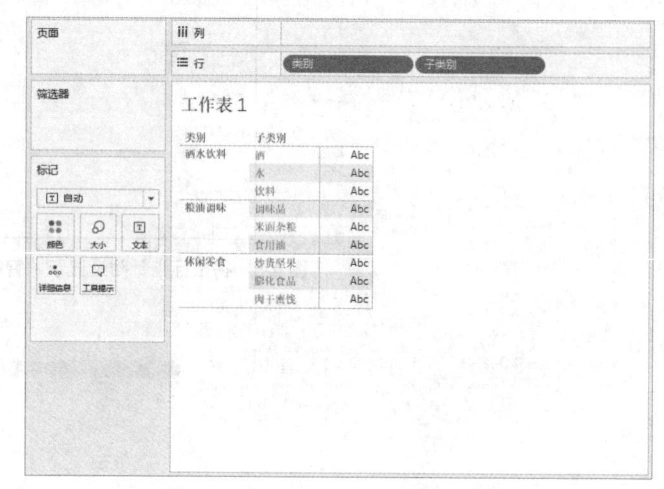

图 4-9　在视图中添加“子类别”字段

提示：将一个字段拖动到视图中会出现不同的视觉线索，这些视觉线索指示字段将被放置到何处。

Step03 将“数据”窗格中的“销售额”字段拖动到视图中的“Abc”上，当显示一个黑色矩形框时，如图4-10所示，释放鼠标左键，即可将“销售额”字段添加到整列“Abc”所在的位置，并使用销售额数据替换“Abc”。

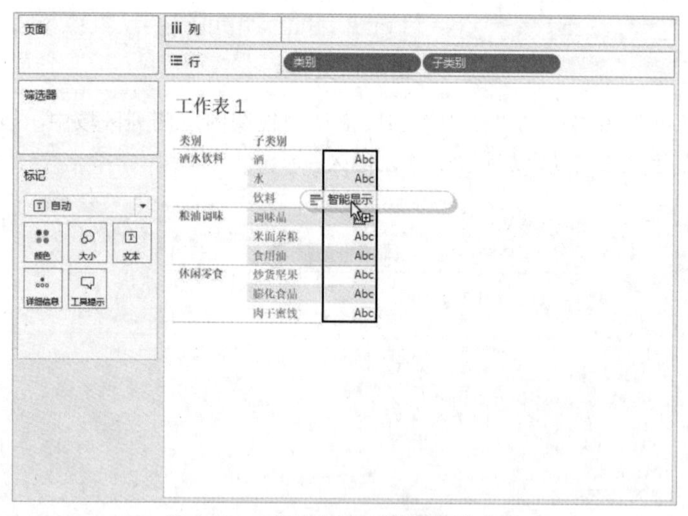

图 4-10　在视图中添加“销售额”字段

提示：如需删除视图、功能区和“标记”卡中的字段，请参考4.1.6小节。

4. 使用“智能显示”功能

如果不了解如何将字段添加到视图中，则可以使用“智能显示”功能。使用该功能前，需要先在“数据”窗格中选择一个或多个字段，然后在“工作区”页面中单击工具栏右侧的“智能显示”

按钮，打开“智能显示”窗格，其中高亮显示适合当前所选字段的图表类型，从中选择一种图表即可，如图 4-11 所示。

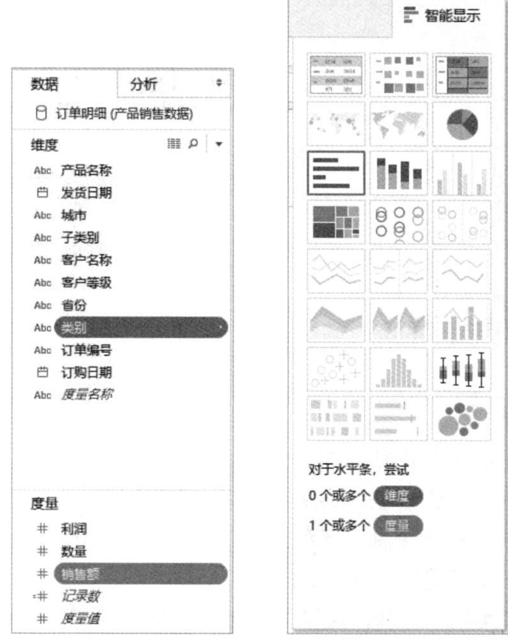

图 4-11　选择字段后从“智能显示”窗格中选择一种图表

如果已经在视图中添加了一些字段，则可以使用“智能显示”功能更改当前视图的图表类型。如果还在“数据”窗格中选择了一个或多个字段，“智能显示”功能会根据视图中的现有字段，以及在“数据”窗格中选中的字段来提供适合的图表类型。在“智能显示”窗格中将鼠标指针指向一个图表，会在窗格底部显示创建该图表对字段类型和数量的最低要求。

提示：在“行”和“列”功能区中添加多个维度会增加视图的详细级别，这意味着在视图中将呈现更详细、更深层次的信息。

4.1.2　调整字段在视图中的位置

创建视图后，可以调整字段在视图中的位置，包括以下两个方面：

- 将字段从一个功能区或卡移动到另一个功能区或卡。
- 调整一个功能区或卡中多个字段的排列顺序。

无论进行哪个方面的调整，只要使用鼠标拖动字段，将其移动到目标位置，然后释放鼠标左键即可。

此外，还可以直接在视图中拖动标题或轴来调整相应字段的位置。只需将鼠标指针移动到标题或轴中的数据的左上角，当显示一个蓝色三角形，并且鼠标指针变为十字箭头时，将标题或轴拖动到目标位置即可，如图 4-12 所示。

图 4-12　鼠标指针变为十字箭头

在视图中拖动标题或轴时，Tableau 会在视图中提供视觉线索。当显示一条虚线时，表示将正在拖动的标题或轴移动到此处，并且不会影响其他内容，如图 4-13 所示。当显示一个方框时，表示使用正在拖动的标题或轴替换当前位置上的内容，如图 4-14 所示。

	酒水饮料		
省份	酒	水	饮料
北京	Abc	Abc	Abc
河北	Abc	Abc	Abc
黑龙江	Abc	Abc	Abc
吉林	Abc	Abc	Abc
江苏	Abc	Abc	Abc
辽宁	Abc	Abc	Abc
山东	Abc	Abc	Abc
山西	Abc	Abc	Abc
上海	Abc		Abc
天津	Abc	Abc	Abc

图 4-13　只移动不替换内容

	酒水饮料		
省份	酒	水	饮料
北京	Abc	Abc	Abc
河北	Abc	Abc	Abc
黑龙江	Abc	Abc	Abc
吉林	Abc	Abc	Abc
江苏	Abc	Abc	Abc
辽宁	Abc	Abc	Abc
山东	Abc	Abc	Abc
山西	Abc	Abc	Abc
上海	Abc		Abc
天津	Abc	Abc	Abc

图 4-14　移动并替换内容

4.1.3　为多个度量添加轴

如果视图中只有一个度量字段，则会创建一个水平轴或垂直轴。有时可能需要在视图中添加两个或多个度量字段，此时需要决定这些度量字段是共用同一个轴，还是分别为它们创建多个轴。在 Tableau 中最多可以在视图中创建 4 个轴，行和列方向各可以有两个轴。

1. 在同一个轴上混合多个度量

如需使多个度量字段共用同一个轴，可以先在视图中添加一个度量字段，此时会创建一个轴。然后将另一个度量字段拖动到这个轴上，当鼠标指针附近显示两个长条矩形时，如图 4-15 所示，释放鼠标按键，即可将两个度量字段混合到同一个轴上。在功能区中会使用“度量名称”和“度量值”两个字段代替实际的度量字段的名称，这两个字段是由 Tableau 自动创建的，如图 4-16 所示。

图 4-15　鼠标指针附近显示两个长条矩形

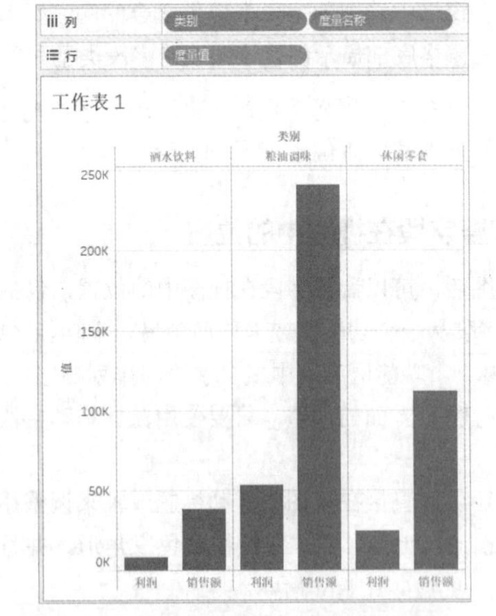

图 4-16　将两个度量字段混合到一个轴上

注意：如果将度量字段拖动到视图中显示的黑色小方块上，当鼠标指针附近显示一个长条矩形时，如图 4-17 所示，释放鼠标按键，将使用为当前度量字段创建的轴替换视图中的原有轴，而非将两个度量字段混合到同一个轴上。

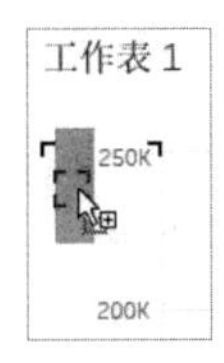

图 4-17　显示一个长条矩形将会替换现有轴

2. 为两个度量创建双轴

如需为两个度量字段创建位于视图左右两侧的双轴，可以先将一个度量字段添加到视图中的“行”功能区，此时将在视图左侧创建一个垂直轴。然后将另一个度量字段拖动到视图最右侧，当显示如图 4-18 所示的虚线时，释放鼠标按键，将在视图右侧创建第二个垂直轴，如图 4-19 所示。

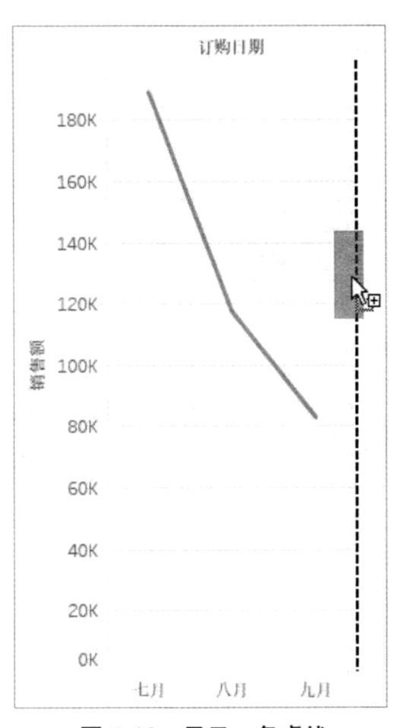

图 4-18　显示一条虚线

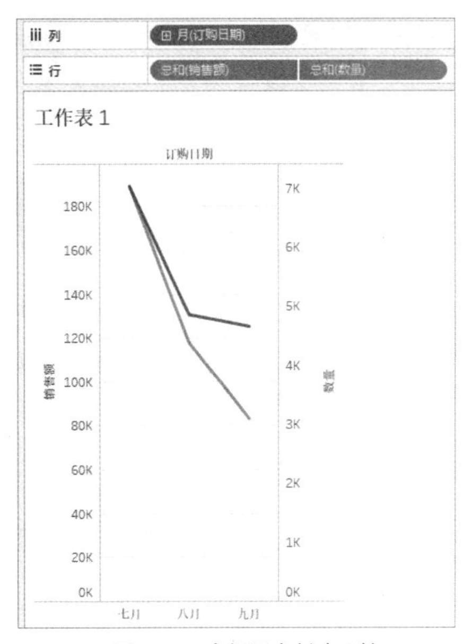

图 4-19　在视图中创建双轴

创建双轴的另一种方法是，右击功能区中的字段，在弹出的菜单中选择“双轴”命令，如图 4-20 所示。

图 4-20　选择“双轴”命令

4.1.4　更改度量的聚合类型

将度量字段添加到视图时，Tableau 默认会对该度量字段中的值进行聚合，聚合类型是度量字段的默认聚合。连接到数据源时，Tableau 会自动为每个度量字段设置一个默认聚合。用户可以更改度量字段的默认聚合类型，也可以只更改当前位于视图中的度量字段的临时聚合类型，而不影响其默认聚合类型。

如需更改当前位于视图中的度量字段的临时聚合，可以在视图中右击度量字段，在弹出的菜单中选择“度量（总和）”，然后在子菜单中选择一种聚合类型，如图 4-21 所示。

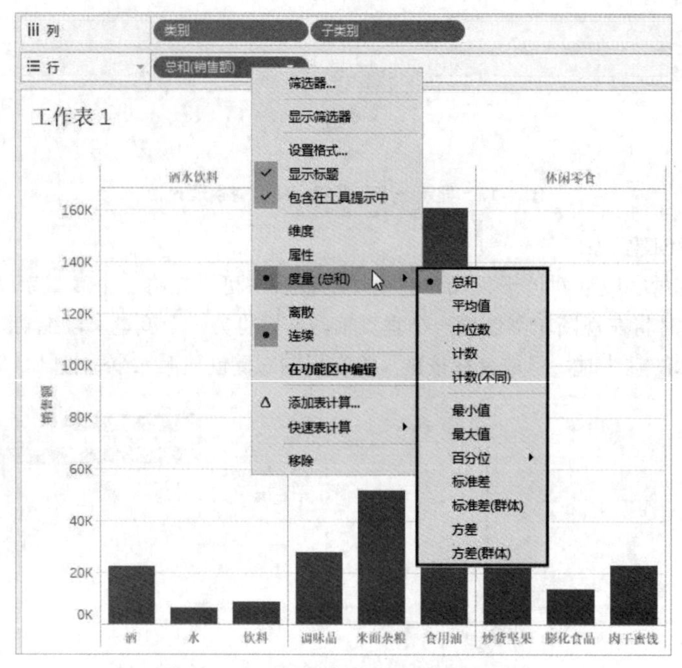

图 4-21　更改视图中度量字段的聚合类型

如需更改度量字段的默认聚合类型，可以在“工作区”页面的“数据”窗格中右击度量字段，在弹出的菜单中选择“默认属性”|“聚合”命令，然后在子菜单中选择一种聚合类型，如图 4-22 所示。

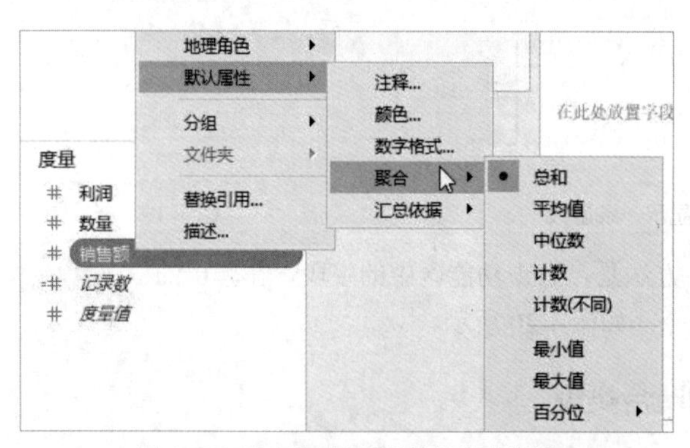

图 4-22　更改度量字段的默认聚合类型

提示：实际上也可以对维度进行聚合，此时会创建一个临时度量列，使维度具有度量的特征。对维度执行的聚合计算只有最大值、最小值、计数、计数（不重复）几种。

4.1.5　更改日期级别

将日期字段添加到视图时，会以日期字段中的某个日期级别显示日期。如图 4-23 所示，视图中的日期字段以“年”为单位显示日期，此时显示的是整年的数据。

可以根据需要更改视图中的日期字段显示的日期级别，只需右击功能区中的日期字段，在弹出的菜单中选择一个日期级别，如图 4-24 所示。如图 4-25 所示将日期字段从“年”改为“月”，此时显示的是每个月的数据。

图 4-23　以“年”为单位显示日期

图 4-24　选择日期级别

提示：在图 4-24 中的快捷菜单中包含两组日期选项，每个选项的右侧都有对应的日期显示示例。第一组选项使用的是日期中的任意年份的同一个月、同一个季度、同一天等。例如，如果数据源中包含 2021—2023 年的数据，当选择第一组选项中的“月”时，视图中显示的每个月份的数据实际上来自于这 3 年中的相同月份，比如 6 月的数据来自于 2021 年 6 月、2022 年 6 月和 2023 年 6 月。第二组选项使用的是日期中的特定年份、年份中的特定月或天等，不同年份是独立分开的，不会将不同年份中相同的月份、天等叠加在一起。

4.1.6　删除视图中的字段

对于视图中不需要的字段，可以将其从视图中删除。如需删除一个字段，可以直接将该字段拖动到除了功能区和卡之外的其他位置，当鼠标指针附近显示一个叉子标记时，释放鼠标按键即可。也可以右击功能区或卡中的字段，在弹出的菜单中选择“移除”命令，如图 4-26 所示。

图 4-25　以“月”为单位显示日期

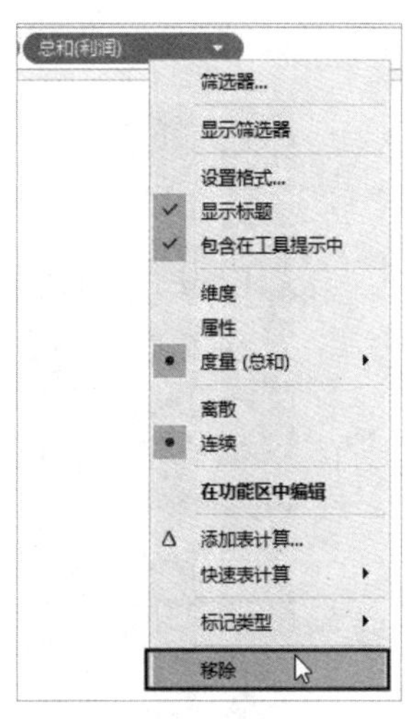

图 4-26　选择“移除”命令

如需删除一个功能区或卡中的所有字段，可以右击该功能区或卡中的空白处，在弹出的菜单中选择“清除功能区”命令，如图 4-27 所示。

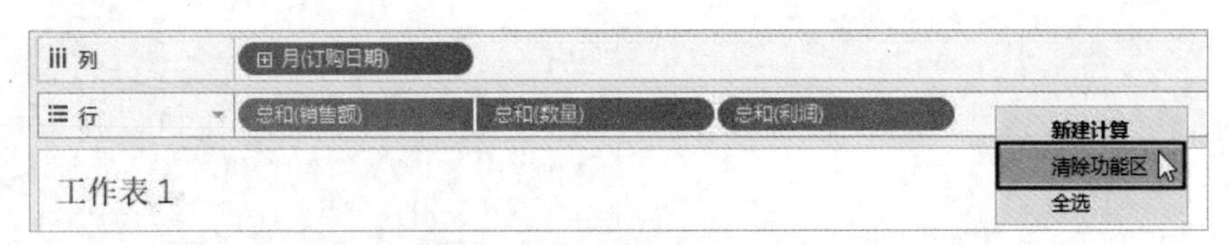

图 4-27　选择“清除功能区”命令

如需删除一个功能区或卡中的多个字段而非全部，可以先单击一个字段以将其选中，然后按住 Ctrl 键，再逐一单击其他字段，最后按 Delete 键或选择鼠标快捷菜单中的“移除”命令。

如需删除所有功能区和卡中的所有字段，可以在工作簿窗口中单击工具栏中的“清除工作表”按钮，如图 4-28 所示。

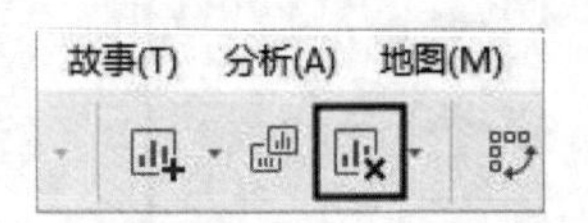

图 4-28　单击“清除工作表”按钮

提示：如果误删了字段，可以按 Ctrl+Z 组合键撤销上一步操作，将会返回删除字段前的视图。如果误删了多个字段，可以反复按 Ctrl+Z 组合键，直到恢复到正确的位置。

4.2　使用“标记”卡控制视图的显示细节

“标记”卡是在 Tableau 中执行可视化分析的重要工具，只需将字段添加到“标记”卡中，即可通过不同的颜色、大小、形状来显示数据，便于对数据的识别和分析。本节将介绍使用“标记”卡为视图中的数据添加可视化的方法。

4.2.1　什么是标记

视图中的每一个数据点就是一个标记，它在视图中可能是一个数字，也可能是一个矩形或圆点，具体的表现形式由视图类型决定。

如图 4-29 所示的视图是一个柱形图，其中的每一个矩形都是一个标记，每个标记表示某类产品的总销售额。由于该视图有 3 个矩形，所以视图共有 3 个标记。如图 4-30 所示是将刚才的柱形图更改为文本表的形式，此时每个标记以数字的形式展示。

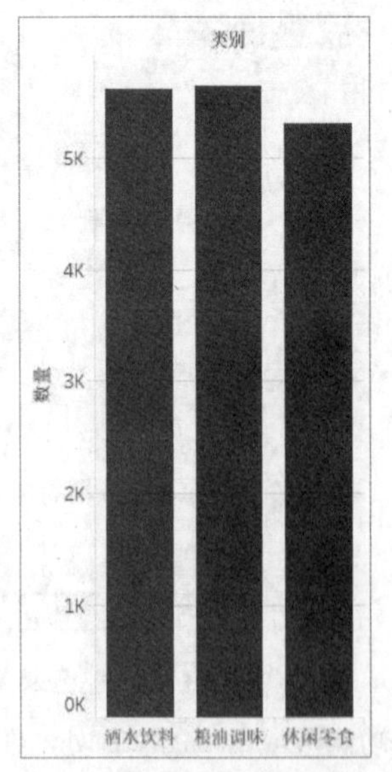

图 4-29　矩形形式的标记

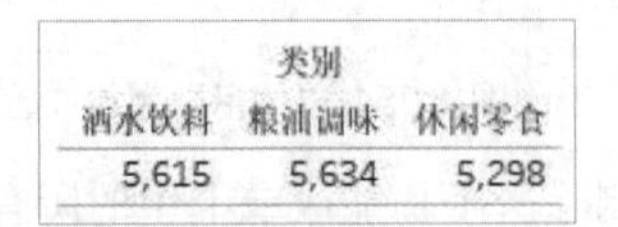

类别		
酒水饮料	粮油调味	休闲零食
5,615	5,634	5,298

图 4-30　数字形式的标记

标记总数显示在工作簿窗口下方状态栏的左侧，如图 4-31 所示。如果视图中的标记数量发生变化，状态栏中的标记总数会随之更新。

图 4-31 在状态栏中显示标记总数

4.2.2 自动选择标记类型

如需让 Tableau 自己决定使用哪种类型的标记，可以在“标记”卡中打开下拉列表，然后从中选择“自动”选项，如图 4-32 所示。

提示： 无论选择的是“自动”还是其他标记类型，在未打开下拉列表时显示的选项就是当前视图正在使用的标记类型，如图 4-33 所示。

图 4-32 选择“自动”选项

图 4-33 下拉列表上显示正在使用的标记类型

一旦将标记类型设置为“自动”，Tableau 会根据“行”和“列”功能区中的字段类型，自动为视图中的标记选择合适的类型，规则如下。

1. “文本”标记类型

如果“行”和“列”功能区中的内部字段都是维度，则会自动选择“文本”标记类型，如图 4-34 所示。

提示： 选择“自动”标记类型时，“标记”卡中的“自动”选项左侧的图标指示当前设置的标记类型，本例中的 T 表示“文本”标记类型。

2. “形状”标记类型

如果“行”和“列”功能区中的内部字段都是度量，则会自动选择“形状”标记类型，如图 4-35 所示。

3. “条形图”标记类型

如果“行”和“列”功能区中的内部字段是维度和度量，则会自动选择“条形图”标记类型，如图 4-36 所示。

4. “线”标记类型

如果“行”和“列”功能区中的内部字段是日期字段和度量，则会自动选择“线”标记类型，如图 4-37 所示。

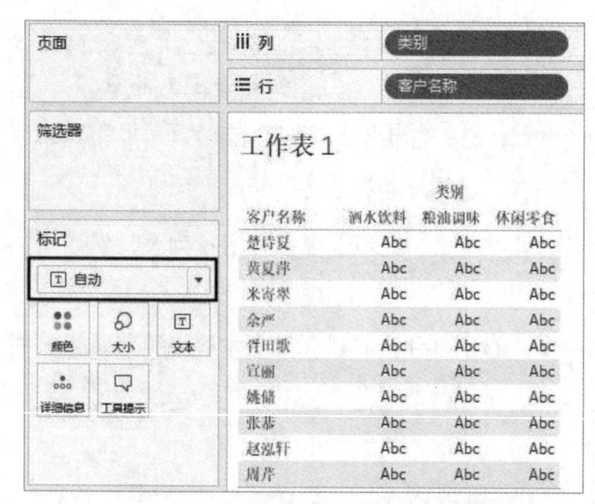

图 4-34　自动选择“文本”标记类型

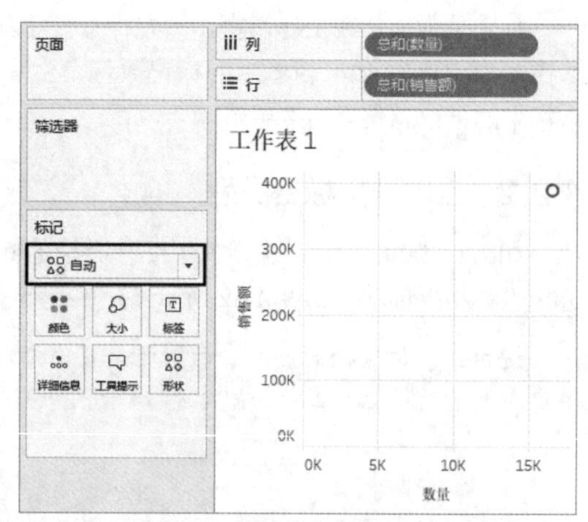

图 4-35　自动选择“形状”标记类型

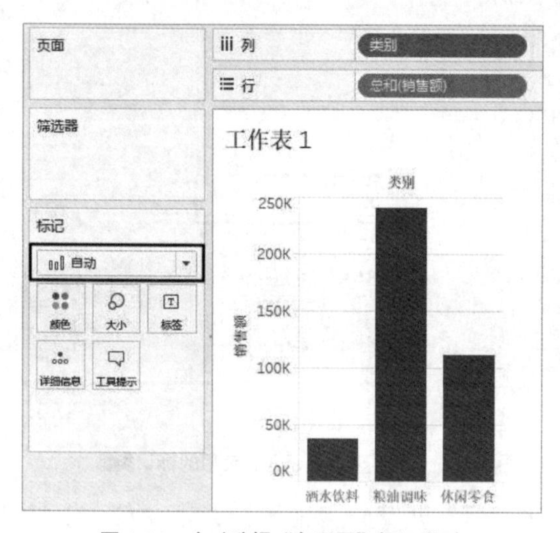

图 4-36　自动选择“条形图”标记类型

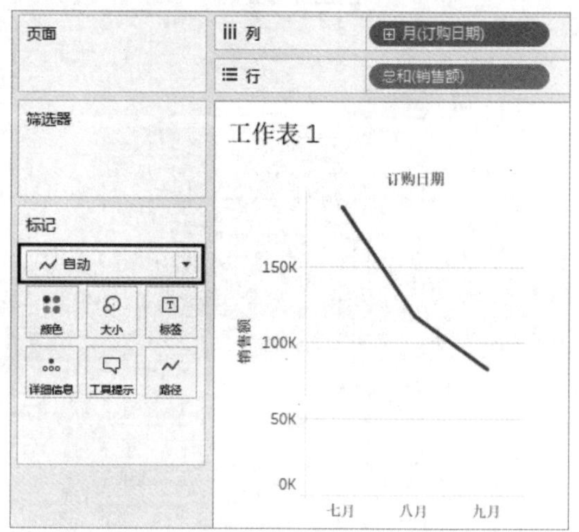

图 4-37　自动选择“线”标记类型

4.2.3　手动选择标记类型

用户如需自己指定视图中的标记类型，可以在“标记”卡中的下拉列表中选择除了“自动”之外的其他选项。下面简要介绍各种标记类型的适用场合和特点。

1. 条形图

“条形图”标记适用于比较不同类别之间的值，或将数据堆叠起来进行比较。

2. 线

“线”标记适用于查看数据随时间的变化趋势。使用“线”标记类型时，可以使用“标记”卡中的“路径”属性更改“线”标记的类型。

3. 区域

“区域”标记适用于将视图中的标记堆叠起来而非不重叠。在使用“区域”标记的视图中，会在每两条相邻的线之间的空间填充颜色，将独立的线连成平面，以便清晰地显示总值，从而更好地了解维度在总体趋势中的作用。

如图 4-38 所示，通过在视图中将标记设置为“区域”，可以通过标记的面积大小，轻易对比各类产品的总销售额之间的差距。

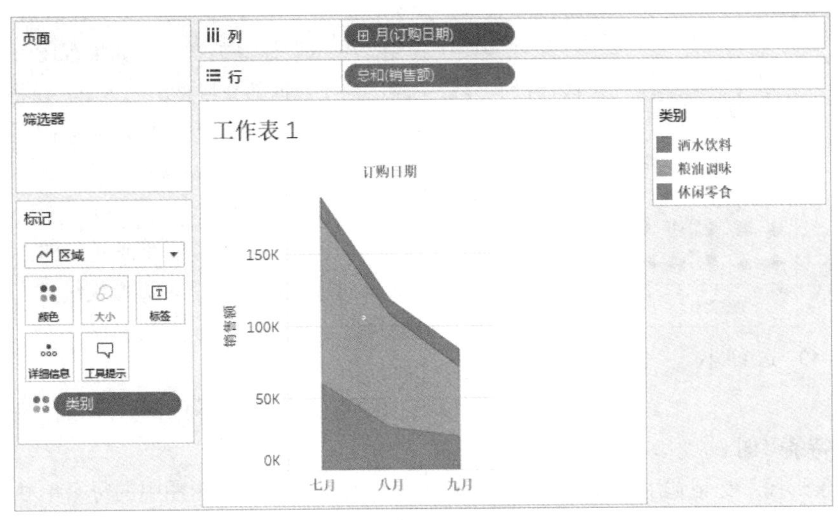

图 4-38　在视图中使用“区域”标记

4. 方形

“方形”标记适用于清晰呈现各个数据点。如果将度量字段拖动到“标记”中的“颜色”图标上，则会创建热图，如图 4-39 所示。

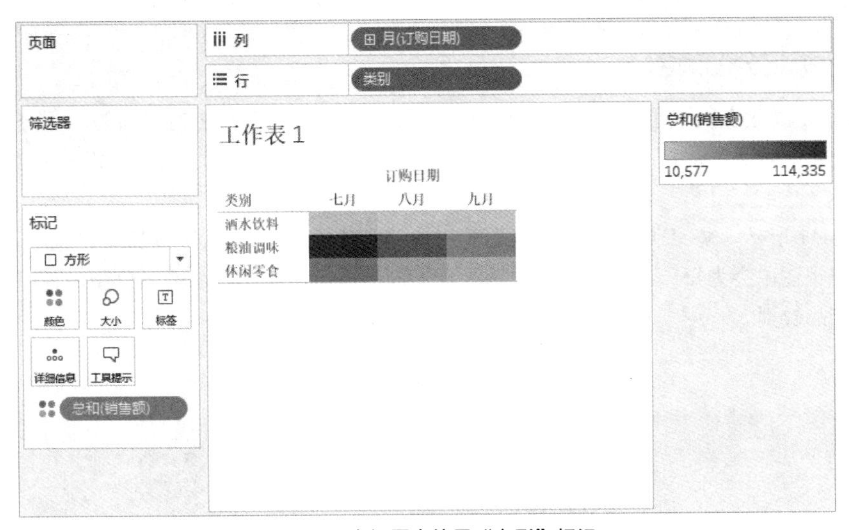

图 4-39　在视图中使用“方形”标记

5. 圆

与“方形”标记类似，“圆”标记类型也用于呈现各个数据点。

6. 形状

“形状”标记适用于清晰呈现各个数据点以及与这些数据点关联的类别。在视图中使用“形状”标记类型时，默认显示的形状是空心圆。如需选择其他形状，可以单击“标记”卡中的“形状”按钮，然后选择一种形状，如图 4-40 所示。

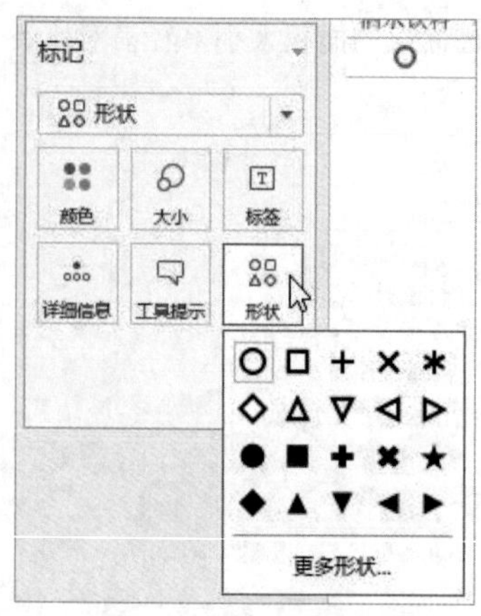

图 4-40　选择形状

7. 文本

“文本”标记适用于由多个维度字段组成的内外层次结构的标题和数据，此类视图通常称为文本表、交叉表或数据透视表。

在视图中使用“文本”标记类型时，如果视图中只有维度字段而没有度量字段，则在数据部分将显示为 Abc。在将度量字段拖动到“标记”卡中的“文本”按钮上之后，才会在视图中显示数据并替换 Abc。

8. 地图

“地图”标记适用于创建多边形地图或线路图，它通过使用地理编码以基于数据的颜色填充一个多边形或线条，填充区域由视图中使用的地理区域字段定义。

9. 饼图

“饼图”标记适用于显示各个组成部分之间的比例关系。

10. 甘特条形图

“甘特条形图”标记适用于显示事件或活动的持续时间。甘特条形图中的每个单独标记显示一段持续时间，每个标记的长度都与在“标记”卡中设置了“大小”属性的度量字段中的值成比例。

11. 多边形

“多边形”标记适用于通过连接点和区域的轮廓线来创建数据区域。

12. 密度

“密度”标记适用于使用颜色显示视图特定区域中数据的相对密集度。

4.2.4　为标记分配颜色

Tableau 为离散字段（通常为维度）和连续字段（通常为度量）使用不同的颜色分配方式。如果将维度字段拖动到“标记”卡中的“颜色”按钮上，Tableau 会为维度字段中的每一个成员分配一种颜色。

如图 4-41 所示，将“类别”字段拖动到“标记”卡中的“颜色”按钮上，由于该字段是维度，所以在视图中会为每一种产品类别显示一种不同的颜色，视图右侧的颜色图例说明了每一种颜色代表的产品类别。

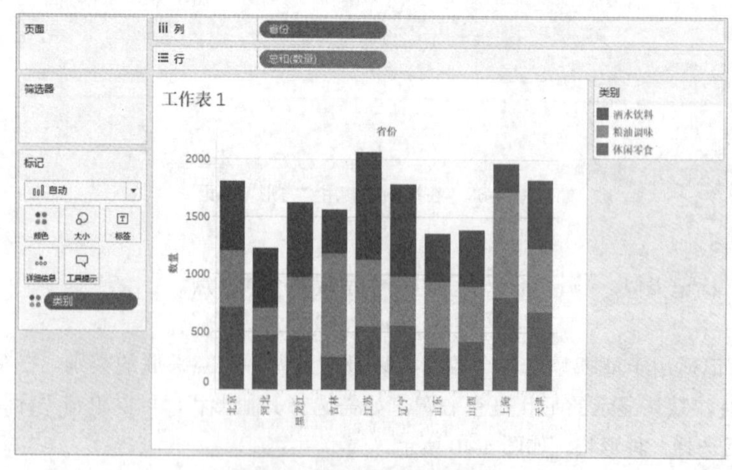

图 4-41　为维度字段设置颜色

如果将度量字段拖动到“标记”卡中的“颜色”按钮上，Tableau 会为度量字段中所有值组成的范围创建一个渐变色，渐变色的颜色两端对应于度量字段中的最大值和最小值，度量字段中每一个值的颜色都位于渐变色的范围内。

如图 4-42 所示，将“销量”字段拖动到“标记”卡中的“颜色”按钮上，由于该字段是度量，所以在视图中会为所有销量组成的值范围创建一个渐变色，每个特定销量显示为渐变色中的一个颜色。

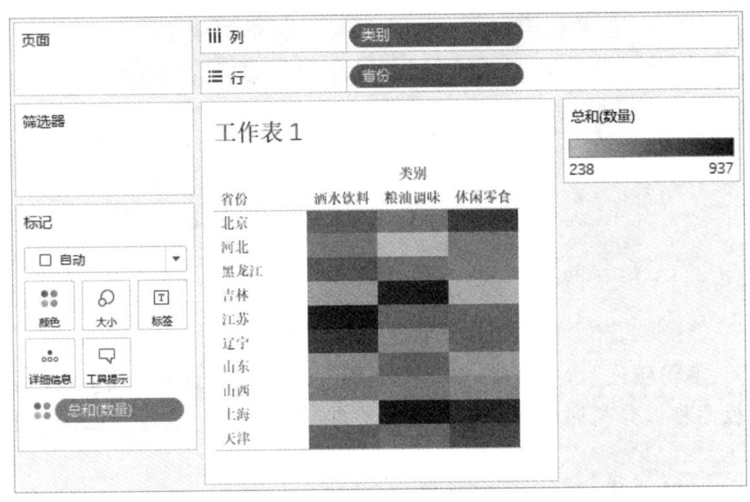

图 4-42　为度量字段设置颜色

如需更改标记的颜色，可以单击“标记”卡中的“颜色”按钮，然后单击“编辑颜色”按钮，如图 4-43 所示。

打开“编辑颜色”对话框，由于此处设置的是维度字段的颜色，所以左侧列出了维度字段中的所有值。在左侧选择一个值，然后在右侧为其选择一种颜色，如图 4-44 所示。按照相同步骤为维度字段中的其他值设置颜色，完成后单击“确定”按钮。

图 4-43　单击“编辑颜色”按钮

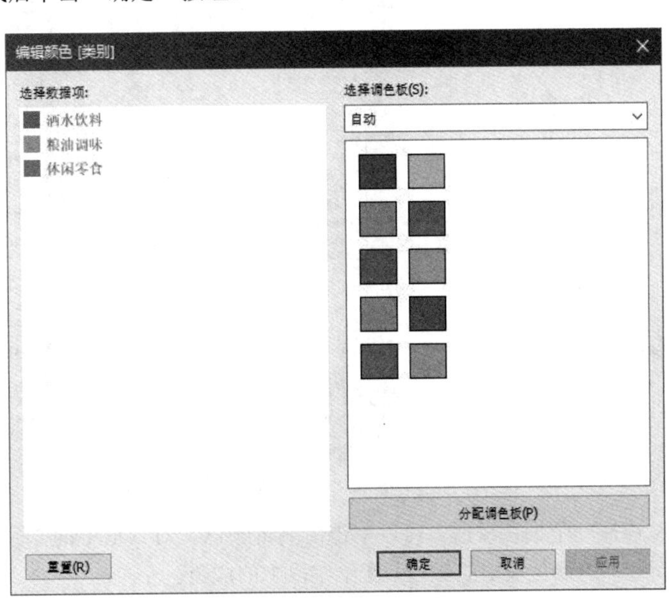

图 4-44　为维度字段中的值设置颜色

如果是为度量字段设置颜色，则打开的“编辑颜色”对话框类似图4-45所示，此时显示一个渐变色。如果度量字段中只有正值或负值，则会在渐变色的右侧显示一个颜色框，单击该框可以指定颜色范围。如果度量字段中同时包含正值和负值，则会在渐变色的两端各有一个颜色框，单击任意一个颜色框，可以指定渐变色的颜色范围。

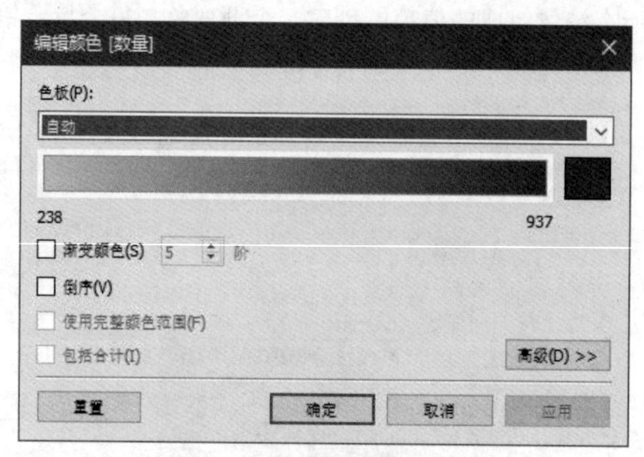

图4-45 为度量字段中的值设置颜色

Tableau 将“编辑颜色”对话框中的每一组颜色定义为一个调色板。调色板分为分类调色板和定量调色板两种，分类调色板用于设置维度字段的颜色，定量调色板用于设置度量字段的颜色。

如需使用其他调色板中的颜色，可以在“编辑颜色”对话框中打开“选择调色板”或“色板”下拉列表，然后从列表中选择一个调色板。分类调色板位于列表的上半部分，定量调色板位于列表的下半部分，如图4-46所示。

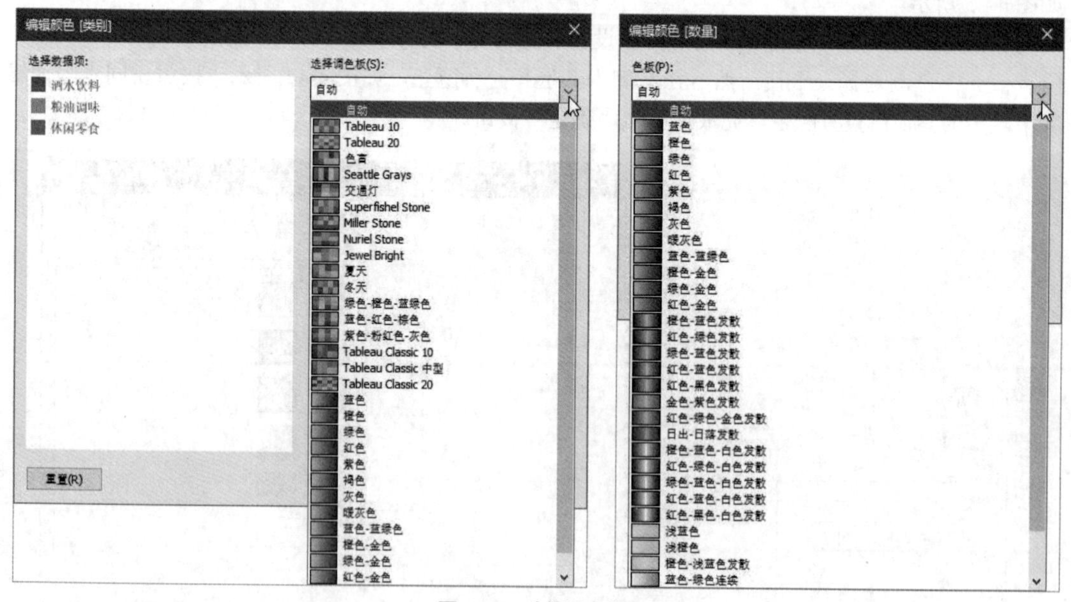

图4-46 选择调色板

选择一个调色板后，可以单击“编辑颜色”对话框中的“分配调色板”按钮，让Tableau自动将新选择的调色板中的颜色分配给字段中的成员。

如需恢复字段的默认颜色，可以在“编辑颜色”对话框中单击“重置”按钮。

4.2.5　更改标记的大小

如需调整视图中标记的大小，可以在“标记”卡中单击“大小”按钮，然后拖动滑块以改变标记的大小，如图 4-47 所示。大小滑块对不同标记的影响方式如表 4-1 所示。

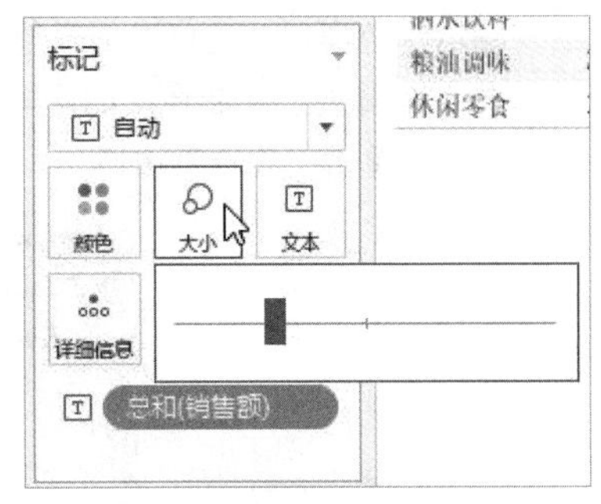

图 4-47　拖动滑块调整标记的大小

如果将离散字段拖动到“标记”卡中的“大小”按钮上，Tableau 会根据该字段中的值分隔标记，并为每个值分配一个唯一大小。如果将连续字段拖动到“标记”卡中的“大小”按钮上，Tableau 会使用连续范围以不同大小绘制每个标记。为最小值分配最小标记，为最大值分配最大标记，其他值的标记大小依次递增。

表 4-1　大小滑块对不同标记的影响方式

标记类型	说　明
圆、方块、形状、文本	使标记变大或变小
条、甘特条	使条变宽或变窄
线	使线变粗或变细
饼图	使饼图的整体尺寸变大或变小
多边形	不能改变大小

如图 4-48 所示，将“销售额”字段拖动到“标记”卡中的“大小”按钮上，在视图中将根据销售额的多少以不同大小的方形显示，右侧的图例说明了不同大小的方形对应的销售额范围。

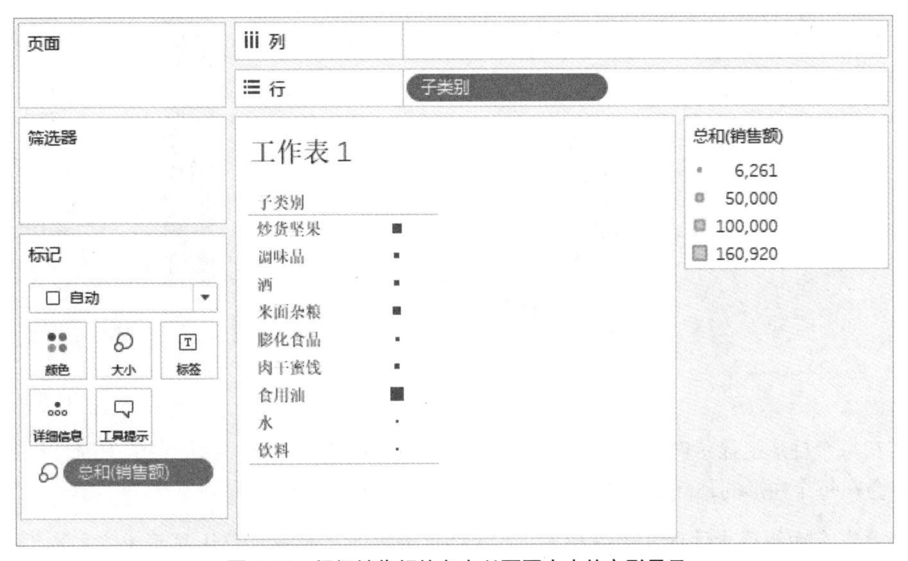

图 4-48　根据销售额的多少以不同大小的方形显示

与编辑颜色类似，也可以编辑标记的大小，只需右击视图右侧图例中的任意一项，在弹出的菜单中选择“编辑大小”命令，如图 4-49 所示。然后在打开的对话框中编辑标记的大小，如图 4-50 所示，完成后单击“确定”按钮。

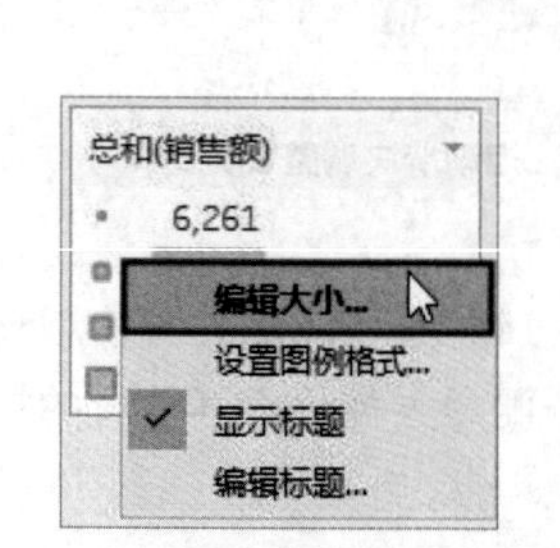

图 4-49　选择“编辑大小”命令

图 4-50　编辑标记的大小

4.2.6　为标记添加标签

如图 4-51 所示，在视图中通过柱形图展示了每类产品的总销售额。

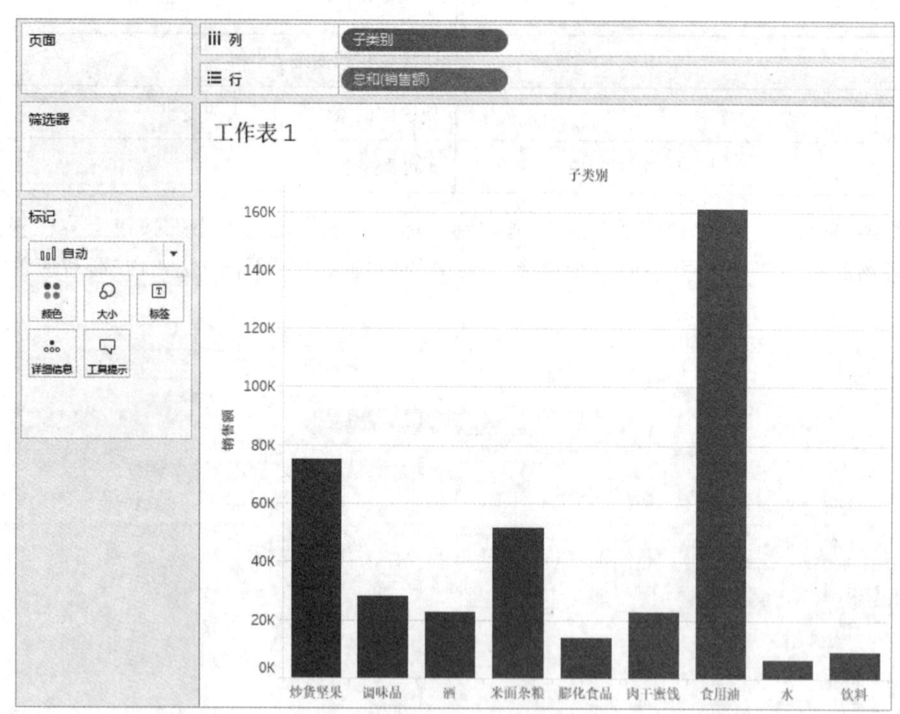

图 4-51　没有标签的视图

如需在每个柱形上显示产品的销量，可以将“数量”字段拖动到“标记”卡中的“标签”按钮上，此时会在每个柱形的顶部显示表示产品销量的数字，如图 4-52 所示。

注意：在未向视图中添加任何字段时，“标记”卡中的“标签”默认显示为“文本”。只要在视图中添加了一个度量字段，“文本”就会自动变成“标签”。

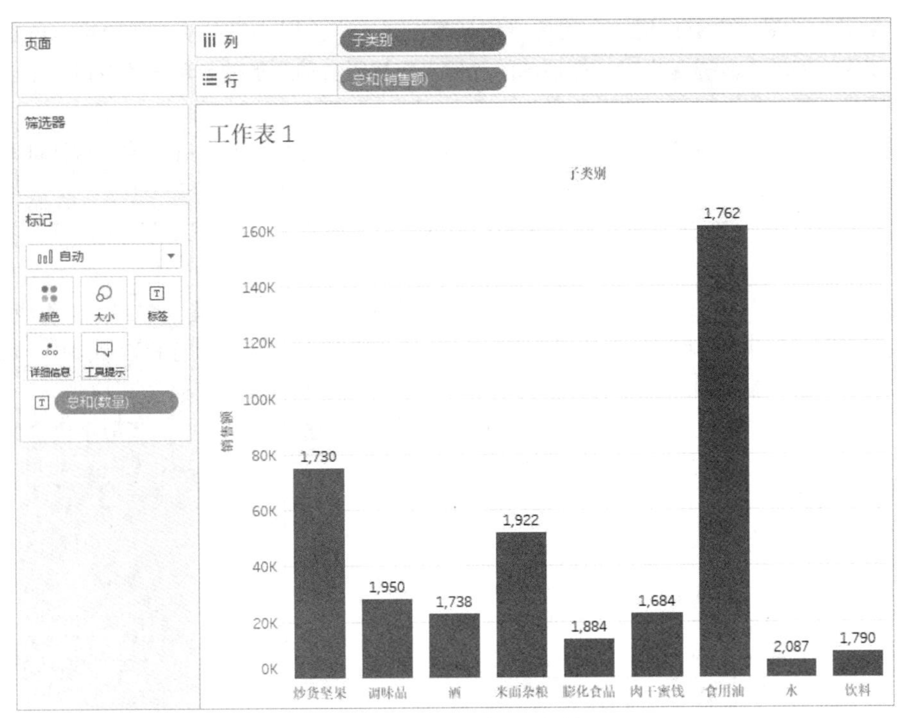

图 4-52 在视图中添加标签

4.2.7 为标记添加工具提示

工具提示是将鼠标指针指向视图中的标记时显示的信息，可以为用户快速解读标记的含义。如图 4-53 所示就是工具提示的一个示例，此处显示的工具提示包含两行文本：“类别：粮油调味”和“销售额：240,655”。每行冒号左侧的文本是静态文本，冒号右侧的文本是动态文本。静态文本是固定不变的，动态文本随标记不同而自动改变。

Tableau 为标记提供了默认的工具提示，但是用户可以自定义设置在工具提示中显示的内容。如需编辑工具提示，可以单击“标记”卡中的“工具提示”按钮，打开“编辑工具提示”对话框，其中显示了当前视图中标记的默认工具提示，如图 4-54 所示。

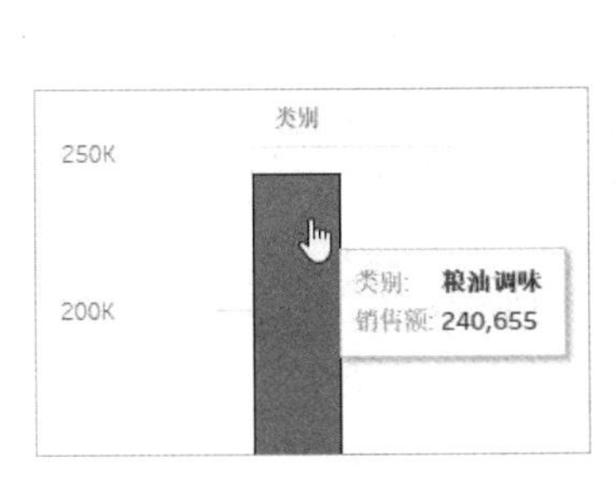

图 4-53 工具提示

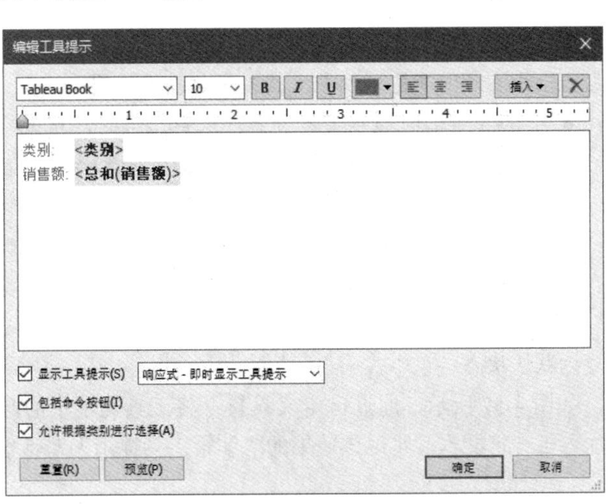

图 4-54 编辑工具提示

在“编辑工具提示”对话框中，浅色字体是静态文本，由用户手动输入；加粗字体是动态文本，这是使用“编辑工具提示”对话框顶部的“插入”按钮自动添加的，单击该按钮，可以在弹出的菜单中选择要插入的字段或工作表的相关信息，如图 4-55 所示。

使用对话框顶部的工具栏可以为工具提示中的文本设置字体格式和对齐格式。对话框下方的几个复选框决定工具提示的工作方式，具体如下：

- 显示工具提示：勾选该复选框表示显示工具提示，如果不想显示工具提示，可以取消对该复选框的勾选。
- 包括命令按钮：勾选该复选框，将在工具提示的顶部显示“只保留”“排除”“组成员”“数据解释”“创建集”和“查看数据”几个按钮，单击这些按钮可以执行相应的操作。如图 4-56 所示为勾选该复选框时的工具提示。
- 允许根据类别进行选择：勾选该复选框，可以通过单击工具提示中的离散字段来选择视图中具有相同值的标记。

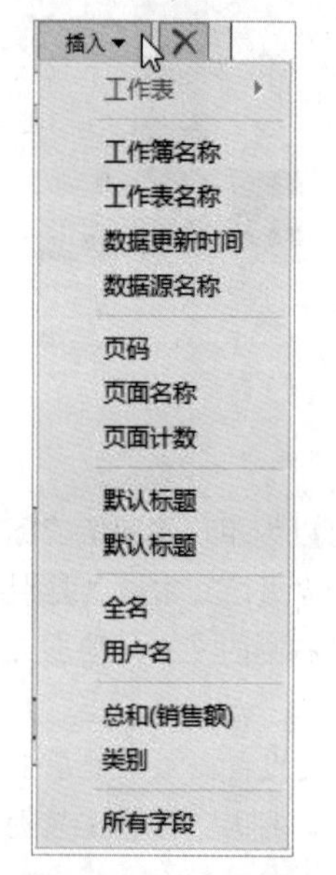

图 4-55　单击“插入”按钮弹出的菜单

图 4-56　在工具提示中显示命令按钮

除了上面介绍的选项之外，还有一个决定工具提示行为方式的重要选项，它位于“显示工具提示”复选框右侧的下拉列表中，其中包含以下两项：

- 响应式 - 即时显示工具提示：选择该项时，将鼠标指针指向标记会立刻显示工具提示，但是其中不包含命令按钮，只有单击标记才会显示命令按钮。
- 悬停时 - 悬停时显示工具提示：选择该项时，将鼠标指针指向标记也会显示工具提示，显示速度稍慢一点，但是时间上的差别几乎可以忽略。该项与上一项的主要区别是，选择该项时，在工具提示的顶部会显示命令按钮，这样就不需要额外单击标记了。

设置好工具提示后，可以单击“预览”按钮查看设置的效果。单击“重置”按钮可使工具提示恢复为默认状态。

如图 4-57 所示，通过自定义设置，将工具提示中的两行文本交换了位置，并在两行文本的上方加入了一行文本。实现该效果的“编辑工具提示”对话框中的设置如图 4-58 所示。

图 4-57　自定义工具提示

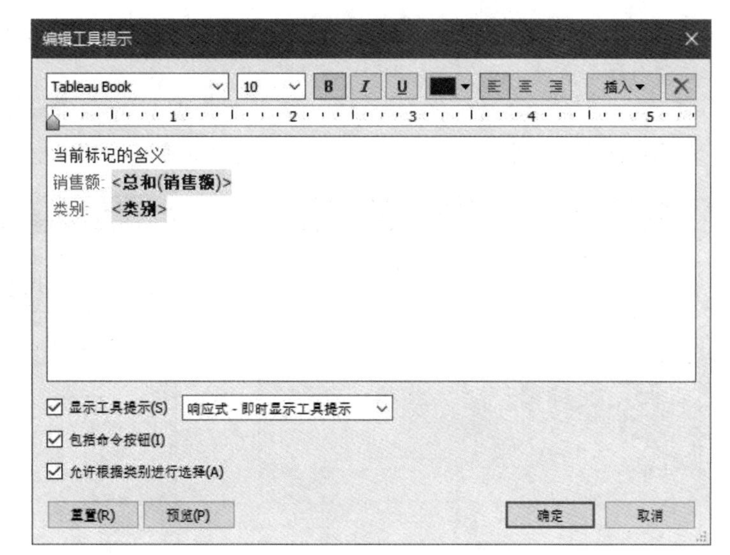

图 4-58　工具提示的设置

注意：如果将维度字段拖动到“标记”卡中的“工具提示”按钮上，则在工具提示中可能会显示一个星号，该星号表示有多个维度成员同时存在于当前标记中。例如，一个标记可能同时表示所有产品子类别的总销售额，此时将“子类别”字段拖动到“标记”卡中的“工具提示”按钮上，在工具提示中就会显示一个星号，如图 4-59 所示。如需解决该问题，可以将“子类别”字段拖动到“标记”卡中的“详细信息”按钮上，以便在标记上增加信息的详细级别。

图 4-59　设置工具提示的维度字段显示星号

4.3　为数据分组

在 Tableau 中可以为字段中相关的多个值分组，然后可以以组为单位查看和分析数据，或者使用组为视图设置颜色。本节将介绍创建和使用组的方法。

4.3.1　为字段中的值分组

为字段中的值分组的方法有两种，一种是在“数据”窗格中操作，另一种是在视图中操作，下面分别介绍这两种方法。无论使用哪种方法，为字段中的值设置分组后，都会在“数据”窗格中创建一个名称中带有“组”字的同名字段。

1. 在“数据”窗格中为数据分组

在“数据”窗格中为数据分组的操作步骤如下：

Step01 在“数据”窗格中右击要为其分组的字段，然后在弹出的菜单中选择“创建”|“组”命令，如图 4-60 所示。

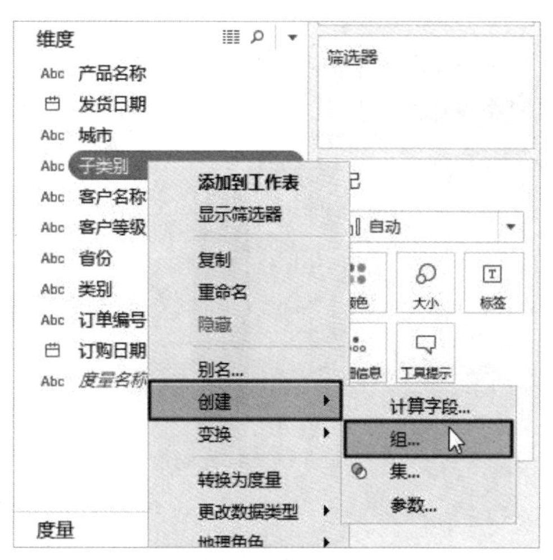

图 4-60　选择“创建”|“组”命令

Step02 打开如图 4-61 所示的对话框，其中显示了字段中的所有值。选择要作为一组的值，然后单击“分组”按钮。

Step03 选中的多个值被划分为一组，组的名称默认为这些值合并到一起的名称，如图 4-62 所示。如需修改组的名称，可以选择组，然后单击“重命名”按钮，输入新的名称后按 Enter 键。

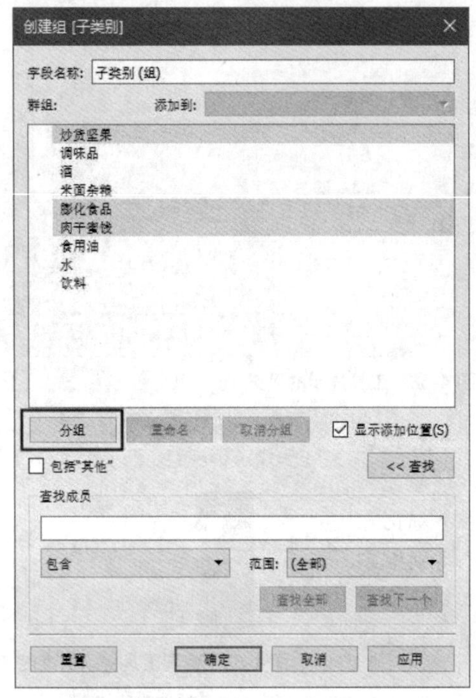

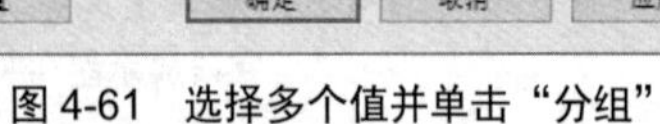
图 4-61　选择多个值并单击“分组”

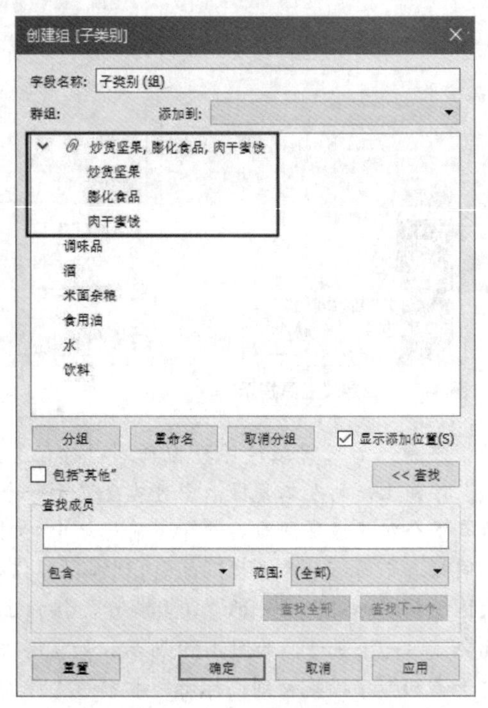

图 4-62　创建组

提示：如果在“创建组”对话框中勾选“包括‘其他’”复选框，则会将其他未分组的值划分为名为“其他”的组中。

Step04 重复上述步骤，为字段中的其他值分组。

2. 在视图中为数据分组

在视图中为数据分组的操作步骤如下：

Step01 在视图中选择要分为一组的标题，然后右击选中的任意一个标题，在弹出的菜单中选择“组”命令，如图 4-63 所示。

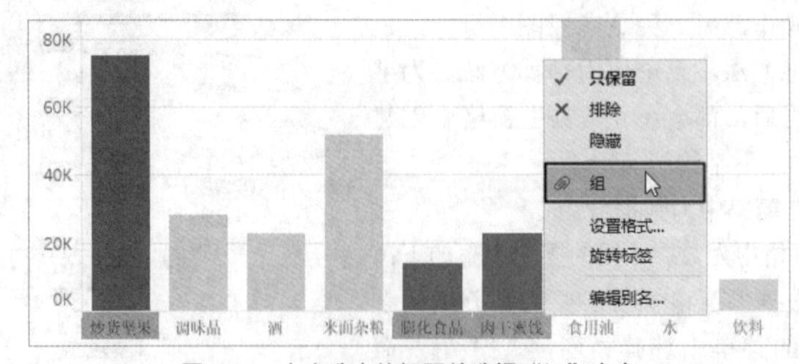

图 4-63　右击选中的标题并选择“组”命令

Step02 Tableau 自动将选中的标题和数据合并为一组，并使用各个标题名称的集合作为组的名称，如图 4-64 所示。

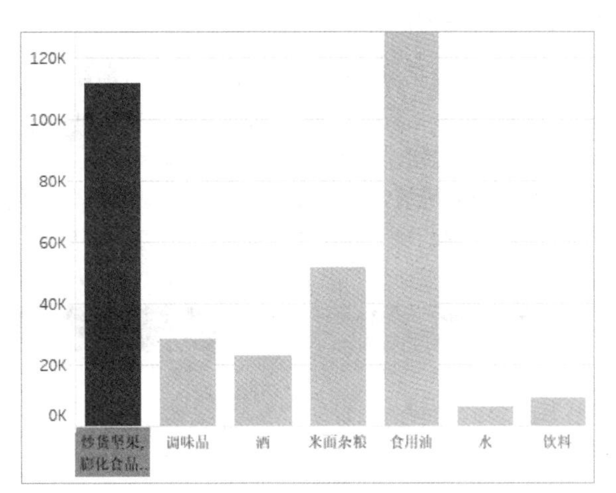

图 4-64　创建组

4.3.2　在组中添加或删除值

为字段中的值分组后，可以随时向组中添加值或从组中删除值。无论执行哪个操作，都需要先打开“编辑组”对话框。在“数据”窗格中右击设置了分组的字段，然后在弹出的菜单中选择“编辑组”命令，如图 4-65 所示。

打开“编辑组”对话框，将一个或多个值拖动到现有的组中，即可将这些值添加到该组中，完成后单击“确定”按钮。

如需从组中删除值，可以在“编辑组”对话框中单击组名左侧的箭头›，展开组中包含的值，然后选择组中的一个或多个值，再单击“取消分组”按钮，如图 4-66 所示。

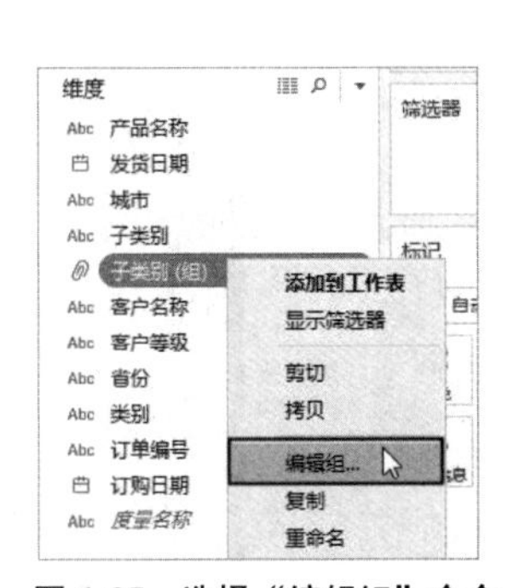

图 4-65　选择“编辑组”命令

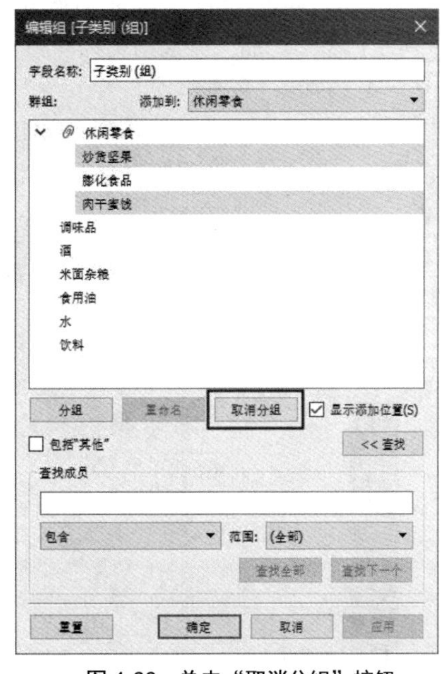

图 4-66　单击“取消分组”按钮

如果不再需要已创建的分组字段，则可以在“数据”窗格中右击分组字段，然后在弹出的菜单中选择“删除”命令。如果分组字段已被添加到视图中，则会显示警告信息。

4.4　钻取数据

连接数据源时，Tableau 会自动为一些字段创建分层结构，例如日期字段，以便在视图中可以按照年、季度、月、天等不同日期级别来查看数据，这种查看数据的方式称为钻取。用户可以根据分析所需，手动在多个字段之间创建分层结构。本节将介绍创建分层结构和钻取数据的方法。

4.4.1 创建分层结构

如需在两个字段之间创建分层结构，只需在“数据”窗格中将一个字段拖动到另一个字段上，释放鼠标按键后，打开“创建分层结构”对话框，在“名称”文本框中输入分层结构的名称，然后单击“确定”按钮，如图 4-67 所示。

如图 4-68 所示为“类别”和“子类别”两个字段创建了名为“产品”的分层结构，“类别”字段位于分层结构中的上层，“子类别”字段位于分层结构中的下层。

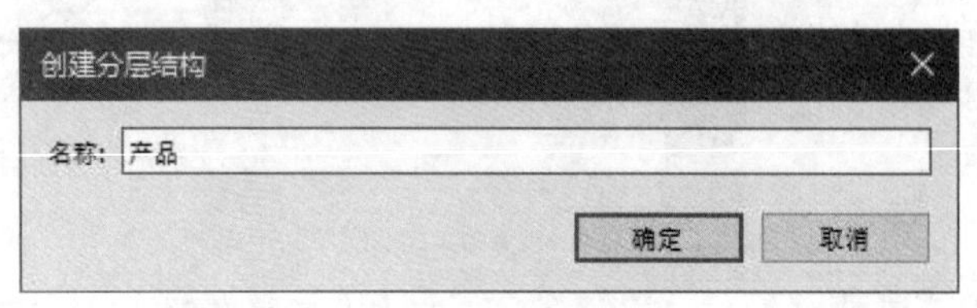

图 4-67　输入分层结构的名称

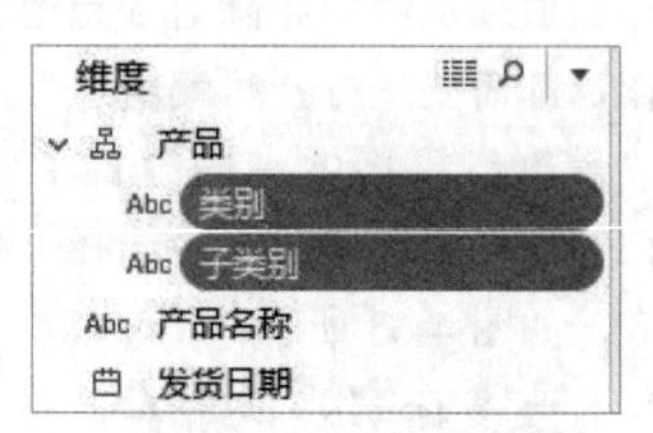

图 4-68　创建分层结构

4.4.2 在视图中钻取数据

创建分层结构后，将分层结构中的字段添加到视图中，然后在“行”或“列”功能区中单击分层字段上的 + 号或 - 号，即可在分层结构中的不同级别之间钻取数据。

如图 4-69 所示，将“产品”分层结构拖动到“列”功能区中，会自动在“列”功能区中显示该分层结构中的最上层字段“类别”。

单击“类别”字段上的 + 号，将在“列”功能区中自动添加分层结构中位于“类别”下一级的字段，即“子类别”字段，此时在视图中会下钻到产品子类别的数据，如图 4-70 所示。

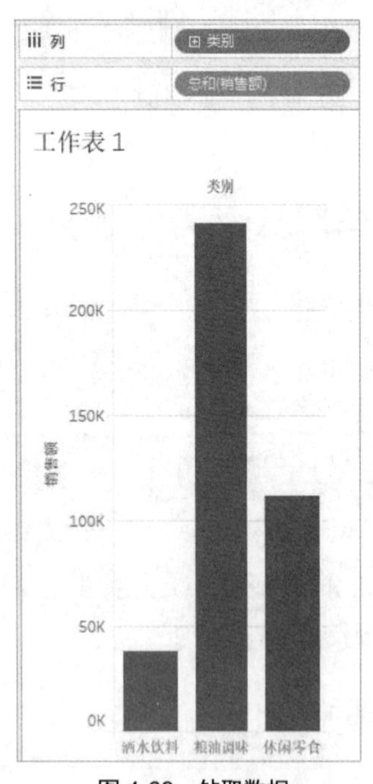

图 4-69　钻取数据

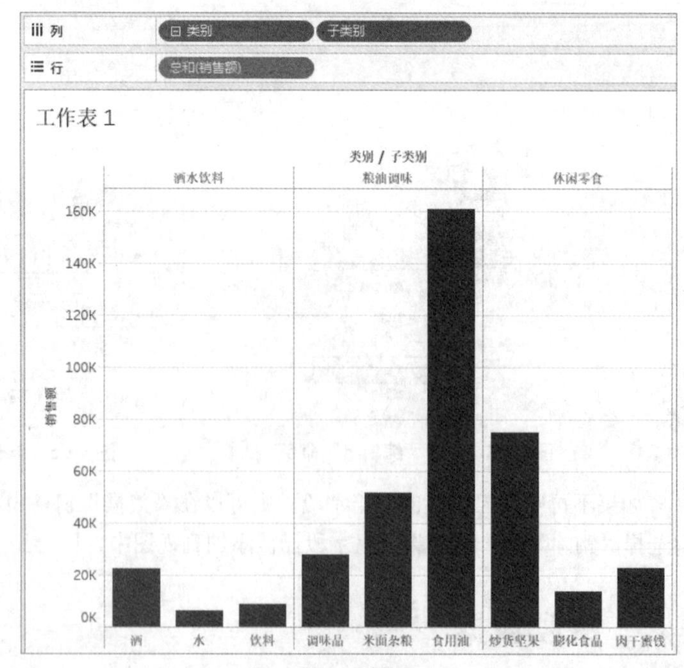

图 4-70　下钻数据

下钻到产品子类别的数据后，“类别”字段上的 + 号会变为 - 号，单击 - 号将上钻到产品类别的数据，并自动将功能区中的“子类别”字段删除。

4.4.3　移除分层结构

如需删除为字段创建的分层结构，可以在“数据”窗格中右击分层结构字段，然后在弹出的菜单中选择“移除分层结构”命令，如图 4-71 所示。

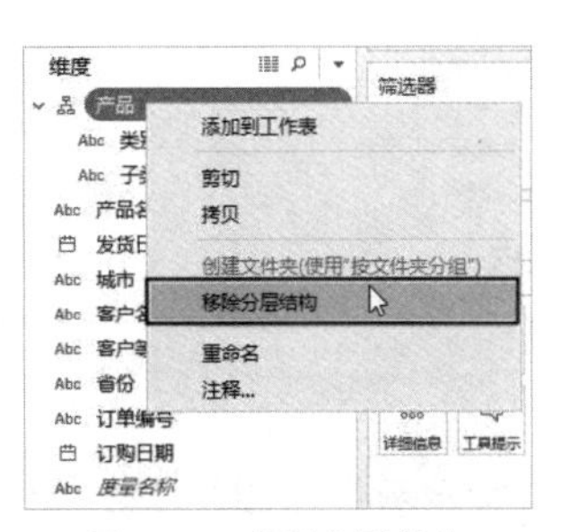

图 4-71　移除分层结构

选择该命令后，分层结构中的字段将从分层结构中删除，分层结构字段本身也会从“数据”窗格中消失。

4.5　排序数据

在 Tableau 中可以通过字段标签、标题、轴等多种方式对数据进行排序，用户还可以手动排序数据，以满足特殊的数据排列要求。本节将介绍在 Tableau 中排序数据的方法。

4.5.1　通过字段标签排序数据

将鼠标指针指向视图中的字段标签时，会在字段标签附近显示排序图标，如图 4-72 所示。单击该图标一次，字段中的各个标题将按照首字母升序进行排列；单击该图标两次，字段中的各个标题将按照首字母降序进行排列；单击该图标三次，将清除排序并恢复为最初状态。单击排序图标的次数与数据排序方式的对应关系，也同样适用于通过标题和轴排序数据的情况。

如图 4-73 所示是对“子类别”字段中的各项按照首字母降序排列的结果，在功能区中的该字段上会同步显示一个排序状态的图标。

图 4-72　字段标签上的排序图标

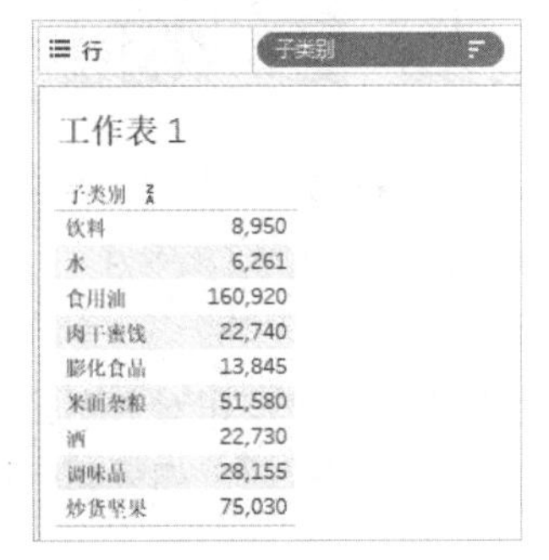

图 4-73　对字段中的各项降序排列

提示：单击排序图标右侧的下拉按钮，在弹出的菜单中可以选择更多排序选项。

4.5.2　通过标题排序数据

将鼠标指针指向视图中的标题时，会在标题附近显示排序图标，如图 4-74 所示。单击该图标特定的次数，以实现特定的排序。如图 4-75 所示是对河北省按照产品销量从低到高进行升序排列的结果。

省份	类别 酒水饮料	粮油调味	休闲零食
北京	600	487	717
河北	511	238	472
黑龙江	643	514	462
吉林	374	897	284

图 4-74　标题上的排序图标

省份	类别 粮油调味	休闲零食	酒水饮料
北京	487	717	600
河北	238	472	511
黑龙江	514	462	643
吉林	897	284	374

图 4-75　通过标题对数据排序

4.5.3　通过轴排序数据

将鼠标指针指向轴时，会在轴上显示排序图标，如图 4-76 所示。单击该图标特定的次数，以实现特定的排序。如图 4-77 所示是按照销售额从大到小对产品类别进行降序排列的结果。

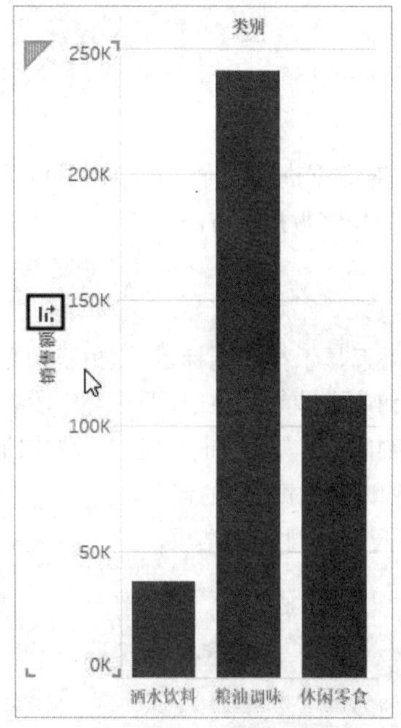

图 4-76　轴上的排序图标

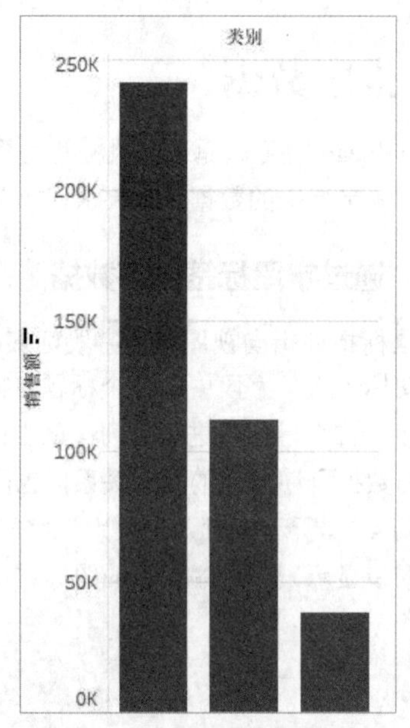

图 4-77　通过轴对数据排序

除了前面介绍的 3 种排序方法之外，还可以使用工作簿窗口工具栏中的排序按钮对数据排序，如图 4-78 所示。

在使用工具栏中的排序按钮对数据排序之前，首先需要在视图中选择要排序的标题或轴，然后单击工具栏中的排序按钮。如果在排序之前未选择任何内容，则默认对最内部的字段进行排序。

注意：如果排序之前在“行”或“列”功能区中选择了字段，则排序结果针对的是整个字段的合计值。例如，如图 4-79 所示是 3 类产品在各个省份的销量情况。由于排序前先选择了“列”功能区中的“类别”字段，所以 Tableau 会按照每类产品在所有省份的总销量为排序依据进行降序排列，结果就是“粮油调味”类产品以 5634 的最高销量排在第一列，而“休闲零食”类产品以 5298 的最低销量排在最后一列。

图 4-78　工具栏中的排序按钮

省份	类别 粮油调味	酒水饮料	休闲零食
北京	487	600	717
河北	238	511	472
黑龙江	514	643	462
吉林	897	374	284
江苏	574	937	550
辽宁	426	802	553
山东	571	417	361
山西	473	490	420
上海	907	246	806
天津	547	595	673
总和	5,634	5,615	5,298

图 4-79　选择功能区中的字段时的排序情况

4.5.4　手动排序数据

如果通过升序或降序无法实现对数据特定顺序的要求，则可以手动为数据排序。只需在视图中将要排序的标题拖动到合适的位置即可，拖动过程中显示的黑色粗线表示要放置的目标位置，如图 4-80 所示。

省份	类别 粮油调味	酒水饮料	休闲零食
北京	487	600	717
河北	238	511	472
黑龙江	514	643	462
吉林	897	374	284
江苏	574	937	550
辽宁	426	802	553
山东	571	417	361
山西	473	490	420
上海	907	246	806
天津	547	595	673

图 4-80　手动排序时通过黑线指示目标位置

4.6　筛选数据

在 Tableau 中提供了筛选数据的多种方式，可以对维度、度量、日期等不同类型的数据进行筛选，以便查看和分析特定部分的数据。在视图中使用多个筛选器筛选数据时，Tableau 按照以下顺序应用筛选器：

- 数据提取筛选器。
- 数据源筛选器。
- 上下文筛选器。
- “前 N 个”筛选器。
- 维度筛选器。
- 度量筛选器。

本节将介绍在 Tableau 中筛选数据的方法。

4.6.1　保留或排除特定标记

筛选数据的最简单方法是使用工具提示中的“只保留”和“排除”命令按钮，使用该方法可以快速筛选出视图中的一个或多个标记。

如图 4-81 所示的视图中显示了各个省份的销售额，如果只想查看和对比北京和上海两个地区的销售额，则可以单击“北京”标记，然后按住 Ctrl 键的同时单击“上海”标记，再在工具提示中单击“只保留”按钮。

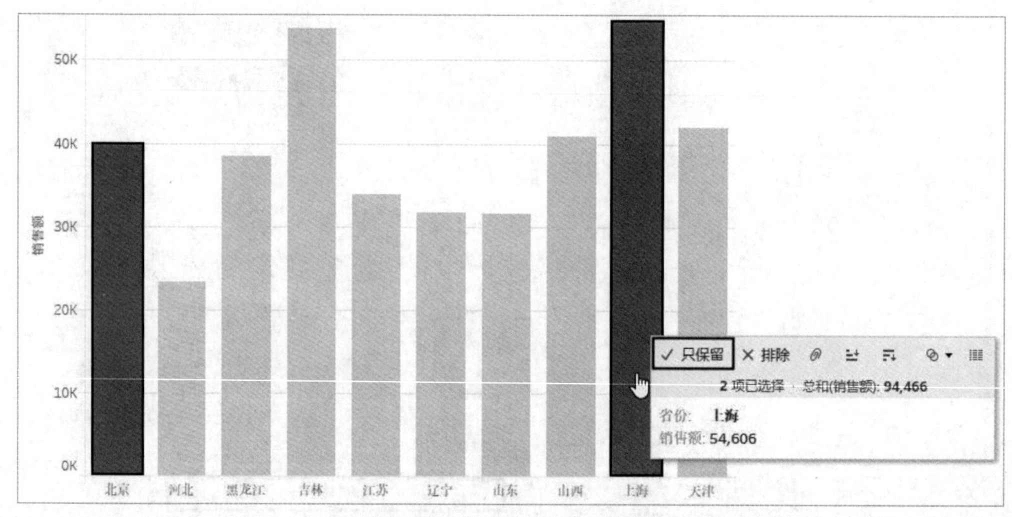

图 4-81　单击“只保留”按钮

提示：如果在工具提示中没有显示“只保留”和“排除”命令按钮，则可以参考 4.2.7 小节中的内容，或者右击标记后选择快捷菜单中的“只保留”或“排除”命令。

执行上述操作后，将在视图中只显示“北京”和“上海”两个标记，如图 4-82 所示。

如果在本例中单击“排除”按钮而非“只保留”按钮，则在视图中会隐藏“北京”和“上海”两个标记，而显示其他标记。

如需恢复显示视图中的所有标记，可以在“筛选器”功能区中右击“省份”字段，然后在弹出的菜单中选择“清除筛选器”命令，如图 4-83 所示。

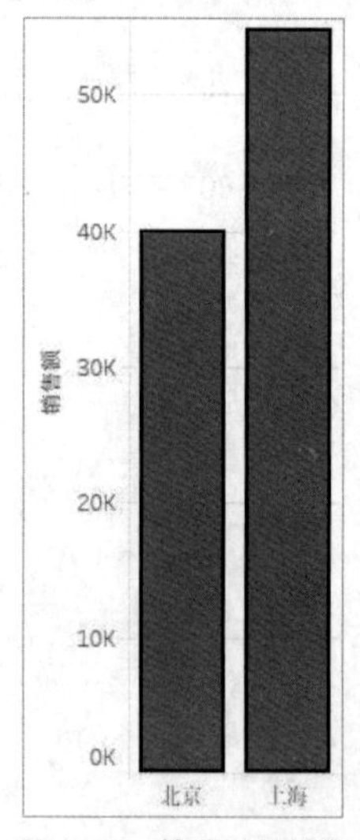

图 4-82　筛选后的视图

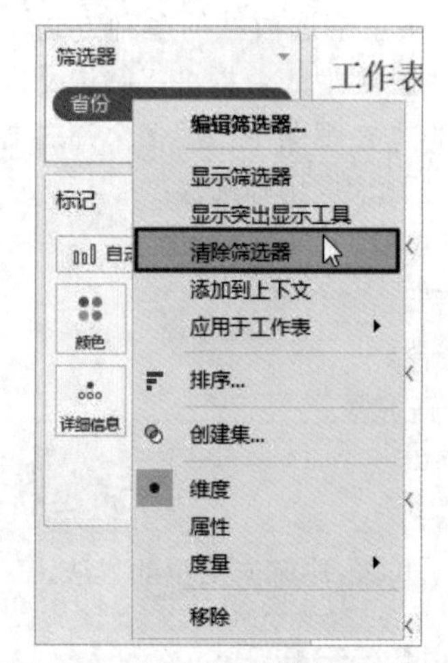

图 4-83　选择“清除筛选器”命令

4.6.2　筛选维度

4.6.1 小节介绍的是使用工具提示中的“只保留”和“排除”命令按钮对维度字段中的值进行筛选的方法。如需对维度字段中的多个值执行更复杂的筛选，则可以将维度字段添加到“筛选器”功能区中，然后设置筛选条件。

如果筛选的是位于视图中的字段，则可以在功能区中右击该字段，然后在弹出的菜单中选择“筛选器”命令，如图 4-84 所示。

如需筛选未添加到视图中的字段，可以将该字段从“数据”窗格直接拖动到“筛选器”功能区中。

无论哪种情况，都将打开“筛选器”对话框，如图 4-85 所示，其中包含 4 个选项卡，选项卡中的设置从左到右依次累加，在所有选项卡中设置的筛选条件共同定义筛选器。

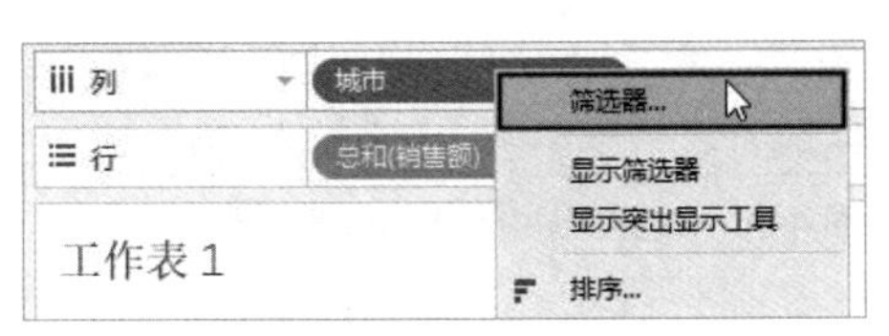

图 4-84　选择“筛选器”命令

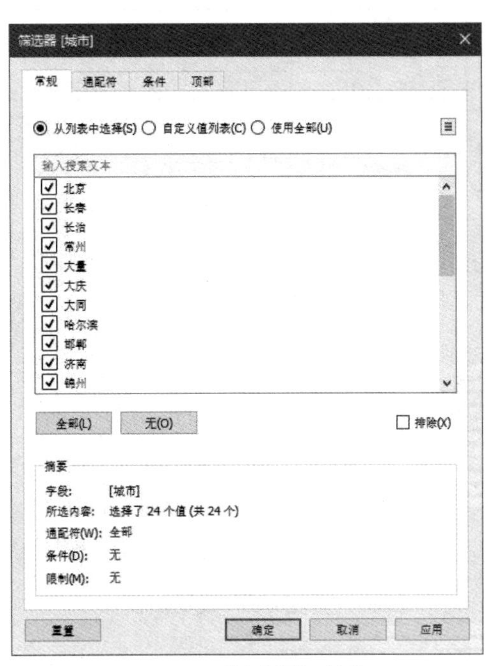

图 4-85　“筛选器”对话框

4 个选项卡的功能如下：

- “常规”选项卡：选择要保留或排除的一个或多个值。“常规”选项卡下方的“摘要”部分显示了在 4 个选项卡中设置的筛选条件的汇总信息。
- “通配符”选项卡：设置筛选文本的匹配模式。例如，可能想要筛选出名称中带有“州”字的城市，此时可以在“通配符”选项卡的文本框中输入“州”，然后选中“包含”单选按钮，如图 4-86 所示。
- “条件”选项卡：设置作为筛选依据的规则，可以使用内置控件来编写条件，也可以编定自定义公式。例如，可能想要在显示了所有城市销售额的视图中筛选出销量大于 500 的城市名称及其销售额，此时可以在“条件”选项卡中进行如图 4-87 所示的设置。
- “顶部”选项卡：设置在视图中包含前多

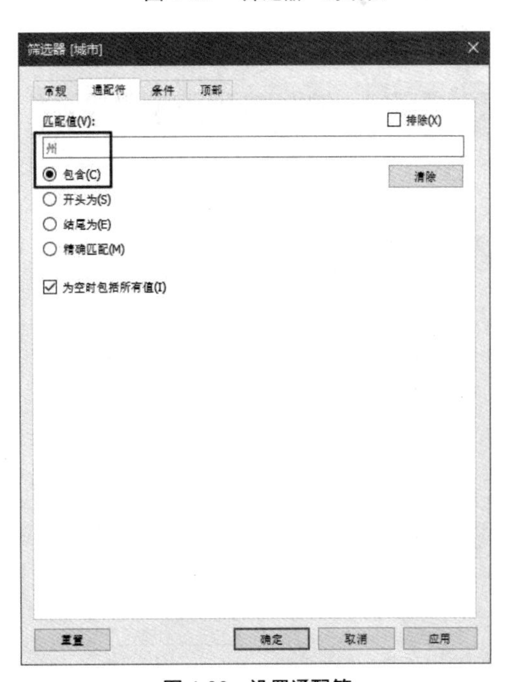

图 4-86　设置通配符

少名或后多少名的数据，可以使用内置控件进行设置，也可以通过编写公式来定义计算方式。例如，如需筛选出销量前 10 名的数据，可以在“顶部”选项卡中进行如图 4-88 所示的设置。

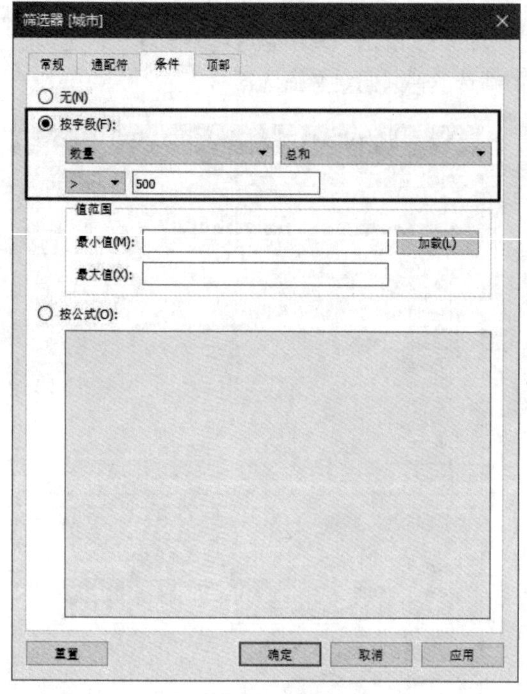

图 4-87　设置条件

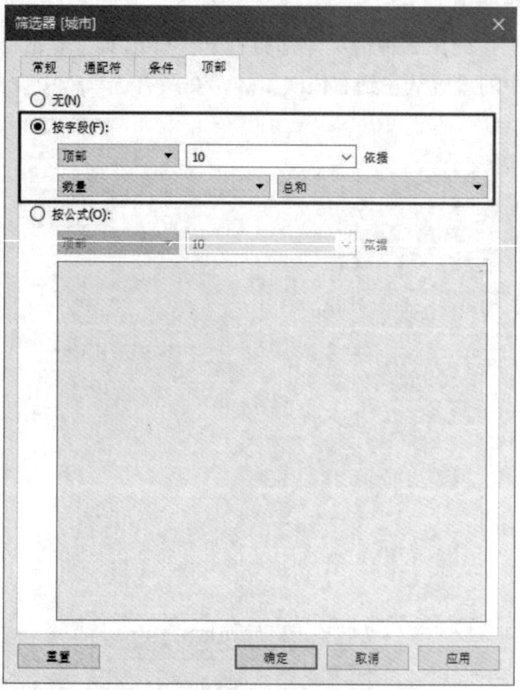

图 4-88　设置视图中包含的数据范围

4.6.3　筛选度量

与筛选维度字段类似，也可以筛选度量字段。由于度量字段通常包含的是特定范围内的一组值，所以涉及的筛选选项与筛选维度字段时的选项有所不同。

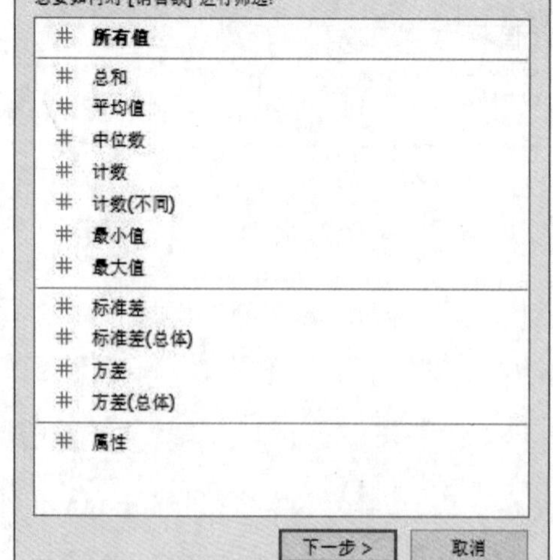

图 4-89　选择以哪种聚合方式作为筛选依据

将度量字段添加到“筛选器”功能区时，会自动打开“筛选器字段”对话框，如图 4-89 所示，在此处需要选择以哪种聚合方式作为筛选依据，然后单击“下一步”按钮。

选择聚合方式后，将显示如图 4-90 所示的对话框，可以使用以下 4 种方式设置筛选条件。

- 值范围：单击“值范围”按钮，然后在下方指定视图中包含的最小值和最大值。
- 至少：单击“至少”按钮，然后在下方指定一个最小值，从而控制视图中的所有值都不能小于该值，如图 4-91 所示。
- 至多：单击“至多”按钮，然后在下方指定一个最大值，从而控制视图中的所有值都不能大于该值，如图 4-92 所示。

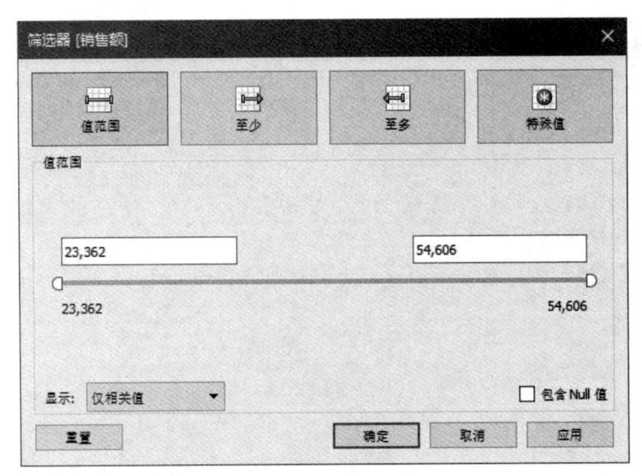

图 4-90　为度量设置筛选条件

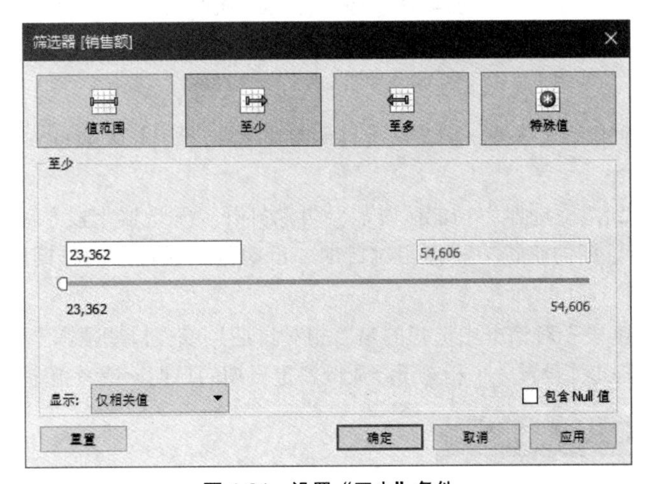

图 4-91　设置“至少”条件

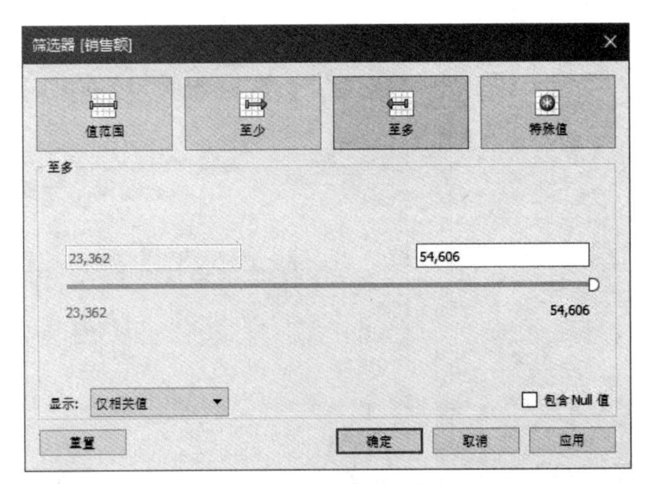

图 4-92　设置“至多”条件

- 特殊值：单击“特殊值”按钮，然后选择 Null 值的筛选方式，包括“Null 值”“非 Null 值”和“所有值”3 项，如图 4-93 所示。

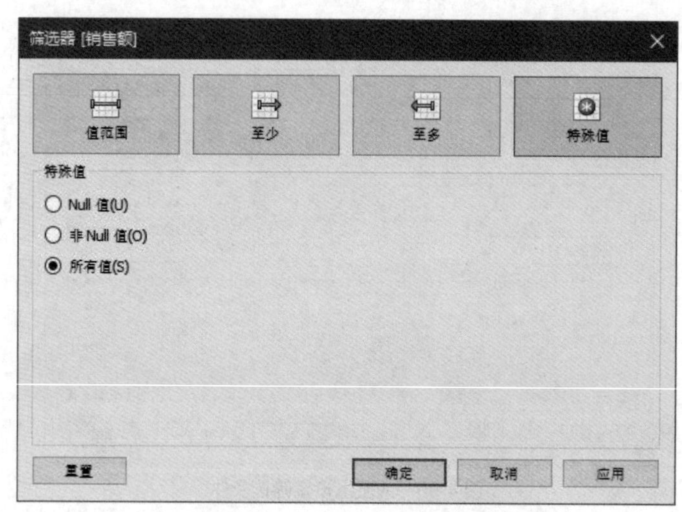

图 4-93　设置“特殊值”条件

4.6.4　筛选日期

虽然通常将日期看作维度字段，但是由于日期的特殊性，所以 Tableau 为筛选日期提供了特定的选项。

将日期字段添加到“筛选器”功能区时，会自动打开“筛选器字段”对话框，如图 4-94 所示，在此处需要选择日期的筛选方式：相对日期、日期范围或特定的日期级别，然后单击“下一步”按钮。

如果在“筛选器字段”对话框中选择的是“相对日期”或“日期范围”选项，则将打开如图 4-95 所示的对话框，在此处设置一个相对于今天或特定日期的日期，或者指定一个日期范围。

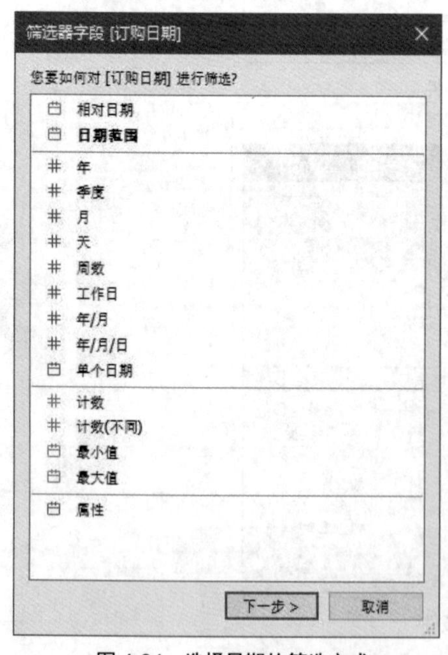

图 4-94　选择日期的筛选方式

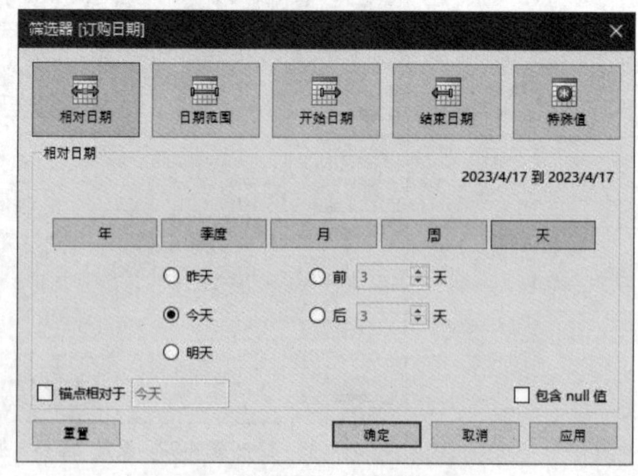

图 4-95　设置相对日期或日期范围

如果在“筛选器字段”对话框中选择的是“年”“月”“季度”“天”等选项，则将打开类

似如图 4-96 所示的对话框，其中显示的选项对应于在“筛选器字段”对话框中选择的日期级别，例如在“筛选器字段”对话框中选择“月”，在接下来的对话框中就会显示各个月份，而不管它们属于哪一年。

如果在“筛选器字段”对话框中选择的是“单个日期”选项，则将打开如图 4-97 所示的对话框，其中列出了视图中包含的每一个日期，选择要在视图中显示的日期，然后单击“确定”按钮。

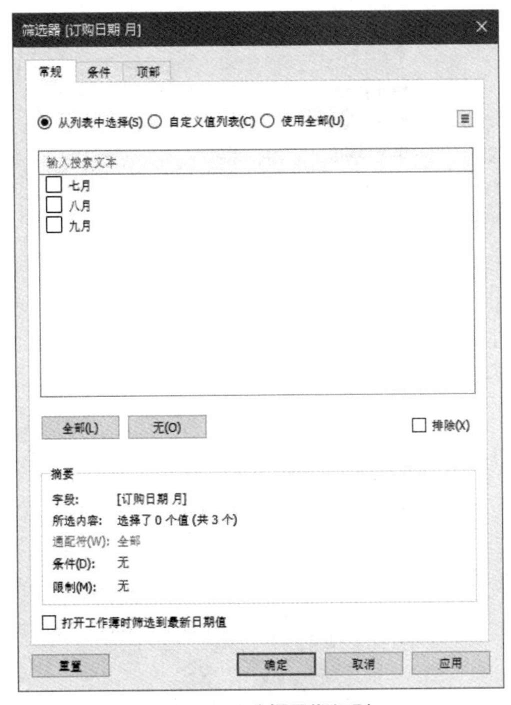

图 4-96 选择日期级别

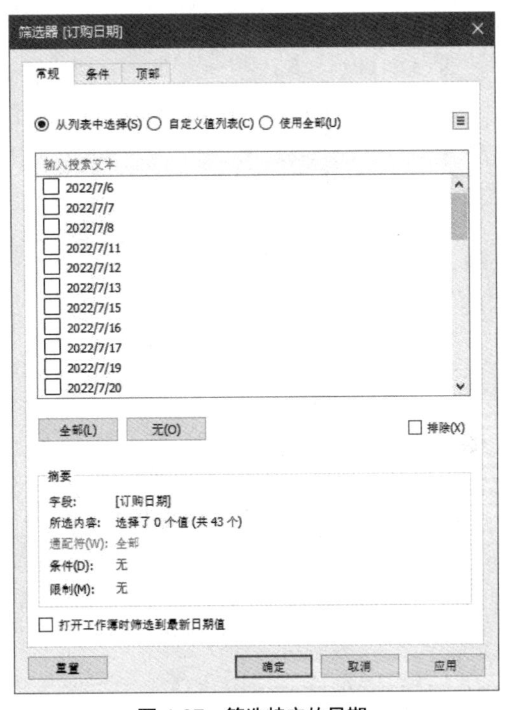

图 4-97 筛选特定的日期

4.6.5 使用交互式筛选器

如果想要更方便地筛选数据，则可以使用交互式筛选器。右击“数据”窗格或功能区中的字段，在弹出的菜单中选择“显示筛选器”命令，如图 4-98 所示。

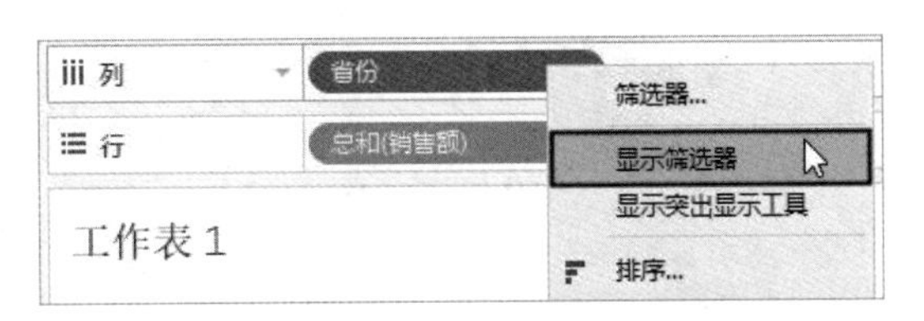

图 4-98 选择“显示筛选器”命令

将在视图的右侧显示筛选器卡，其中列出了右击的字段中包含的所有值，如图 4-99 所示。通过勾选或取消对每个值左侧的复选框的勾选，可以控制这些值是否显示在视图中，以此达到筛选数据的目的。

将鼠标指针移动到筛选器卡的范围内，会在筛选器卡的右上角显示一个下拉按钮，单击该按钮，在弹出的菜单中包含用于控制筛选器卡的外观和交互方式的命令，如图 4-100 所示。

如需调整筛选器卡的字体格式，可以选择菜单中的“格式筛选器”命令，然后在工作簿窗口左侧的窗格中设置字体格式，如图 4-101 所示。

如需控制在筛选器卡中显示哪些按钮，可以选择菜单中的“自定义”命令，然后在子菜单中选择要在筛选器卡中显示的按钮，如图 4-102 所示。

图 4-99　筛选器卡

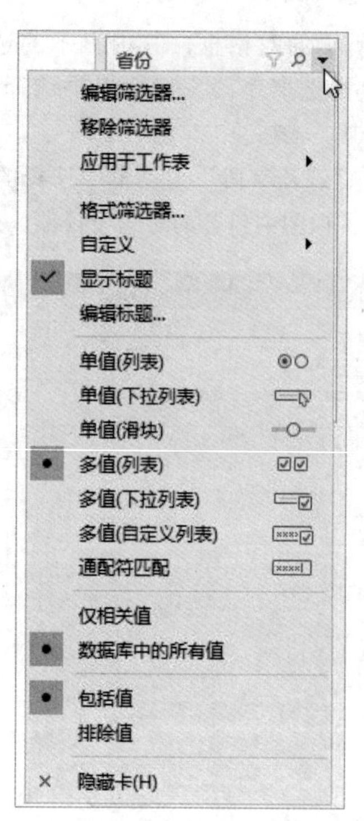

图 4-100　筛选器卡的快捷菜单

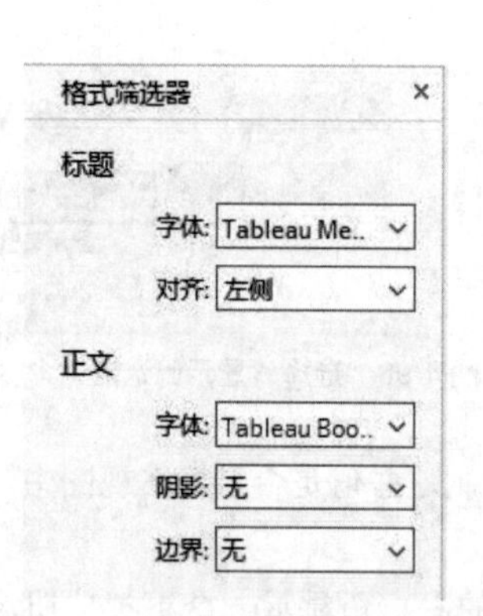

图 4-101　设置筛选器卡的字体格式

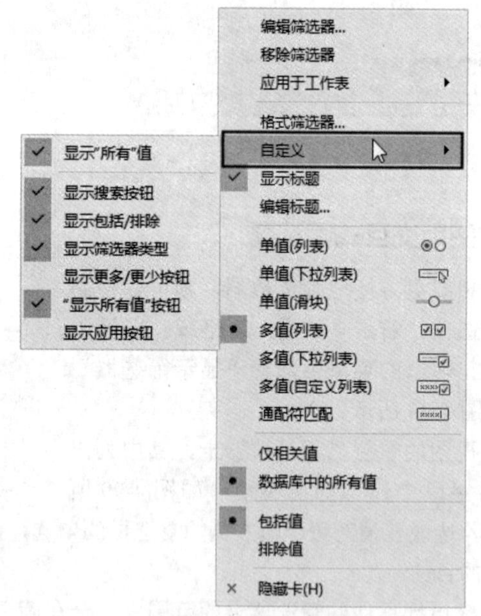

图 4-102　选择要在筛选器卡中显示的按钮

如需改变用户在筛选器卡中筛选数据的交互方式，可以从“单值（列表）”“单值（下拉列表）”“单值（滑块）”“多值（列表）”等一系列选项中选择其一。如图 4-103 所示是选择“单值（滑块）”选项后筛选器卡的外观，此时可以拖动滑块来筛选数据。

提示：前面介绍的筛选器卡针对的是维度字段，如果为度量字段显示筛选器卡，则其快捷菜单中包含的命令会略有区别，如图 4-104 所示。

图 4-103　改变筛选数据的交互方式

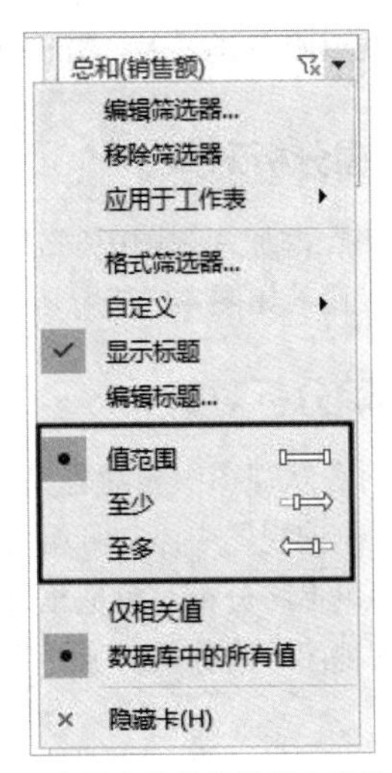

图 4-104　度量字段的筛选器卡的快捷菜单

如需删除筛选器卡，可以在筛选器卡的快捷菜单中选择“隐藏卡”命令，或者右击“数据”窗格或功能区中的对应字段，在弹出的菜单中选择“显示筛选器”命令，以取消该命令的选中状态。

4.7　在视图中添加分析对象

在“工作区”页面左侧的“分析”窗格中提供了很多常用的分析工具，例如常量线、平均线、趋势线等。用户可以非常方便地将这些分析对象添加到视图中。本节将介绍在视图中添加和编辑分析对象的方法。

4.7.1　添加分析对象

如需在视图中添加分析对象，可以单击“数据”窗格顶部的“数据”二字右侧的“分析”，切换到“分析”窗格，然后将“分析”窗格中的某个工具拖动到视图中，拖动过程中会显示该工具应用的目标范围。

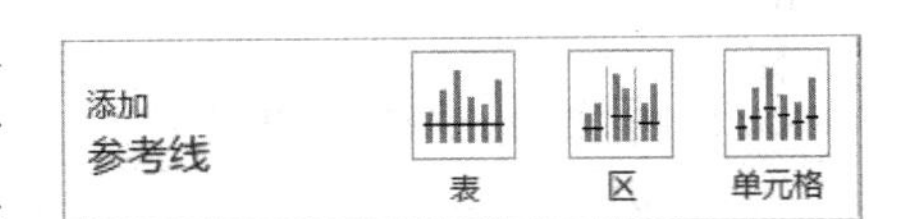

图 4-105　拖动分析工具时显示的选项

例如，拖动“分析”窗格中的“平均线”时，将显示如图 4-105 所示的选项，此时需要选择将“平均线”添加到哪个范围。

如图 4-106 所示是选择不同的选项后添加平均线的效果。

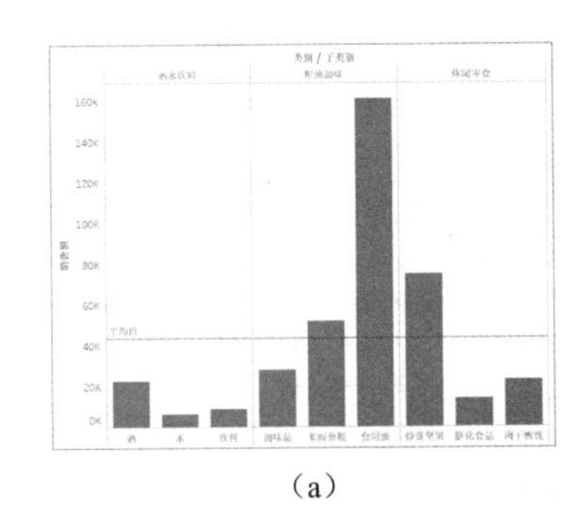

（a）

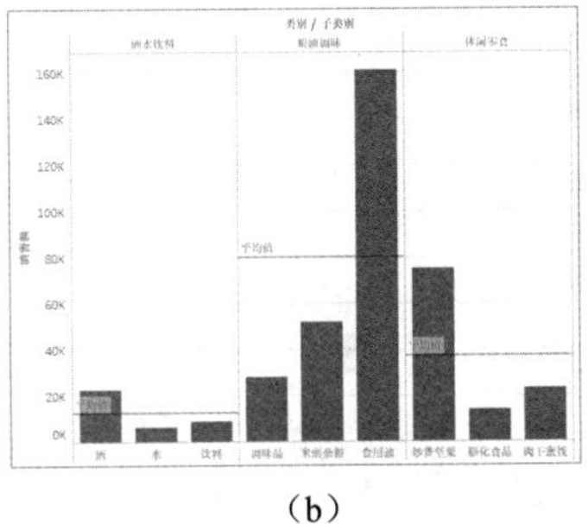

（b）

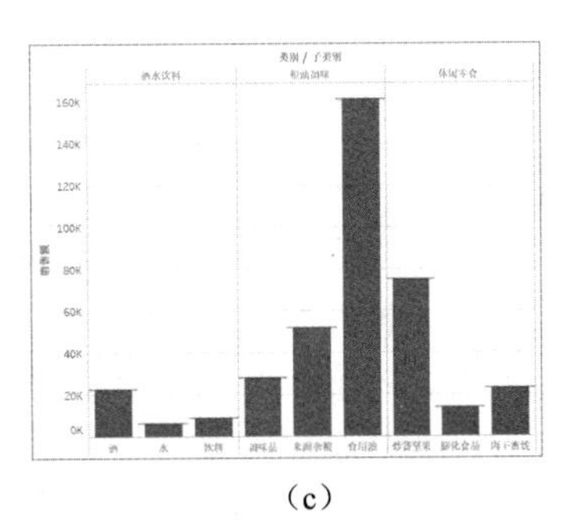

（c）

图 4-106　表、区和单元格

提示：拖动分析工具时，Tableau 提供的选项可能会随着视图结构的复杂程度而增多或减少。

4.7.2 编辑分析对象

如需编辑已添加到视图中的分析对象，可以在视图中单击该分析对象，在显示的工具提示中单击“编辑”按钮，如图 4-107 所示，然后在打开的对话框中修改分析对象的相关选项。

4.7.3 删除分析对象

将分析对象从视图中删除有以下几种方法：

- 如果刚向视图中添加分析对象，则可以按 Ctrl+Z 组合键，撤销上一步操作。
- 使用鼠标将分析对象拖出视图范围。
- 右击视图中的分析对象，在弹出的菜单中选择“移除”命令，如图 4-108 所示。

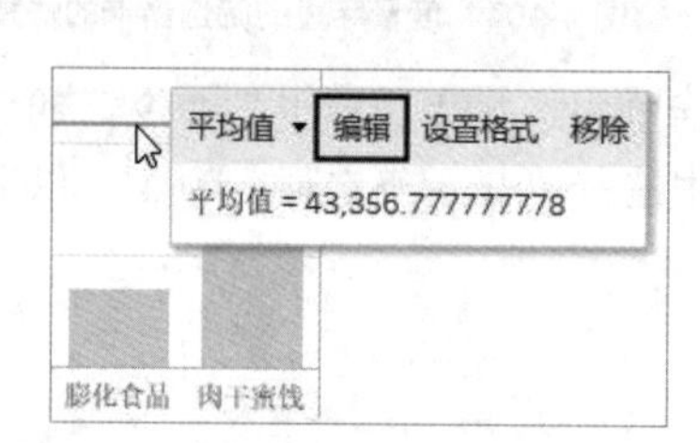

图 4-107　单击工具提示中的“编辑”按钮

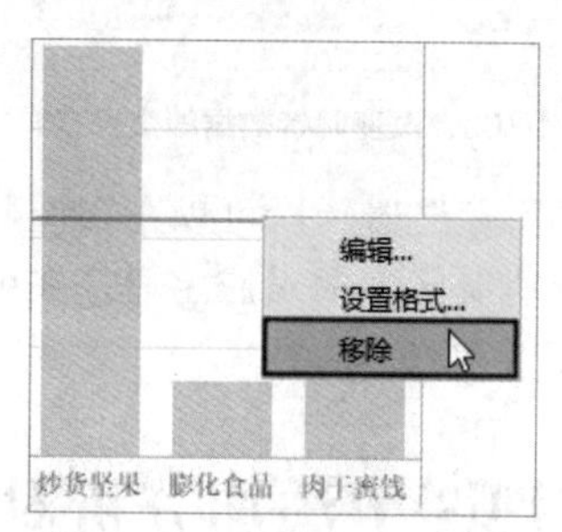

图 4-108　选择“移除”命令

4.8 浏览和检查视图中的数据

Tableau 提供了一些用于浏览和检查数据的工具，本节将介绍使用这些工具浏览和检查视图中数据的方法。

4.8.1 突出显示数据点

在视图中单击一个标记，即可使该标记突出显示，并使其他标记变为浅色，如图 4-109 所示。

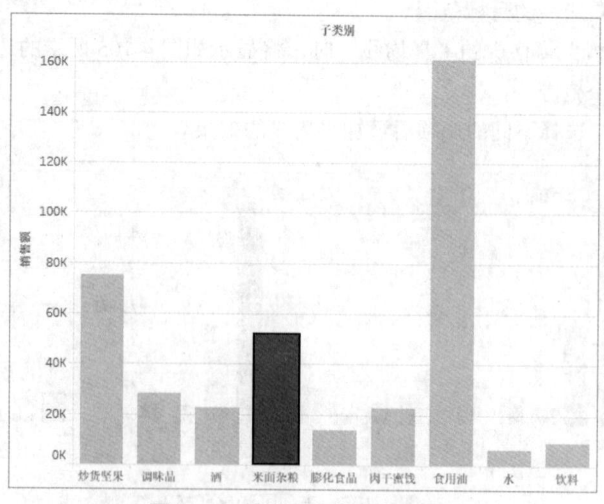

图 4-109　突出显示特定的数据点

提示：标记的选择状态会随工作簿一起保存。

拖动鼠标指针可以快速选择相邻的多个标记，使用 Ctrl 键并配合鼠标单击可以选择不相邻的多个标记。如图 4-110 所示突出显示了两个不相邻的标记。

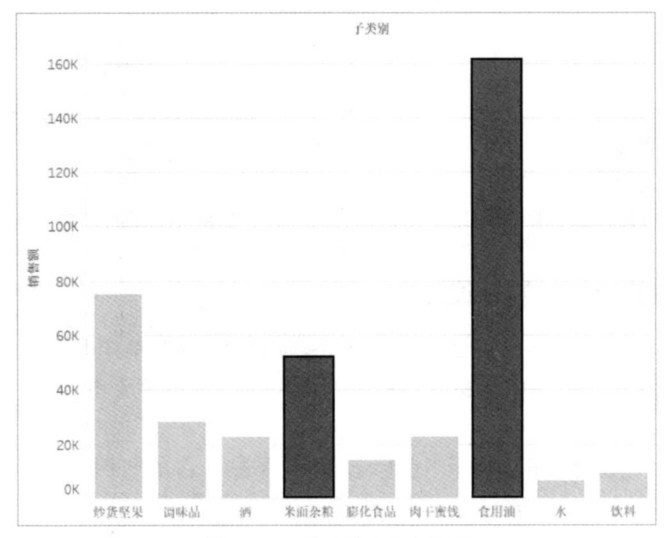

图 4-110　突出显示多个标记

4.8.2　为视图添加注释

注释与工具提示不同，工具提示只有在将鼠标指针指向标记时才会动态显示，而注释是始终显示在视图中的，用于为视图中的标记提供简要说明。

如需为视图中的标记添加注释，可以右击标记，在弹出的菜单中选择“添加注释”命令，然后在弹出的子菜单中选择一种注释类型，如图 4-111 所示。

选择一种注释类型后，将自动打开“编辑注释”对话框，如图 4-112 所示，该对话框的结构和用法与设置工具提示时打开的对话框类似，在对话框中输入注释的内容并设置所需的格式。

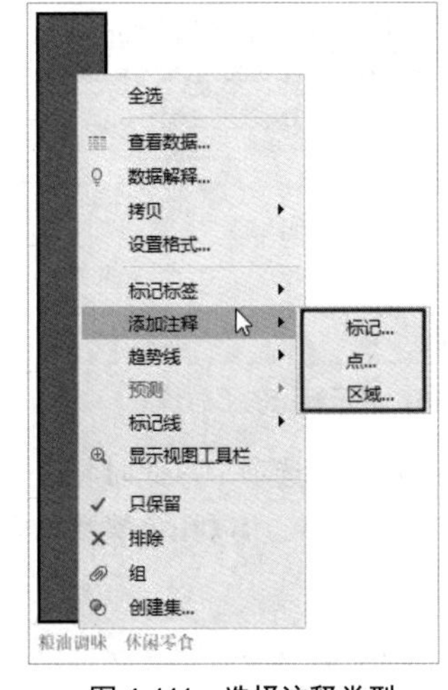

图 4-111　选择注释类型

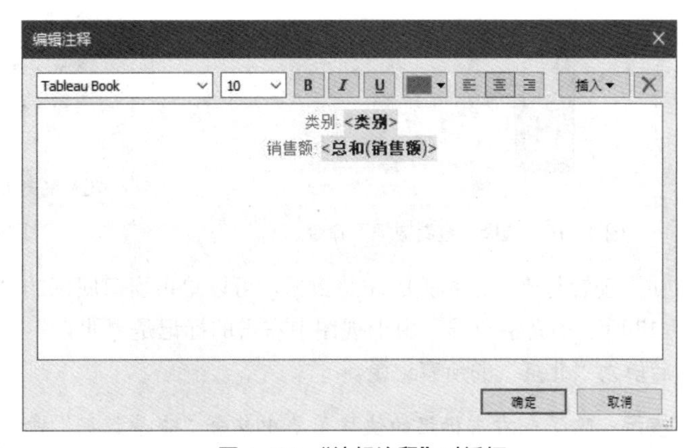

图 4-112　“编辑注释”对话框

设置好注释后，单击“确定”按钮，将在标记附近显示注释，如图 4-113 所示。

如需调整注释的位置，可以先单击注释，然后拖动注释到目标位置。如需修改注释，可以右击注释，然后在弹出的菜单中选择“编辑”命令，如图 4-114 所示。如果选择“移除”命令，则将删除注释。

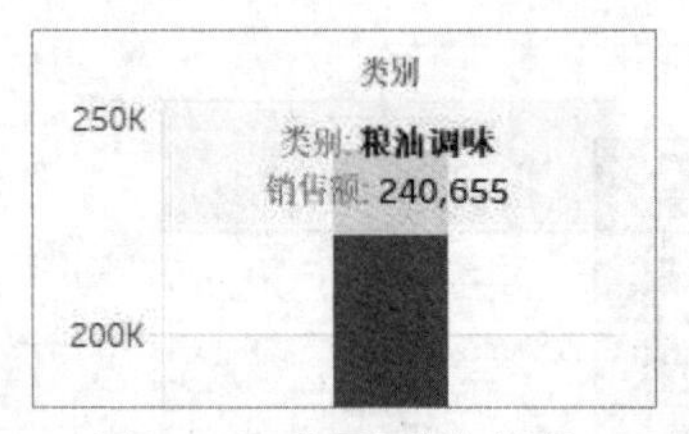

图 4-113　为标记添加注释

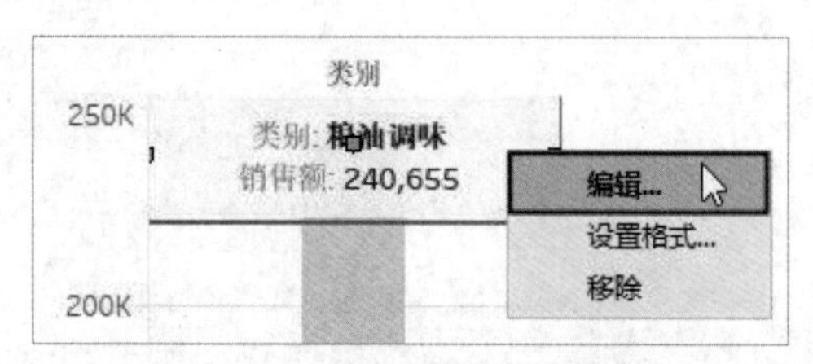

图 4-114　选择“编辑”命令

4.8.3　查看与数据点相关的基础数据

视图中的每个标记都是由维度字段和度量字段共同组成的单个数据点。如需查看标记的完整数据来源，可以右击视图中的标记，在弹出的菜单中选择“查看数据”命令，如图 4-115 所示。

打开“查看数据”窗口，其中显示当前标记对应的数据，它是一个汇总值，与在视图中为该标记显示的工具提示中的值相同，如图 4-116 所示。

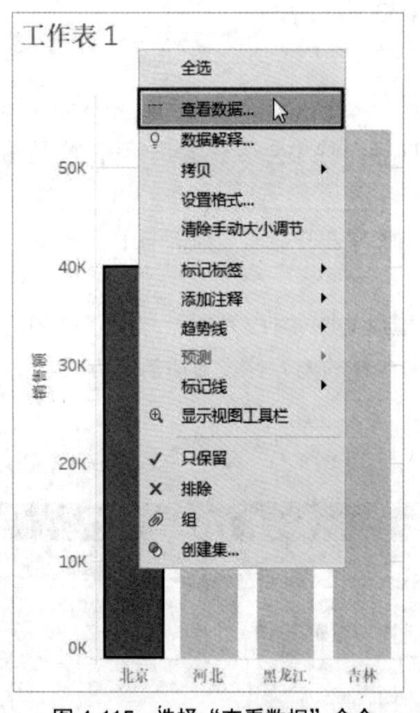

图 4-115　选择“查看数据”命令

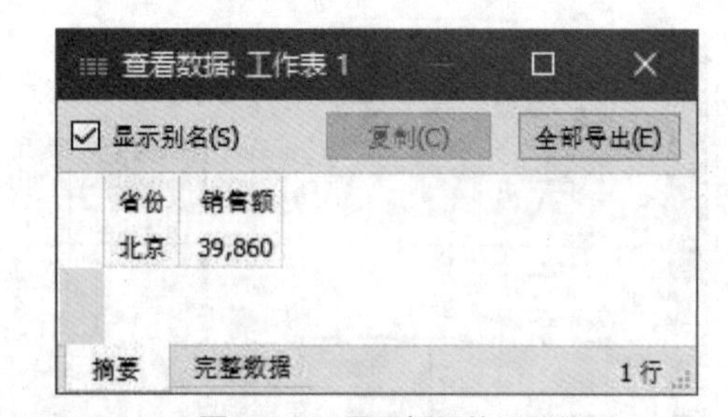

图 4-116　显示标记的汇总值

如需查看与该标记相关的完整数据，可以单击窗口底部的“完整数据”选项卡，此时将显示如图 4-117 所示的完整数据。由于视图中右击的标记是“北京”地区的销售额，所以在完整数据中只包含省份为“北京”的所有记录。

提示：除了在右击标记的快捷菜单中包含“查看数据”命令之外，在其他一些位置也可以使用该命令。在不同位置和对象上使用“查看数据”命令时，“查看数据”窗口中显示的数据范围将会有所不同。

查看数据: 工作表 1

30　☑ 显示别名(S)　☑ 显示所有字段(F)　复制(C)　全部导出(E)

产品名称	发货日期	城市	子类别	客户名称	客户等级	省份	类别	订单编号	订购日期	利润	数量	记录数	销售额
锅巴	2022/7/14	北京	膨化食品	楚诗夏	二级	北京	休闲零食	DD019	2022/7/13	112.00	80	1	400
面粉	2022/11/28	北京	米面杂粮	黄夏萍	一级	北京	粮油调味	DD095	2022/9/24	248.40	72	1	1,080
开心果	2022/12/18	北京	炒货坚果	楚诗夏	二级	北京	休闲零食	DD099	2022/9/30	535.80	94	1	2,820
大米	2022/11/17	北京	米面杂粮	米寄翠	一级	北京	粮油调味	DD093	2022/9/23	600.00	40	1	2,000
核桃	2022/9/24	北京	炒货坚果	胥田歌	特级	北京	休闲零食	DD071	2022/8/28	90.00	20	1	600
香油	2022/7/28	北京	调味品	姚储	一级	北京	粮油调味	DD034	2022/7/25	319.95	79	1	1,185
纯净水	2022/12/18	北京	水	楚诗夏	二级	北京	酒水饮料	DD099	2022/9/30	16.83	33	1	99
肉脯	2022/7/10	北京	肉干蜜饯	楚诗夏	二级	北京	休闲零食	DD009	2022/7/7	272.00	85	1	1,700
香油	2022/10/7	北京	调味品	宣丽	一级	北京	粮油调味	DD076	2022/9/3	54.60	14	1	210
开心果	2022/7/23	北京	炒货坚果	楚诗夏	二级	北京	休闲零食	DD029	2022/7/20	194.40	27	1	810
芬达	2022/10/18	北京	饮料	胥田歌	特级	北京	酒水饮料	DD081	2022/9/10	24.70	26	1	130
啤酒	2022/7/27	北京	酒	宣丽	一级	北京	酒水饮料	DD036	2022/7/26	93.75	75	1	375
玉米油	2022/9/30	北京	食用油	米寄翠	一级	北京	粮油调味	DD073	2022/8/31	1,468.80	68	1	6,120
可乐	2022/7/22	北京	饮料	佘严	二级	北京	酒水饮料	DD028	2022/7/19	106.95	93	1	465
大米	2022/7/11	北京	米面杂粮	胥田歌	特级	北京	粮油调味	DD011	2022/7/8	735.00	49	1	2,450
话梅	2022/8/10	北京	肉干蜜饯	胥田歌	特级	北京	休闲零食	DD051	2022/8/9	143.84	62	1	496
话梅	2022/11/10	北京	肉干蜜饯	赵泓轩	特级	北京	休闲零食	DD092	2022/9/20	182.00	91	1	728
肉脯	2022/7/30	北京	肉干蜜饯	张恭	二级	北京	休闲零食	DD040	2022/7/29	426.80	97	1	1,940

摘要　完整数据　30 行

图 4-117　显示与标记相关的完整数据

4.8.4　显示缺失值、空行和空列

在视图中使用日期时，数据可能并不会完全覆盖一段日期范围内的每一天，这意味着可能有几天是没有数据的。在这种情况下，Tableau 默认不会显示没有数据的日期，以保证视图显示上的连续性。

如需在视图中显示缺失的日期，可以右击功能区中的日期字段，在弹出的菜单中选择“显示缺失值”命令，如图 4-118 所示。

如图 4-119 所示，显示缺失的日期后，原本连续的折线在缺失的日期处断开了。

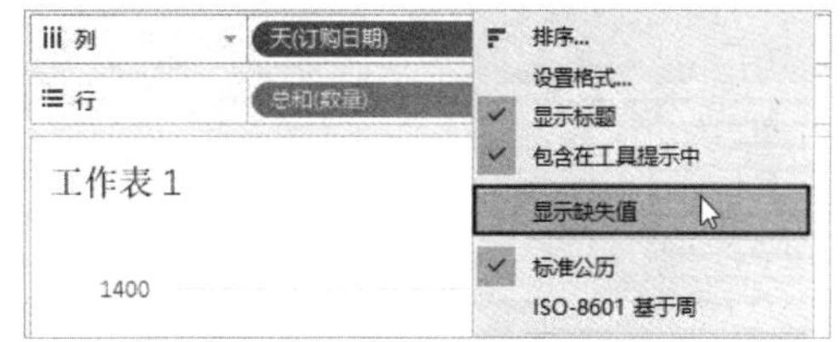

图 4-118　选择“显示缺失值”命令

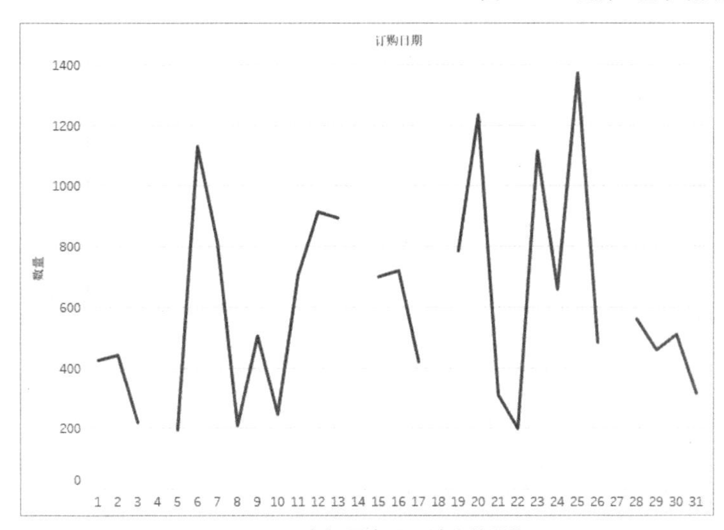

图 4-119　在视图中显示缺失的日期

与显示缺失值类似，在视图中还可以显示没有数据的空行和空列，使视图呈现完整的结构。如需显示空行和空列，可以单击菜单栏中的“分析”|“表布局”命令，然后在子菜单中选择“显示空行”命令和“显示空列”命令，如图 4-120 所示。

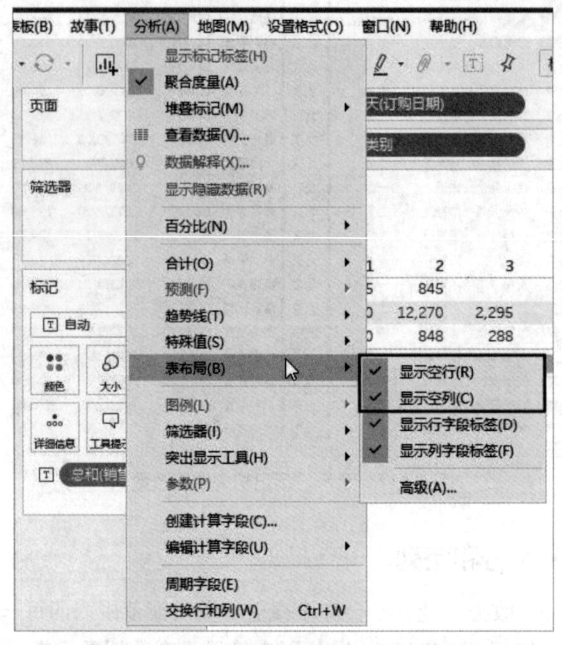

图 4-120　选择“显示空行”命令和“显示空列”命令

第5章 设置视图格式

Tableau 为视图提供了丰富的格式选项，使用这些选项几乎可以调整视图中任何元素的外观。由于一个工作簿可以包含多个工作表，而在每个工作表中都有一个视图，所以在设置视图格式时，存在工作簿和工作表两种级别的格式。工作簿级别的格式作用于工作簿中的每一个工作表中的视图，工作表级别的格式只作用于特定工作表中的视图。除此之外，用户还可以为视图中的特定元素设置格式，这类格式会覆盖工作表级别的同类格式。本章将介绍为视图中的各个元素设置格式的方法。

5.1 设置工作表标题

工作表标题位于视图的左上角，标题的内容默认为工作表选项卡标签上的名称，例如“工作表1”。如果用户修改工作表选项卡标签上的名称，则工作表标题会自动与其保持同步。用户可以设置工作表标题的名称、显示或隐藏状态、字体格式，还可以为工作表标题添加边框和底纹。

5.1.1 修改工作表标题

如果在视图中没有显示工作表标题，可以单击菜单栏中的“工作表”|“显示标题”命令。如需修改工作表标题，可以在视图中右击工作表标题，然后在弹出的菜单中选择“编辑标题”命令，如图5-1所示。

提示：除了使用鼠标快捷菜单中的“编辑标题”命令之外，还可以直接双击视图中的工作表标题，或者单击工作表标题右侧的下拉按钮，从弹出的菜单中选择“编辑标题”命令。

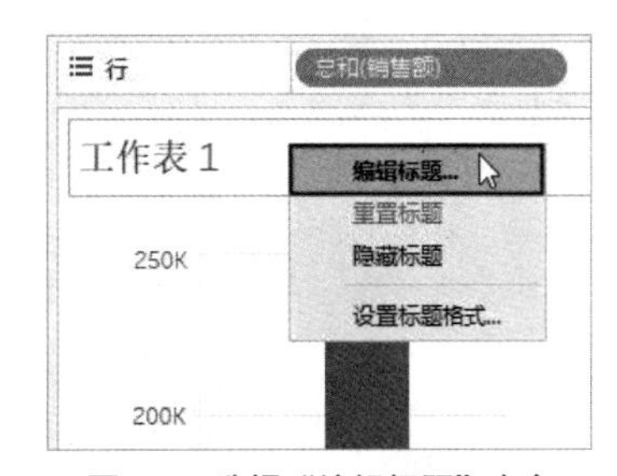

图5-1　选择“编辑标题”命令

打开“编辑标题”对话框，如图5-2所示，可在其中修改工作表标题的内容和格式，完成后单击“确定”按钮。

提示：在对话框中两端带有尖括号且呈现灰色底纹的文本，是使用对话框中的“插入”按钮插入到对话框中的。这类文本是动态的，当工作表和视图的状态发生改变时，这类文本会自动同步更新。

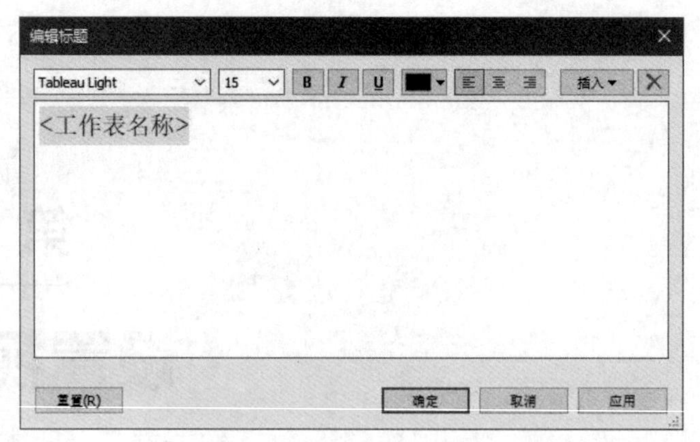

图 5-2 “编辑标题”对话框

5.1.2 显示或隐藏工作表标题

通过隐藏工作表标题，可以增加视图核心部分的面积，以便更好地呈现视图中的数据。如需隐藏工作表标题，可以在视图中右击工作表标题，然后在弹出的菜单中选择“隐藏标题”命令，如图 5-1 所示。

如需重新显示工作表标题，可以单击菜单栏中的“工作表”|“显示标题”命令，如图 5-3 所示。

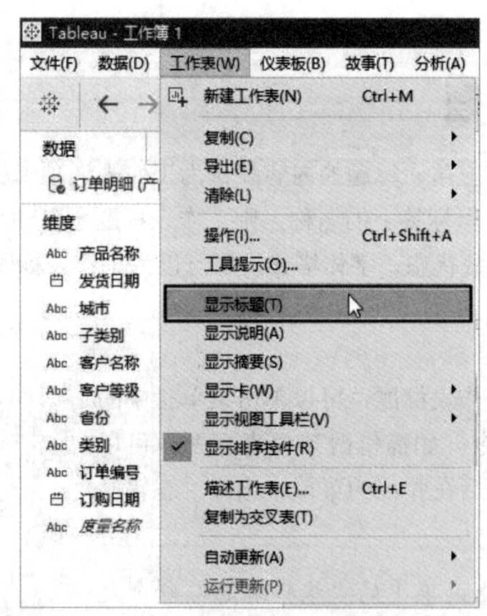

图 5-3 重新显示工作表标题

5.1.3 设置工作表标题的字体格式

如需设置工作表标题的字体格式，可以单击工作簿窗口菜单栏中的“设置格式”|“字体”命令，在工作簿窗口的右侧打开“设置字体格式”窗格，在“工具提示”选项下方的“标题”选项设置的就是工作表标题，如图 5-4 所示。单击“标题”选项右侧的下拉按钮，在打开的列表中可以设置字体、字号、颜色等格式，如图 5-5 所示。

如果错误地设置了字体格式，一种方法是选择其他字体格式，另一种方法是单击“设置字体格式”底部的“清除”按钮，使视图中的所有元素恢复为默认的字体格式。为其他视图元素设置格式时，都可以使用“清除”按钮删除用户设置的格式，并恢复默认格式。

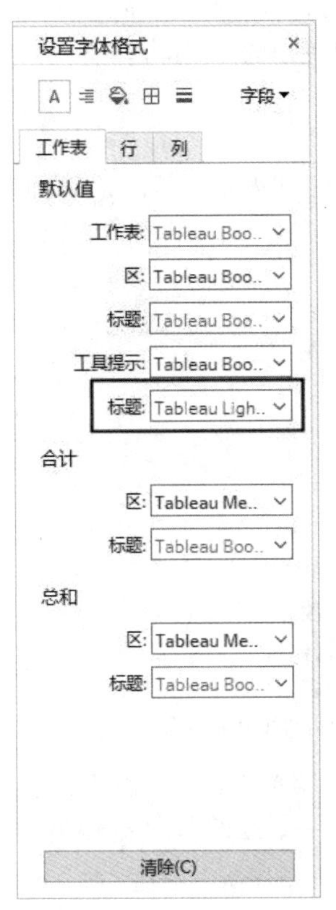

图 5-4　“设置字体格式”窗格

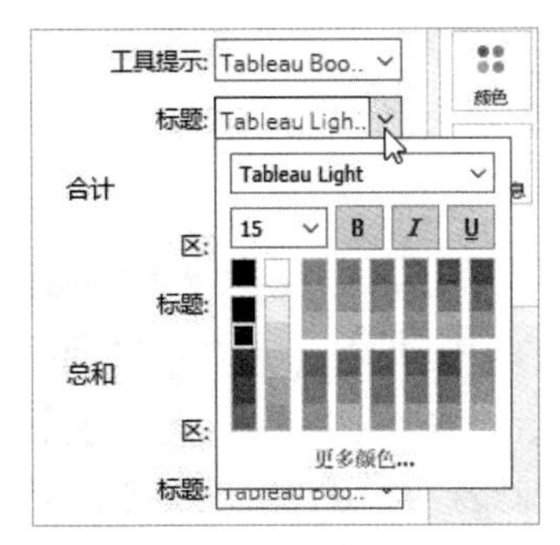

图 5-5　设置工作表标题的字体格式

5.1.4　为工作表标题添加底纹和边框

如需为工作表标题添加底纹和边框效果，可以在视图中右击工作表标题，然后在弹出的菜单中选择“设置标题格式”命令，打开如图 5-6 所示的窗格，上面的“阴影”和“边界”两项用于为工作表标题添加底纹和边框。

如图 5-7 所示是为工作表标题添加底纹后的效果。

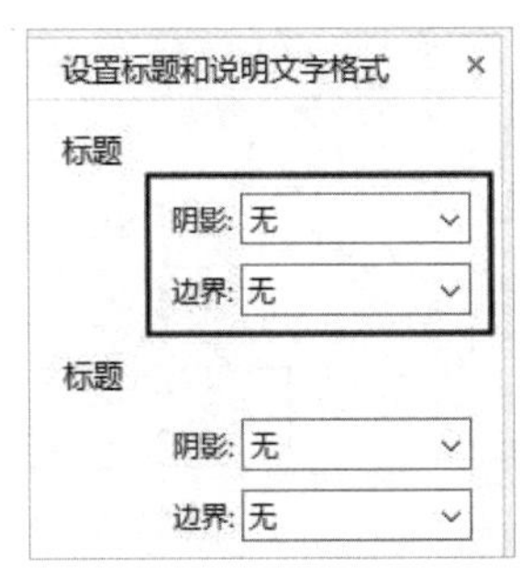

图 5-6　设置工作表标题的底纹和边框

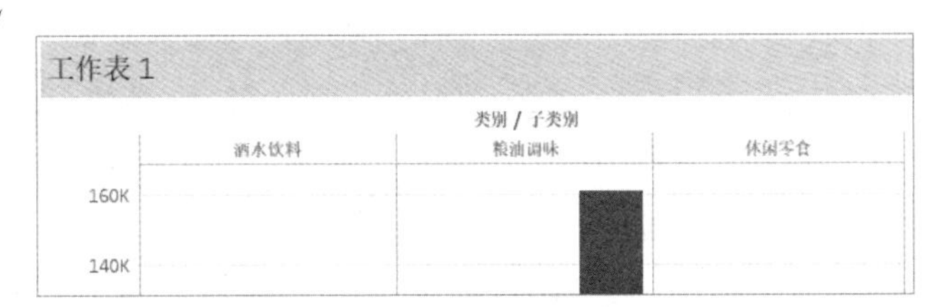

图 5-7　为工作表标题设置底纹

提示：视图中的很多元素都具有底纹和边框两种格式，为了避免内容上的重复，本章后续内容不再介绍这两种格式的设置方法。

5.2 设置字段标签

将“数据”窗格中的维度字段添加到视图后，维度字段的名称在视图中显示为标签。用户可以设置字段标签的显示方式、字体格式，以及多个字段标签之间使用的分隔符。

5.2.1 设置字段标签的显示方式

当视图中包含多个维度字段时，相同方向上的多个标签会彼此相邻显示，标签之间使用斜线分隔。如图 5-8 所示，“类别”和“子类别”两个维度字段位于“列”功能区中，它们作为标签在视图中显示为“类别 / 子类别”。

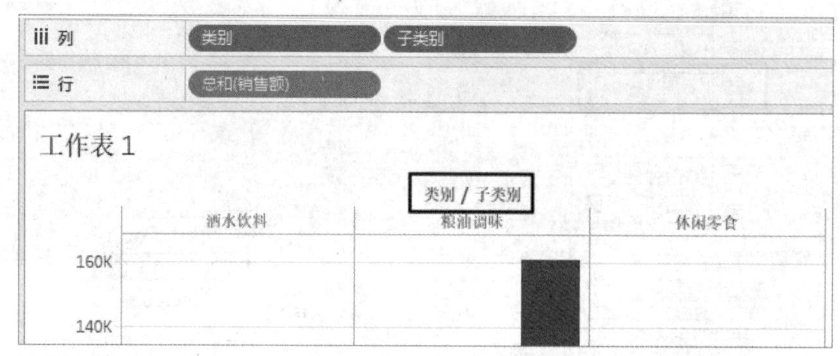

图 5-8 多个维度字段的名称在视图中显示为使用斜线分隔的标签

如果不想在视图中显示标签，可以右击标签，在弹出的菜单中选择“隐藏 X 字段标签”命令。根据右击的标签位置，命令中的 X 是“行”或“列”字之一。如图 5-9 所示选择的是“隐藏列字段标签”命令，因为右击的标签来自于放置在“列”功能区中的字段。

隐藏标签后，如需重新在视图中显示标签，可以单击菜单栏中的“分析”|“表布局”命令，在弹出的子菜单中选择“显示行字段标签”命令和“显示列字段标签”命令，如图 5-10 所示。

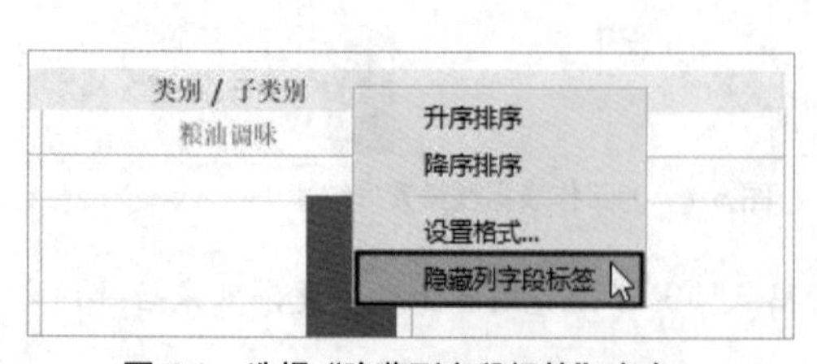

图 5-9 选择“隐藏列字段标签”命令

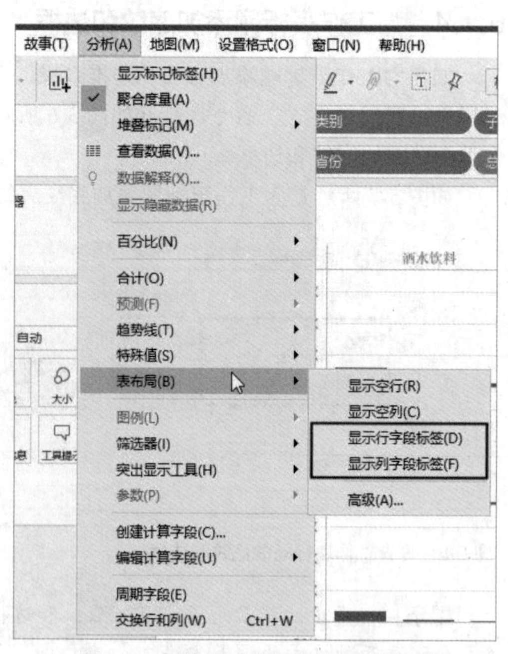

图 5-10 重新显示处于隐藏状态的标签

5.2.2　设置字段标签的字体格式

如需设置标签的字体格式，可以在视图中右击任意一个标签，然后在弹出的菜单中选择“设置格式”命令，或者单击菜单栏中的“设置格式”|“字段标签”命令。

无论使用哪种方法，都将打开“设置字段标签格式”窗格，如图 5-11 所示。按照标签在视图中的位置将选项分成了几组，“默认值”组中的选项用于设置视图中的所有标签，其他 3 组选项分别设置不同方向上的标签。

由于在“默认值”组中启用了“加粗”和“倾斜”两个选项，所以视图中的所有标签都显示为加粗和倾斜效果，如图 5-12 所示。

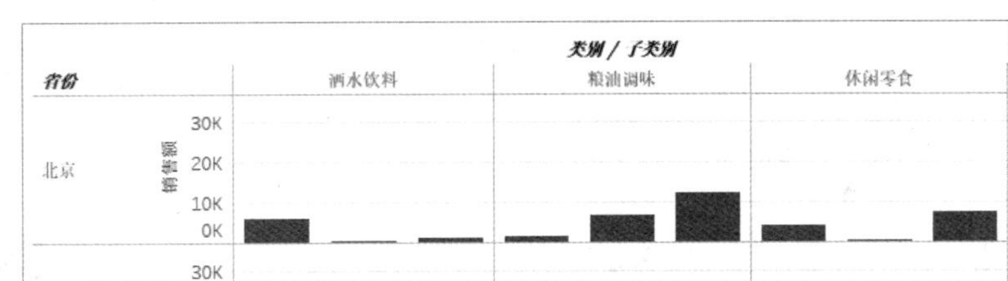

图 5-11　设置字段标签的格式　　　图 5-12　将所有标签显示为加粗和倾斜效果

5.2.3　设置多个字段标签之间的分隔符

在视图中同一个方向上的多个字段标签默认使用斜线分隔，如需改用其他符号，可以在“设置字段标签格式”窗格中修改“分隔符”选项中的符号，如图 5-13 所示。

如图 5-14 所示，将“分隔符”选项设置为“>”符号后，视图中的多个字段标签之间使用该符号分隔。

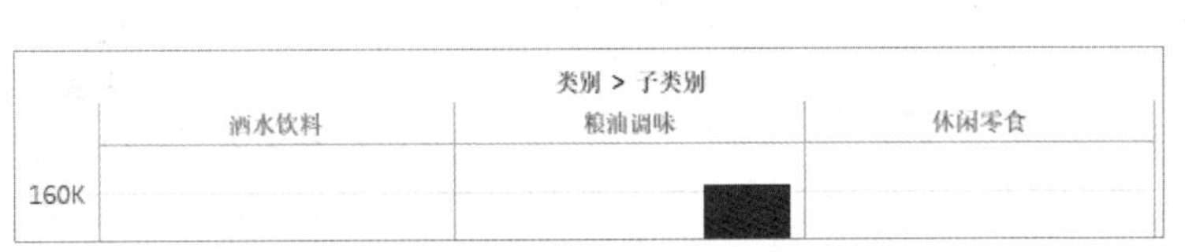

图 5-13　修改“分隔符”选项　　　图 5-14　更改字段标签之间的分隔符

5.3 设置字段标题

视图中的标题就是维度字段中每个值的名称。用户可以设置字段标题的字体格式和对齐方式，可以统一为视图中的所有字段标题设置格式，也可以为特定的字段标题设置格式。

5.3.1 设置字段标题的字体格式

如需为视图中的所有字段标题设置字体格式，可以单击菜单栏中的“设置格式”|“字体”命令，打开“设置字体格式”窗格，在“工作表”选项卡的“工作表”下拉列表中选择所需的字体格式，如图 5-15 所示。

注意：在“工作表”下拉列表中设置的字体格式不但对字段标题有效，对字段标签也有效。除了“工作表标题”和“工具提示”之外，“工作表”下拉列表中的选项对视图中的所有文本都有效。

如图 5-16 所示，由于在“工作表”下拉列表中启用了“加粗”和“倾斜”两个选项，所以视图中的所有字段标题和标签都显示为加粗和倾斜，但对工作表标题无效。

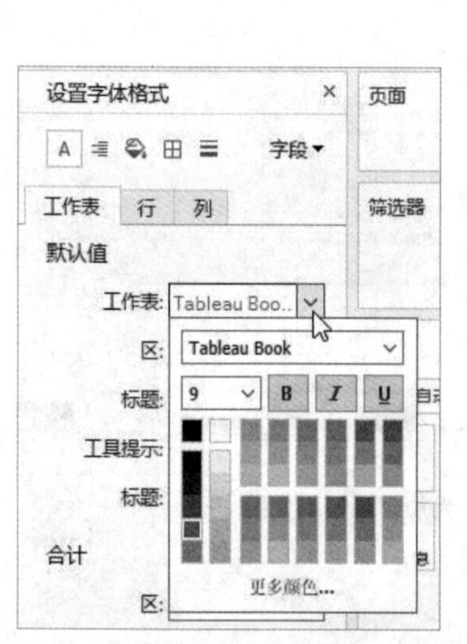

图 5-15　设置视图中所有字段标题的字体格式

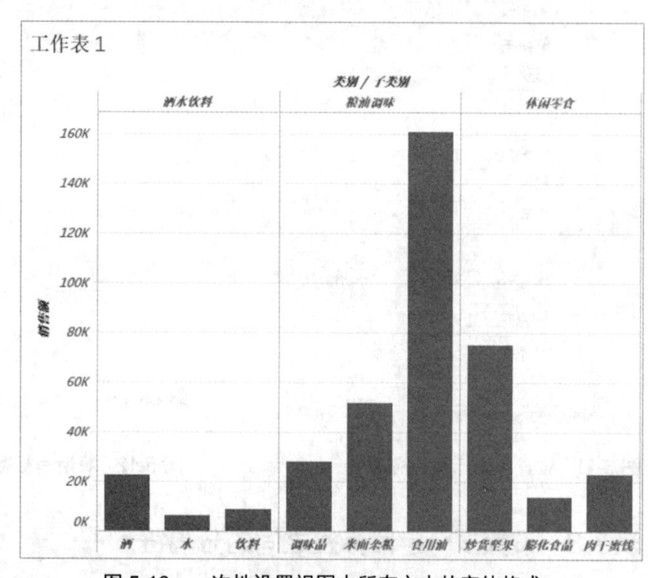

图 5-16　一次性设置视图中所有文本的字体格式

如需单独设置行方向或列方向上的字段标题的格式，可以在“设置字体格式”窗格中切换到“行”或“列”选项卡，然后设置所需的格式。

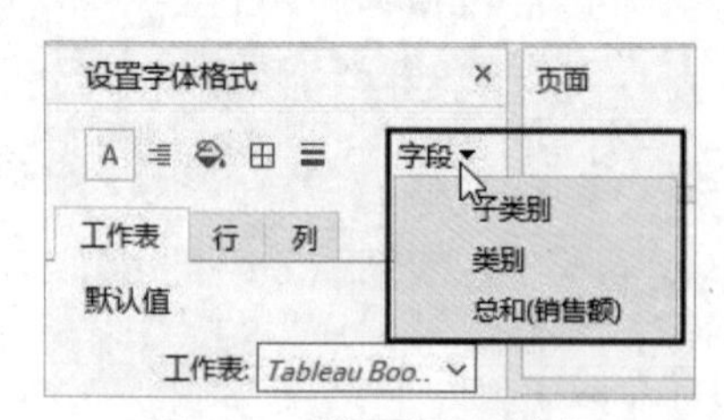

图 5-17　选择要设置的字段

如果只想设置特定字段的字体格式，可以单击“设置字体格式”窗格顶部右侧的“字段”按钮，在打开的列表中选择一个字段，如图 5-17 所示。

技巧：可以在视图中右击要设置的字段标题，然后在弹出的菜单中选择“设置格式”命令，或者右击功能区中的字段后选择“设置格式”命令，两种方法都会在打开的窗格中自动定位到该字段，而无须先打开“设置字体格式”字段，再选择字段。

选择字段后，“设置字体格式”窗格顶部标题中的“字体”二字会替换为所选字段的名称。例如，选择“类别”字段，窗格标题将显示为“设置类别格式”。窗格中的选项会根据所选字段的类型自动调整，如图 5-18 所示是选择维度、度量、日期 3 种字段时窗格中包含的选项。

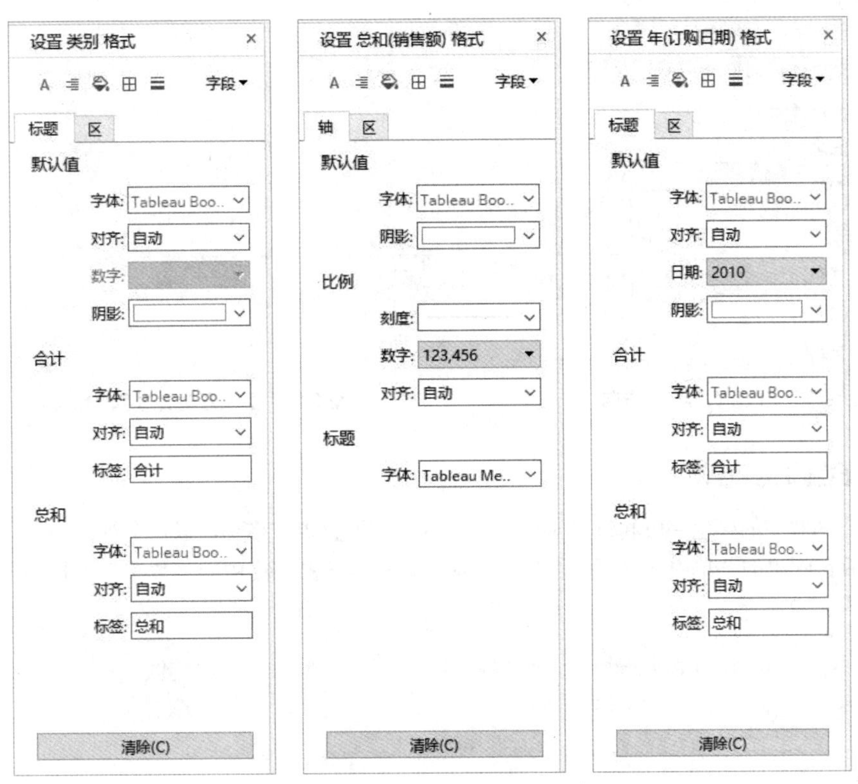

图 5-18 窗格中的选项会根据字段类型自动调整

5.3.2 设置字段标题的对齐方式

很多字段可能包含多个值，将这类字段添加到视图中，由于字段标题数量过多而导致视图空间不足，Tableau 会自动将字段标题旋转 90° 变为垂直排列，如图 5-19 所示。

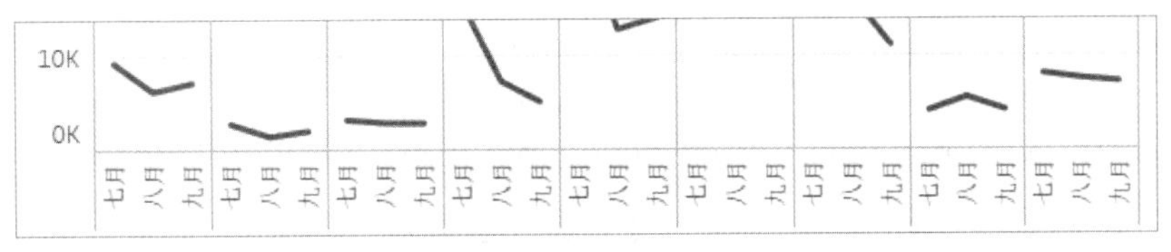

图 5-19 垂直排列的字段标题

如果始终希望字段标题水平排列，则可以右击字段标题，在弹出的菜单中选择“设置格式”命令，然后在“格式”窗格中打开“对齐”下拉列表，从中选择“普通”选项，如图 5-20 所示。设置后字段标题如图 5-21 所示。

在“对齐”下拉列表中还可以设置字段标题在水平和垂直两个方向上的对齐方式，以及长标题的换行方式。

如需设置视图中所有字段标题的对齐方式，可以单击菜单栏中的“设置格式”|“对齐”命令，然后在打开的对话框中进行设置。

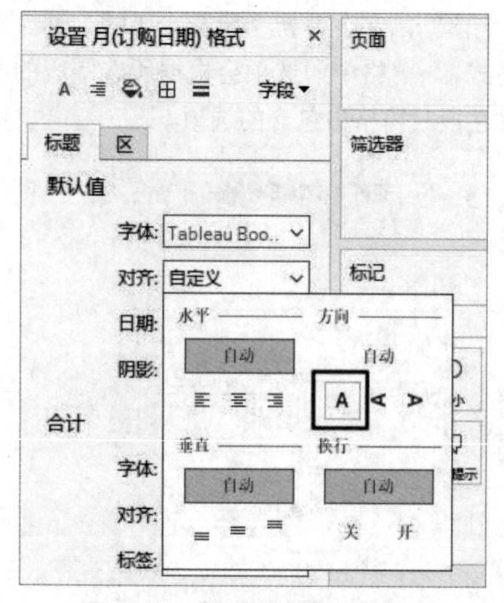

图 5-20　更改字段标题的方向

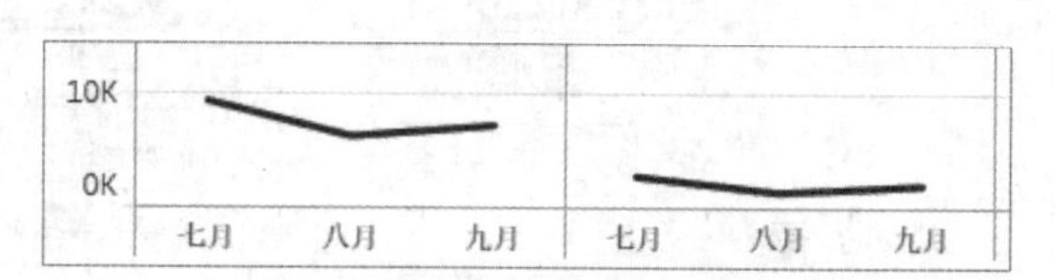

图 5-21　更改方向后的字段标题

5.3.3　设置数字格式

对于值为数字的度量字段和维度字段，可以为它们设置数字格式。只需在视图中右击要设置的数字，然后在弹出的菜单中选择“设置格式”命令。在打开的窗格中的“数字”下拉列表设置数字格式，如图 5-22 所示。

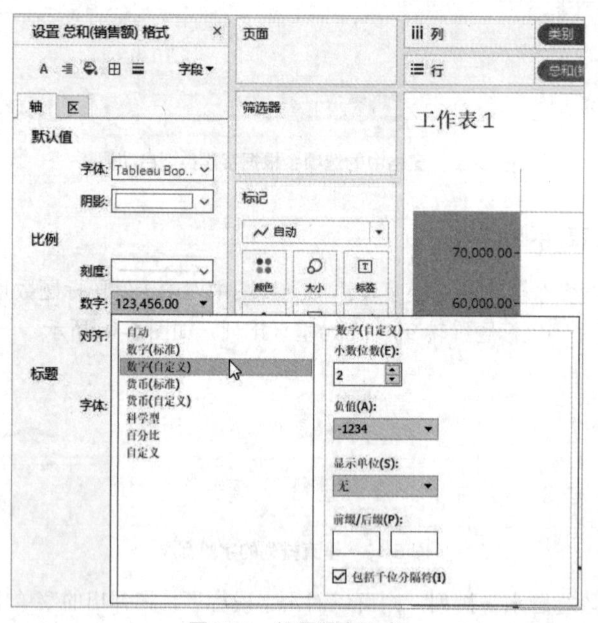

图 5-22　设置数字格式

5.4　设置轴格式

将连续字段（通常是度量）添加到“行”或“列”功能区时，Tableau 会在视图中为该字段创建一个轴，用户可以更改轴的标题、显示或隐藏状态、范围和刻度线。

5.4.1 更改轴的标题

视图中轴的标题默认显示为度量字段的名称。如需更改轴的标题，可以右击轴，在弹出的菜单中选择“编辑轴”命令，如图 5-23 所示。打开“编辑轴”对话框，在“常规”选项卡的“标题”文本框中修改轴标题的名称，如图 5-24 所示。

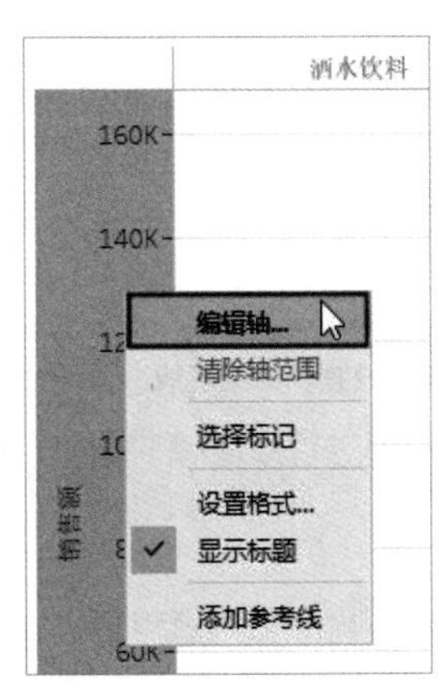

图 5-23 选择“编辑轴”命令

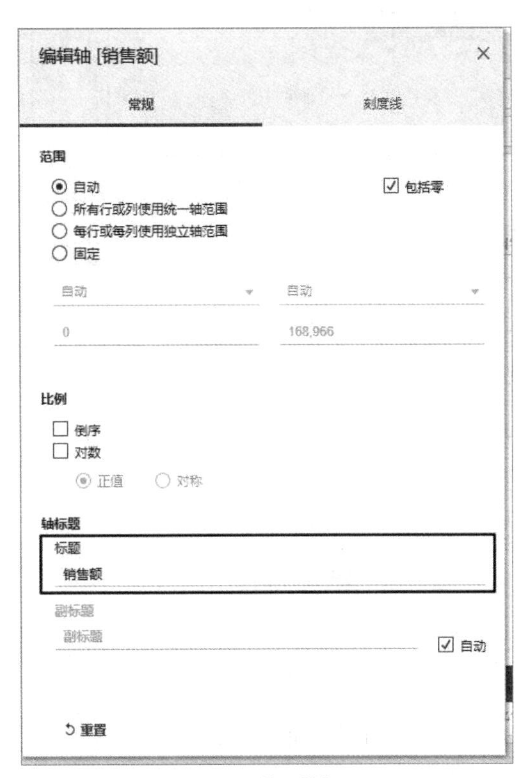

图 5-24 修改轴标题

提示：如果不想在视图中显示轴，可以右击轴，在弹出的菜单中取消选择“显示标题”命令。如需重新显示轴，可以右击功能区中的字段，在弹出的菜单中选择“显示标题”命令。

5.4.2 调整轴的范围

将度量字段添加到视图后，为该字段创建的轴的范围由字段中的所有值的范围决定。有时可能需要重点分析特定范围内的数据，此时可以扩大或缩小轴的范围。只需使用 5.4.1 小节中的方法打开“轴编辑”对话框，在“常规”选项卡中设置轴的范围，如图 5-25 所示。前 3 个选项都是由 Tableau 根据视图中的数据范围自动确定轴的范围，最后一个选项由用户自定义轴的范围。

5.4.3 设置轴的刻度线

如需设置轴的刻度线，可以打开“编辑轴”对话框，然后在“刻度线”选项卡中进行设置，如图 5-26 所示。刻度线有 3 种类型：

- 自动：由 Tableau 根据数值范围自动设置刻度线。
- 固定：由用户指定刻度线的范围。
- 无：在轴上不显示刻度线。

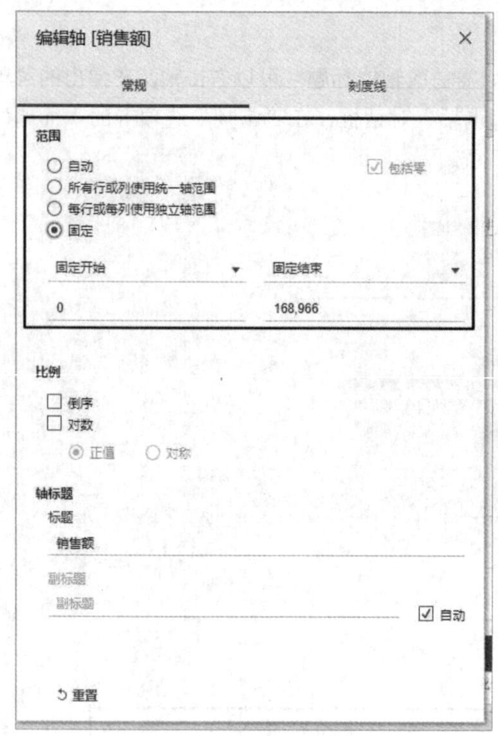

图 5-25 设置轴的范围

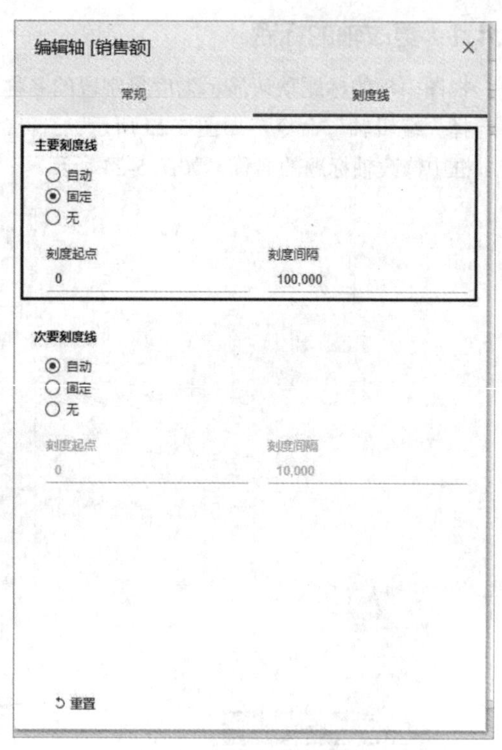

图 5-26 设置轴的刻度线

5.5 设置线条格式

视图中存在着各种类型的线条，例如网格线、零值线、趋势线和轴刻度等，用户可以更改线条的线型、粗细和颜色。

如需设置线条格式，可以单击菜单栏中的“设置格式”|“线”命令，打开“设置线格式”窗格，如图 5-27 所示。“工作表”选项卡中的选项用于设置视图中的所有线条，“行”和“列”选项卡中的选项分别用于设置水平和垂直两个方向上的线条。如图 5-28 所示，增加了网格线的粗细，使网格线更清晰。

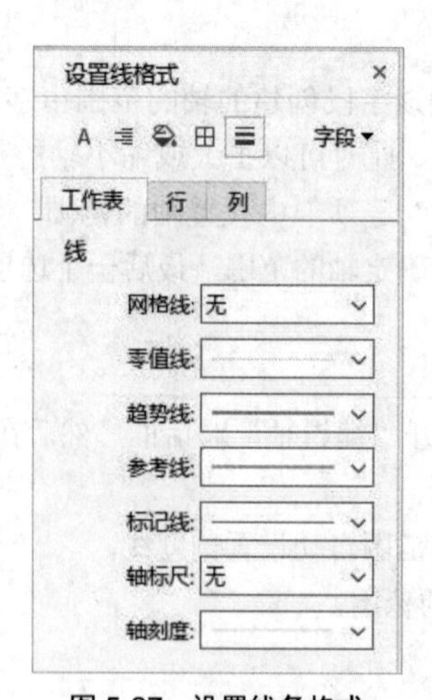

图 5-27 设置线条格式

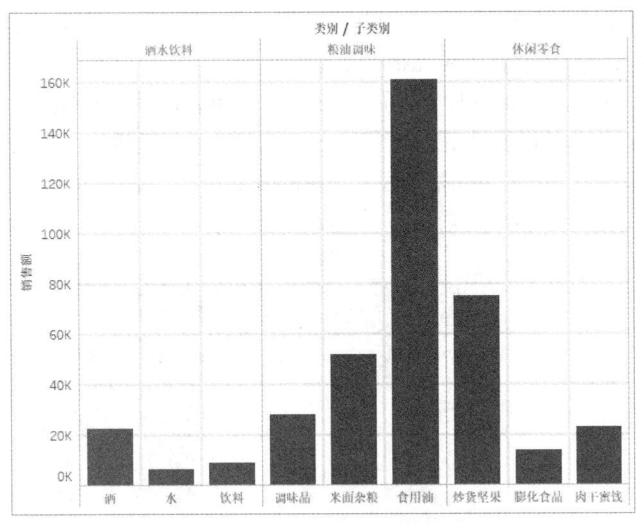

图 5-28　加粗网格线

5.6　调整视图的大小

有时为了获得更好的视图显示效果，可能需要调整视图的大小。Tableau 提供了一些用于调整视图大小的命令，用户也可以使用鼠标拖动的方式调整视图大小。

如需使用 Tableau 中的命令来调整视图的大小，可以单击菜单栏中的“设置格式”|“单元格”命令，然后在弹出的子菜单中进行选择，如图 5-29 所示。

如需手动调整视图的大小，可以将鼠标指针移动到标题或轴的水平或垂直边框上，当鼠标指针变为双向箭头时，单击并上下或左右拖动边框即可，如图 5-30 所示。

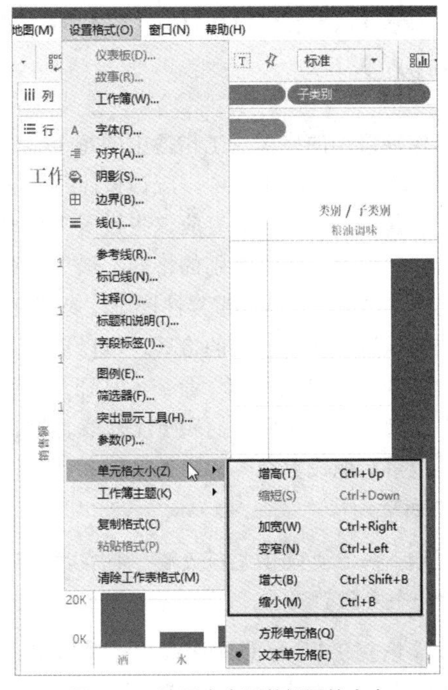

图 5-29　使用命令调整视图的大小

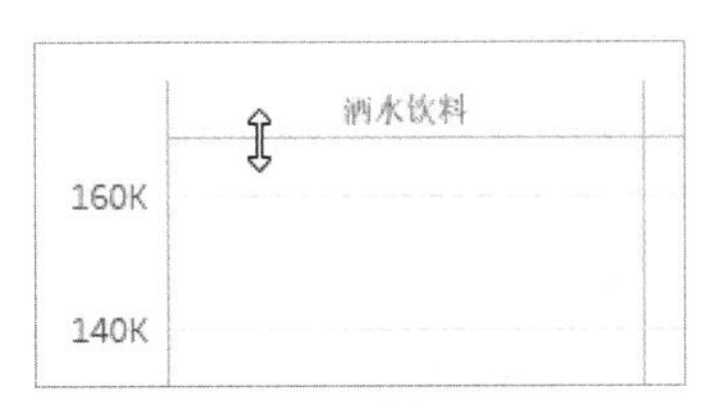

图 5-30　手动调整视图的大小

根据视图的类型和最佳显示效果，可以选择不同的单元格尺寸比例，只需在如图 5-29 所示的菜单中选择“方形单元格”或“文本单元格”命令。

- 方形单元格：将单元格的纵横比设置为 1:1，这种单元格适用于热图。
- 文本单元格：将单元格的纵横比设置为 3:1，这种单元格适用于文本表。

如图 5-31 所示是使用“方形单元格”显示视图的效果。

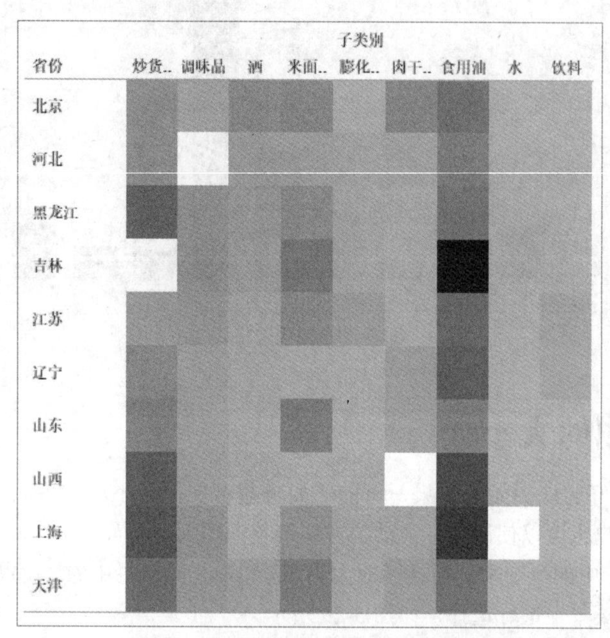

图 5-31　使用方形单元格显示视图的效果

5.7　为工作簿中的所有工作表统一设置格式

工作簿级别的格式对工作簿中的每个工作表中的视图都有效。在实际工作中，应该按照范围从大到小的顺序设置格式，这意味着应该先设置工作簿级别的格式，然后设置工作表级别的格式，最后设置特定元素的格式，这样可以减少重复性操作，提高效率。

如需设置工作簿级别的格式，可以单击菜单栏中的“设置格式”|“工作簿”命令，打开“设置工作簿格式”窗格，为工作簿中的所有工作表标题、仪表板标题和故事标题设置统一的字体格式和线条格式，如图 5-32 所示。

图 5-32　设置工作簿级别的字体格式和线条格式

提示：一旦更改了某项设置，将在该项设置的左侧显示一个灰色的圆点。

如需恢复 Tableau 的默认设置，可以单击“设置工作簿格式”窗格底部的“重置为默认值”按钮。

第6章 创建不同类型的图表

为了使数据呈现出最佳的可视化效果，Tableau 提供了多种类型的图表。根据用户提供的字段，Tableau 会自动推荐合适的图表类型，用户也可以手动选择特定的图表类型。本章将介绍创建常用图表类型的方法，但是在开始创建之前，首先介绍如何为数据选择合适的图表类型。

6.1 选择合适的图表类型

面对种类丰富的图表类型，为数据选择一种合适的图表类型可能并非易事。选择图表类型时通常需要考虑以下几点：

- 对数据提出哪些问题。
- 以何种形式展示数据并传达见解。
- 数据自身的结构和特点。

本节将介绍几种常见的分析需求以及适合使用的图表类型。

1. 量级

量级是指两个或更多个离散值之间的大小对比，条形图通常是呈现数据量级的最佳选择，还可以选择折线图和气泡图，如图 6-1 所示。

2. 偏差

偏差是指一个或多个值与另一个基准值之间的差距，条形图通常是呈现数据偏差的最佳选择，如图 6-2 所示。

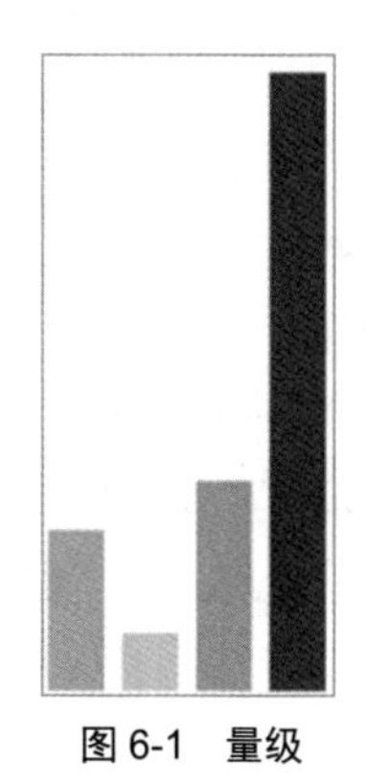

图 6-1 量级

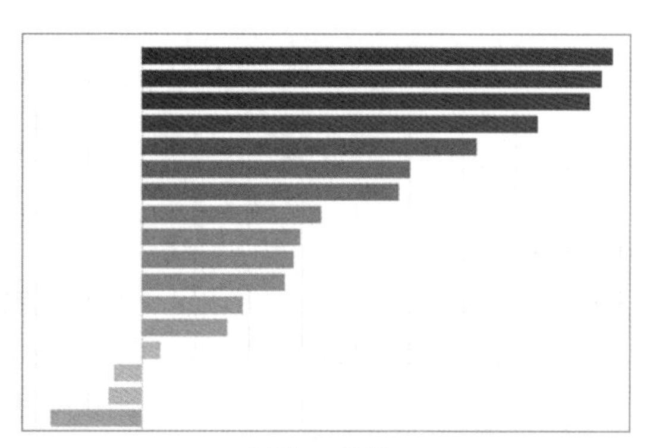

图 6-2 偏差

3. 排名

排名是指按照从小到大或从大到小的顺序对数据进行排列，条形图通常是呈现数据排名的最佳选择，如图 6-3 所示。

4. 趋势

趋势是指数据在一段时间内的变化情况，折线图通常是呈现数据趋势的最佳选择，如图 6-4 所示。

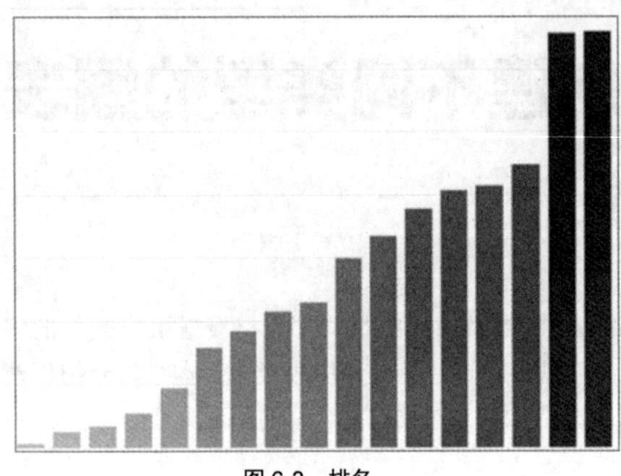

图 6-3　排名

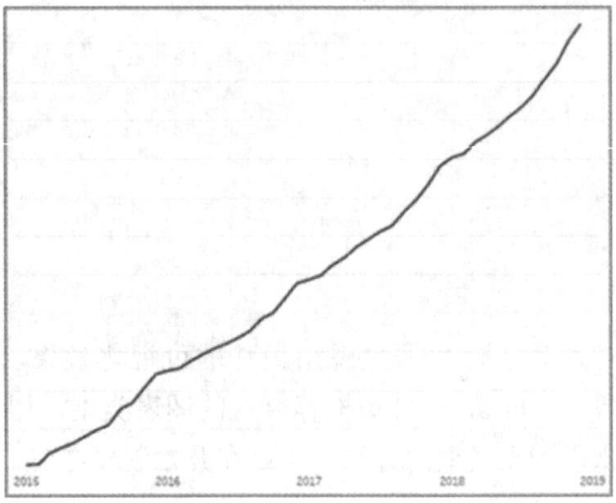

图 6-4　趋势

5. 关联

关联是指两个可变数据之间的相关性，散点图通常是呈现数据相关性的最佳选择，如图 6-5 所示。

6. 分布

分布是指一系列值的出现频率，直方图通常是呈现数据分布的最佳选择，还可以选择金字塔图、盒须图或帕累托图，如图 6-6 所示。

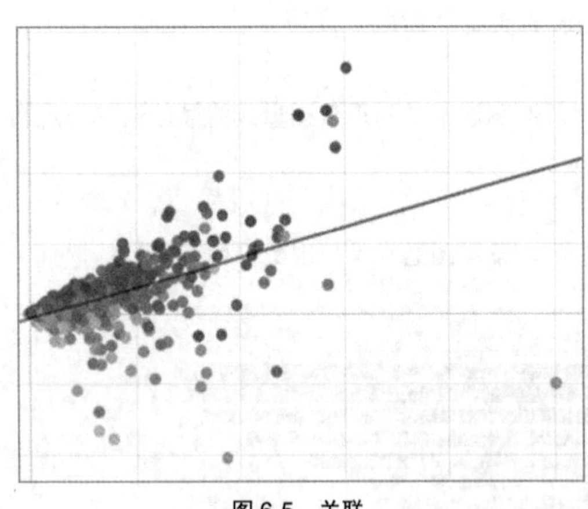

图 6-5　关联

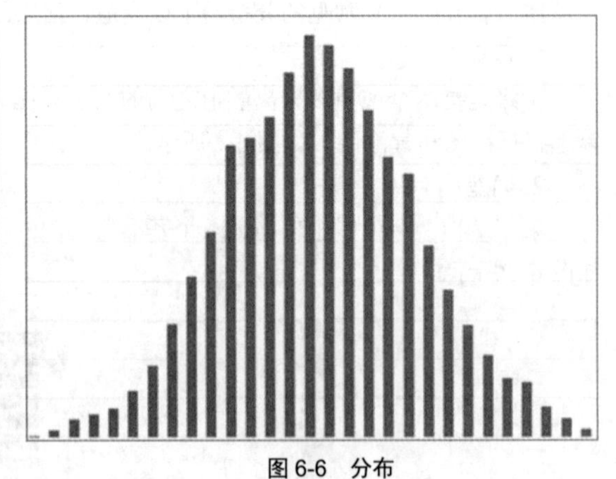

图 6-6　分布

7. 部分与整体关系

部分与整体关系展示的是特定部分与整体的比例或组成份额，饼图通常是呈现部分与整体关系的最佳选择，还可以选择树状图或堆叠条形图，如图 6-7 所示。

6.2　创建不同类型的图表

本节将介绍在 Tableau 中创建常用图表类型的方法，同时还会介绍不同图表类型对字段的类型、数量和布局等方面的要求，以及需要注意的问题和一些实用技巧。

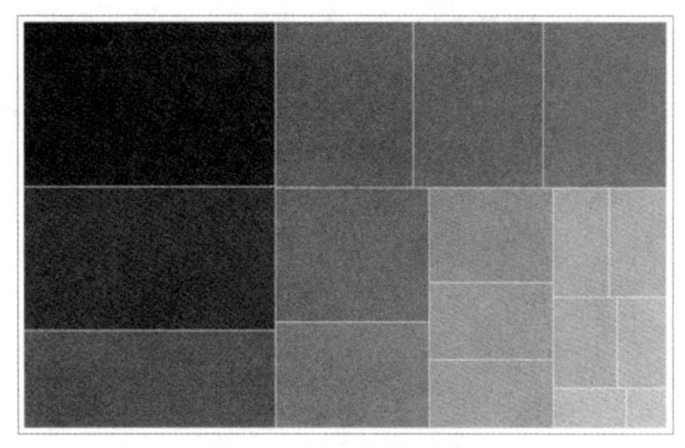

图 6-7　部分与整体关系

6.2.1　条形图

条形图是根据数据的类别和大小，在视图中并排绘制长度不等的多个长条矩形，用于比较数据的大小。如果将一个维度字段添加到“行”功能区，将一个度量字段添加到“列”功能区，或者对调它们的位置，Tableau 都会自动创建条形图。

如图 6-8 所示，将“销售额”字段添加到“行”功能区，将“子类别”字段添加到“列”功能区，将在视图中创建条形图。由于“销售额”字段是度量且位于“行”功能区，所以根据该字段中的值在视图中创建垂直轴。由于“子类别”字段是维度且位于“列”功能区，所以使用该字段中的值在视图中的水平方向上创建标题。视图中的每个矩形表示每种产品子类别，其长度表示每种产品子类别的总销售额。

虽然通常将日期字段看作维度字段，但是如果将上面的维度字段换成日期字段，则默认创建的是折线图。如需将其更改为条形图，需要在“标记”卡中将标记类型设置为“条形图”，如图 6-9 所示。

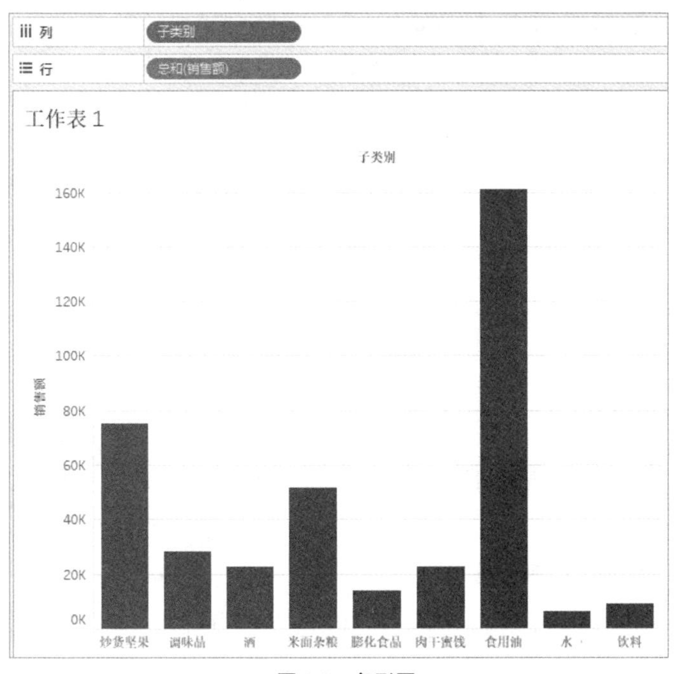

图 6-8　条形图

图 6-9　通过选择“条形图”标记创建条形图

6.2.2 折线图

折线图是将视图中的各个数据点连接在一起形成一条折线，用于显示数据在一段时间内的变化趋势，还可以预测数据的未来值。如果将一个度量字段添加到“行”功能区，将一个日期字段添加到“列”功能区，Tableau 会自动创建折线图。

如图 6-10 所示，将“销售额”字段添加到“行”功能区，将“订购日期”字段添加到“列”功能区，将在视图中创建折线图，此时显示销售额随时间的变化情况。

如果将另一个度量字段添加到“行”功能区中，例如“利润”字段，则默认会在视图中为两个度量字段分别绘制范围和刻度都不相同的两个轴，如图 6-11 所示。

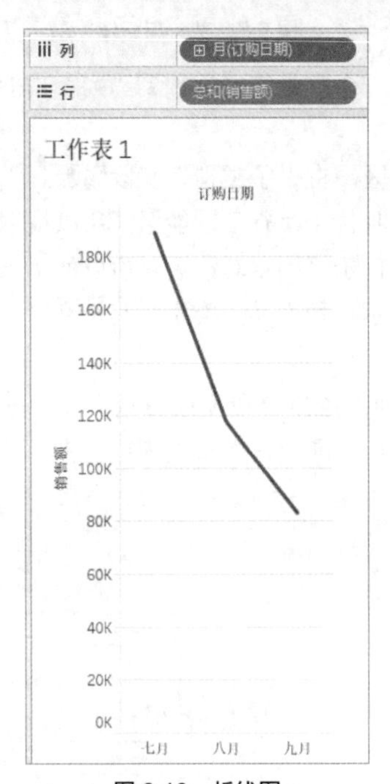

图 6-10　折线图

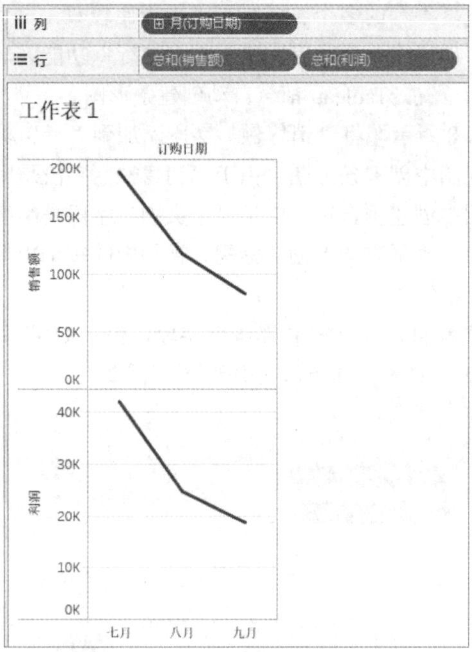

图 6-11　为两个度量字段绘制两个不同的轴

为了便于同时比较销售额和利润，可以将两个轴合并为一个轴或在视图两侧对齐两个轴。如需将两个轴合并为一个轴，可以将“利润”字段拖动到视图中的“销售额”字段所在的轴上，当鼠标指针附近显示两个长条矩形时，释放鼠标按键，即可将“销售额”和“利润”两个字段显示在同一个轴上，如图 6-12 所示。

如需将两个轴整合到视图的两侧并上下对齐，可以右击“行”功能区中的“利润”字段，在弹出的菜单中选择“双轴”命令，即可在视图的左右两侧为两个度量字段分别显示各自的轴，并且上下对齐，如图 6-13 所示。

提示：本书第 4 章对合并轴的方式进行了详细介绍。

由于折线图是将所有数据点连接成线，默认情况下，折线图上的数据点并未突出显示，如需清晰显示数据点，可以使用以下几种方法：

- 将鼠标指针指向视图中的折线，会自动在折线上突出显示距离鼠标指针最近的数据点，如图 6-14 所示。
- 右击视图中的折线，在弹出的菜单中选择“全选”命令，将突出显示折线上的所有数据点，如图 6-15 所示。

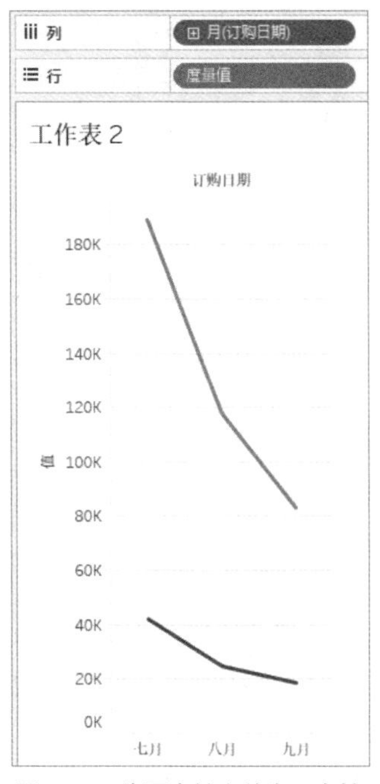

图 6-12　将两个轴合并为一个轴

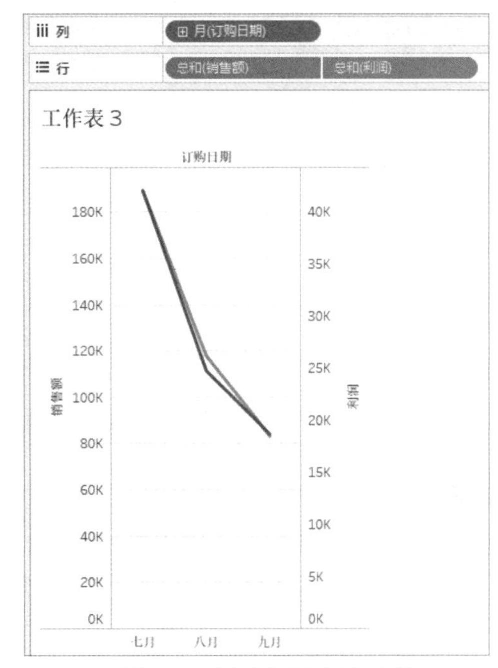

图 6-13　在视图两侧对齐两个轴

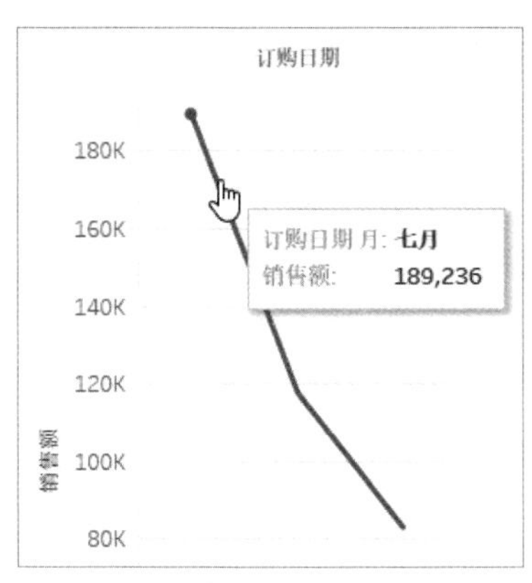

图 6-14　突出显示最近的数据点

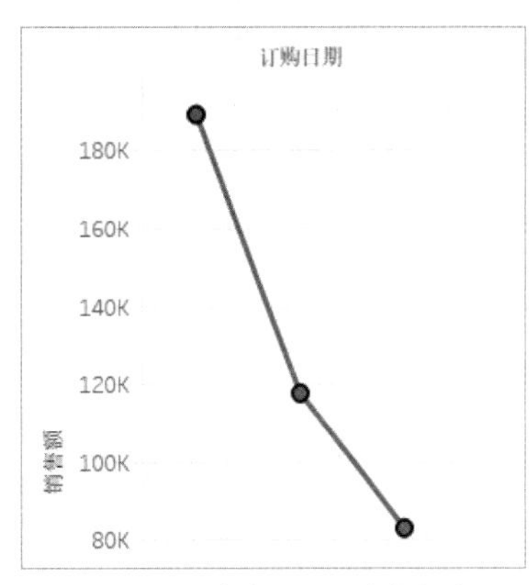

图 6-15　突出显示所有数据点

- 如需在视图中显示每个数据点的值，可以右击折线，在弹出的菜单中选择“全选”命令。然后再次右击折线，在弹出的菜单中选择“标记标签”|“始终显示”命令，如图 6-16 所示，将在视图中显示每个数据点的值，如图 6-17 所示。
- 如果不想显示数据点的值，还可以为每个数据点显示一条指向轴刻度的标记线，以便更容易识别数据点的值，如图 6-18 所示。只需在全选折线上的所有标记后，在鼠标快捷菜单中选择“标记线”|“显示标记线”命令即可。

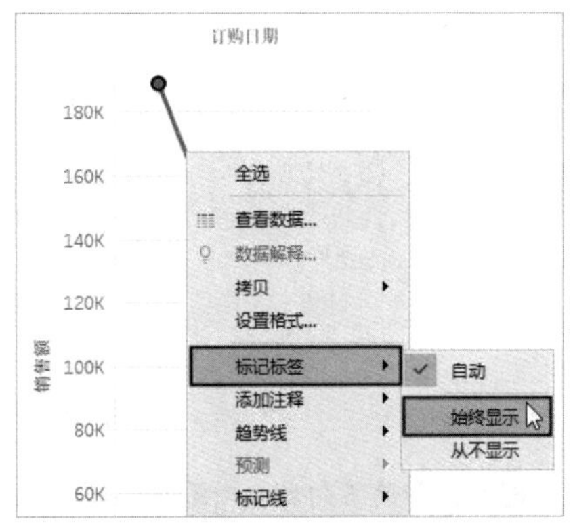

图 6-16　选择“标记标签”|“始终显示”命令

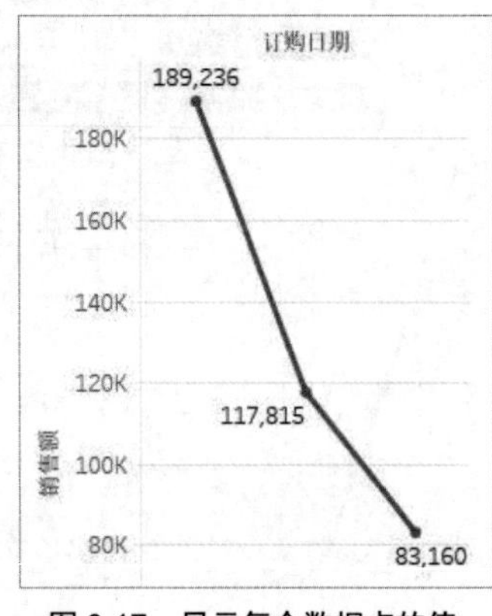

图 6-17　显示每个数据点的值

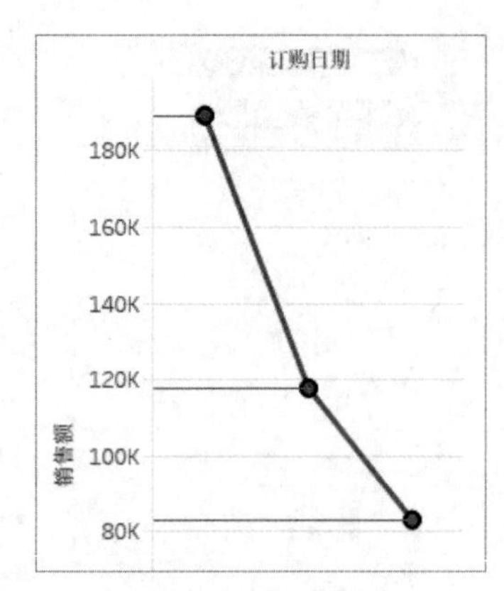

图 6-18　显示标记线

6.2.3　散点图

散点图用于显示一系列值之间的关系。散点图需要两组值，每一组值创建一个轴，所以散点图有两个数值轴。Tableau 将两组值中的每一对值看作 xy 坐标，以便将每一对值组成的单个数据点准确绘制在散点图上。

如果在“行”和“列”功能区中各添加一个度量字段，Tableau 会自动创建散点图。如图 6-19 所示，将“销售额”字段添加到“行”功能区，将“利润”字段添加到“列”功能区，将在视图中创建散点图。最初的散点图只有一个标记，这是因为当前视图中只有度量字段，没有维度字段，也就是说，视图中只有数值，而没有分类信息。

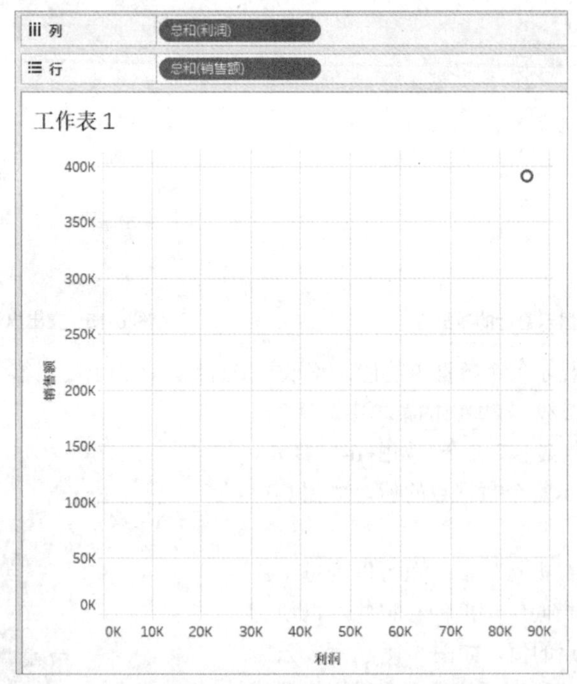

图 6-19　创建的散点图最初只有一个数据点

提示： 即使不向散点图添加维度字段，也可以在最初创建的散点图中显示多个标记，只需解除度量的聚合状态即可。为此可以单击菜单栏中的“分析”|“聚合度量”命令，取消“聚合度量”命令

的选中状态。解聚度量字段后的散点图如图 6-20 所示，此时显示的是数据源中的每一组值，而非聚合值。

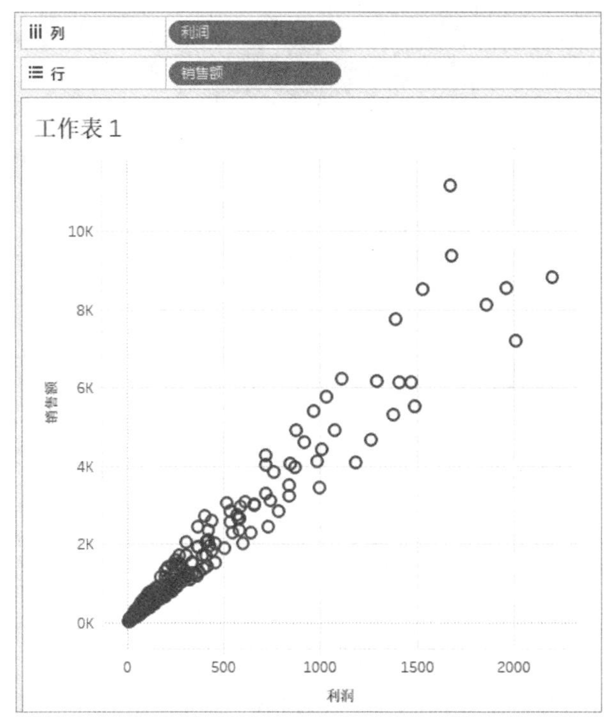

图 6-20　解聚度量字段后的散点图

如需在散点图中显示更多标记，可以增加视图的详细级别。将“类别”字段拖动到“标记”卡中的“颜色”按钮上，在散点图中将显示 3 个标记，每个标记表示产品类别中的一种，并使用不同的颜色显示 3 个标记，在“类别”图例卡中显示了每种颜色代表的产品类别，如图 6-21 所示。

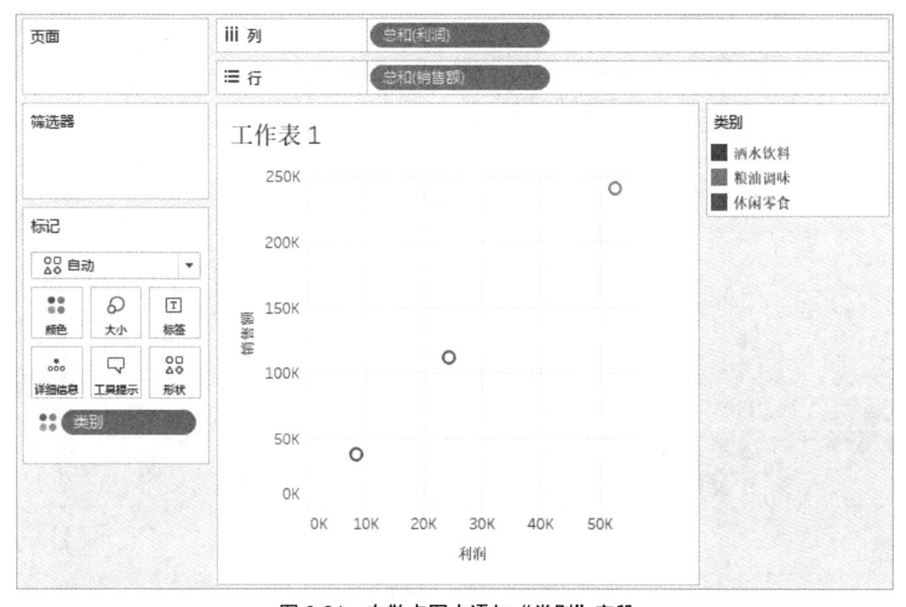

图 6-21　在散点图中添加“类别”字段

如需在散点图中显示更多标记，可以继续在散点图中添加维度字段。例如，可以将“省份”字段拖动到“标记”卡中的“详细信息”按钮上，此时在散点图中包含更多的标记，所有标记的总数产品类别总数 × 所有省份总数，如图 6-22 所示。

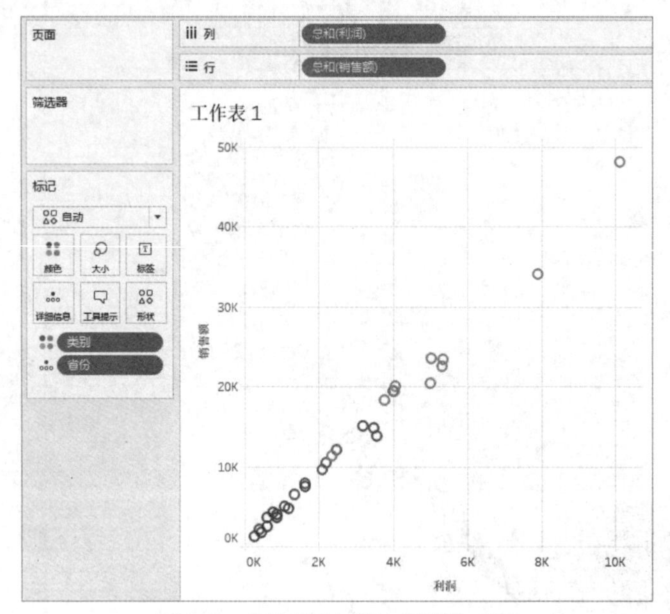

图 6-22　在散点图中添加“省份”字段

上面介绍的方法是将维度字段添加到“标记”卡中，以增加散点图的详细级别。如果将维度字段添加到“行”或“列”功能区中，则会在散点图中为该维度字段中的每个值显示一个单独的轴。

如图 6-23 所示，将“类别”字段添加到“列”功能区，在散点图中会为每种产品类别显示一个单独的利润轴，这样可以在每个独立的网格中查看各个产品类别的销售额和利润之间的相关性。

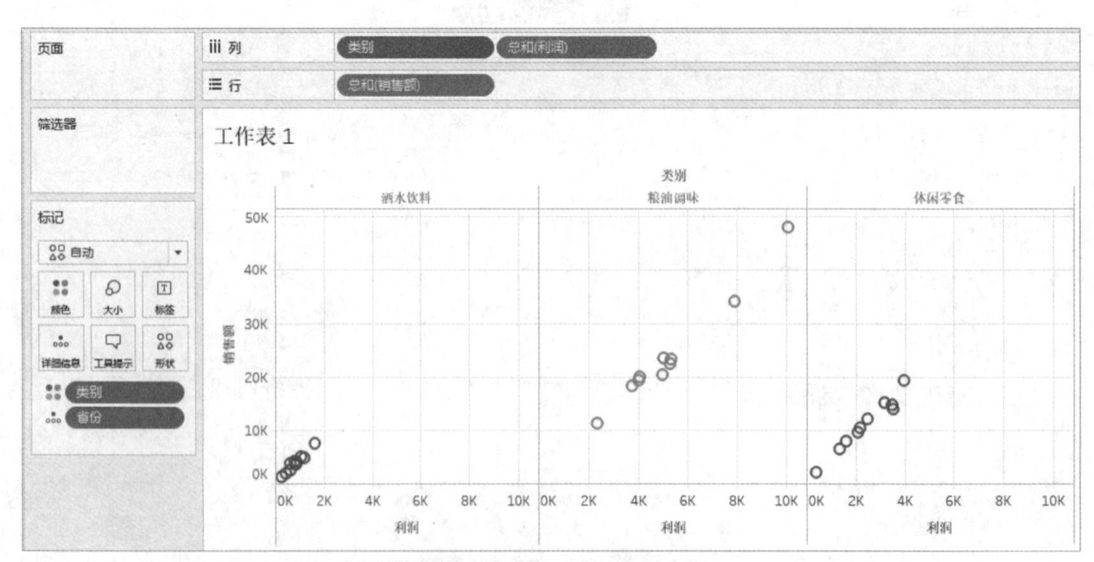

图 6-23　在散点图中添加维度字段

6.2.4　气泡图

气泡图是通过气泡的数量、大小和颜色来显示数据，气泡的数量由维度字段决定，气泡的大小由度量字段决定，气泡的颜色由维度字段或度量字段决定。

下面创建一个显示不同产品类别在各个省份的总销售额的气泡图，操作步骤如下：

Step01 将“类别”字段添加到“列”功能区，将“销售额”字段添加到“行”功能区，此时将创建一个条形图。

Step02 单击工具栏右侧的“智能显示”按钮，在打开的列表中选择“填充气泡图”图表类型，如图 6-24 所示。

Step03 Tableau 会将条形图转换为气泡图，功能区中的字段全都自动移动到“标记”卡中，此时气泡的颜色表示产品类别，气泡的大小表示销售额，如图 6-25 所示。

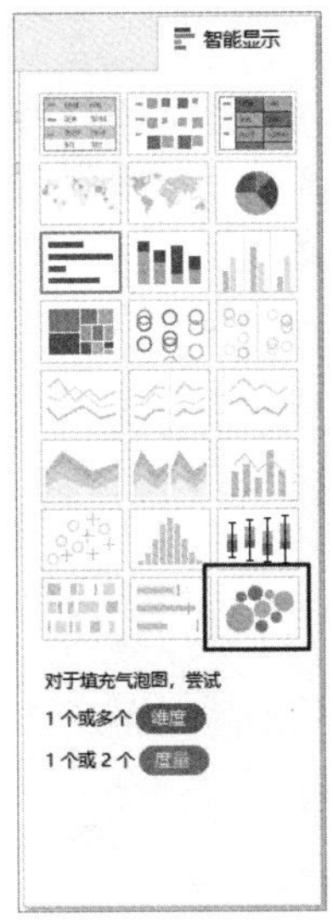

图 6-24　选择“填充气泡图”图表类型

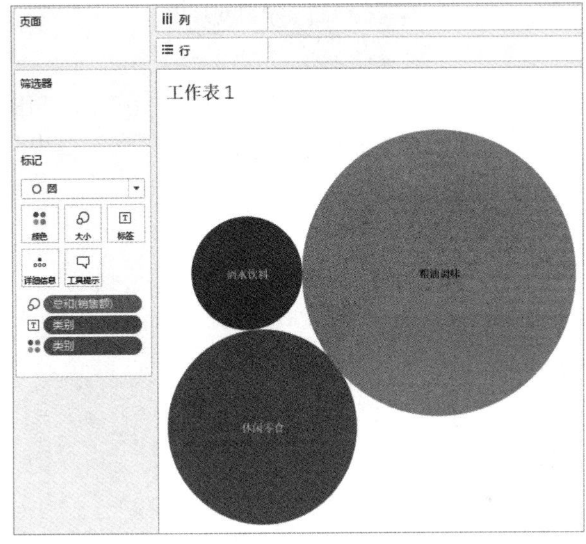

图 6-25　创建气泡图

Step04 将“省份”字段拖动到“标记”卡中的“详细信息”按钮上，此时会在气泡图中显示每种产品类别在各个省份的总销售额，相同颜色的气泡表示同一种产品类别，但是无法区分各个省份，如图 6-26 所示。

Step05 将“省份”字段拖动到“标记”卡中的“标签”按钮上，此时会在每个气泡中显示省份名称，如图 6-27 所示。

提示： 有些气泡没有显示省份名称，这是因为气泡的尺寸不够大，无法容纳太多文字。

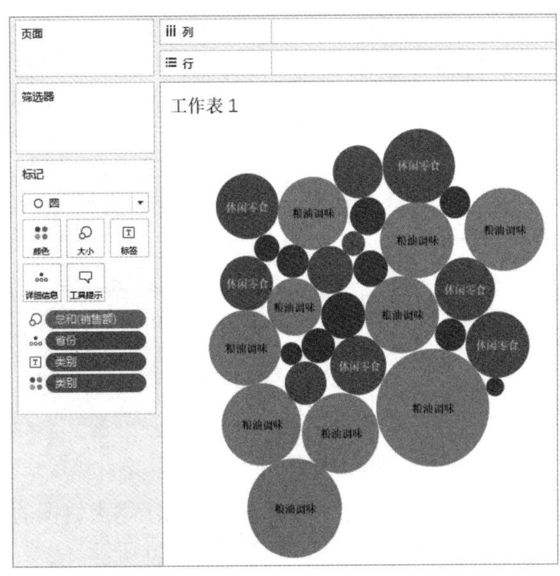

图 6-26　将“省份”字段添加到气泡图中

6.2.5　饼图

饼图用于显示部分与整体之间的比例关

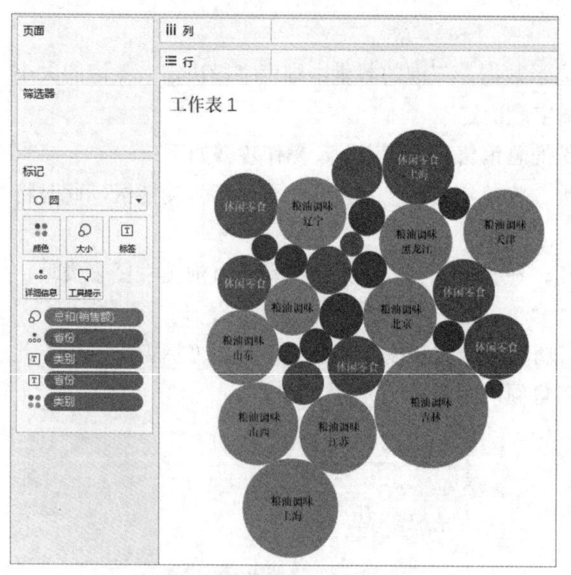

图 6-27　在气泡中显示省份名称

系或组成成分。饼图使用整个圆来表示全部数据，其中的每个扇形表示某一部分数据，扇形的颜色由维度字段决定，扇形的角度由度量字段决定。

下面创建一个显示各个产品子类别对总销售额贡献度的饼图，操作步骤如下：

Step01 将“子类别”字段添加到“列”功能区，将“销售额”字段添加到“行”功能区，此时将创建一个条形图。

Step02 单击工具栏右侧的“智能显示”按钮，在打开的列表中选择“饼图”图表类型，如图 6-28 所示。

Step03 Tableau 会将条形图转换为饼图，功能区中的字段全都自动移动到“标记”卡中，此时扇形的颜色表示产品子类别，扇形的角度表示销售额，角度越大说明销售额越多，如图 6-29 所示。

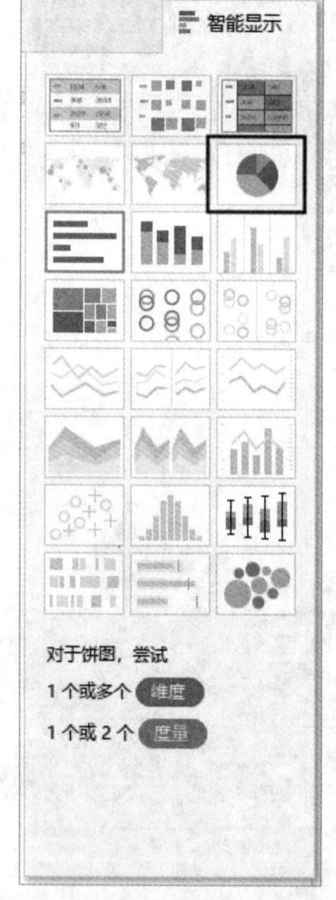

图 6-28　选择“饼图”图表类型

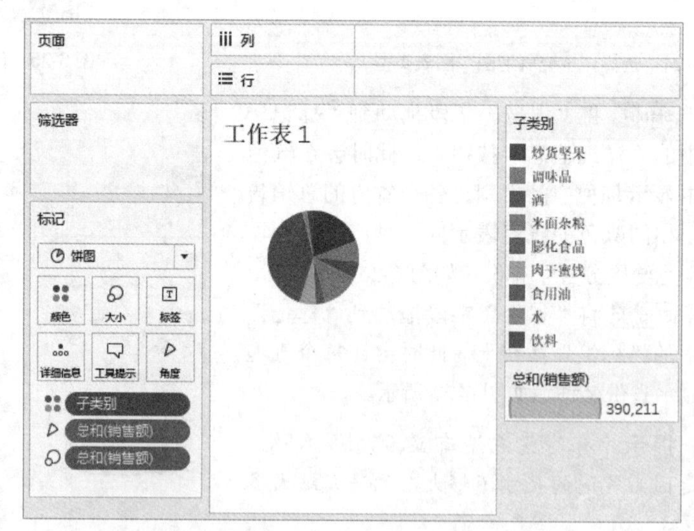

图 6-29　创建饼图

Step04 最初创建的饼图很小，为了增大饼图的尺寸，可以先按住 Ctrl 和 Shift 两个键，然后按 B 键多次，调整大小后的饼图如图 6-30 所示。

Step05 为了在饼图中显示产品子类别的名称，可以将“子类别”字段拖动到“标记”卡中的“标签”按钮上，如图 6-31 所示。

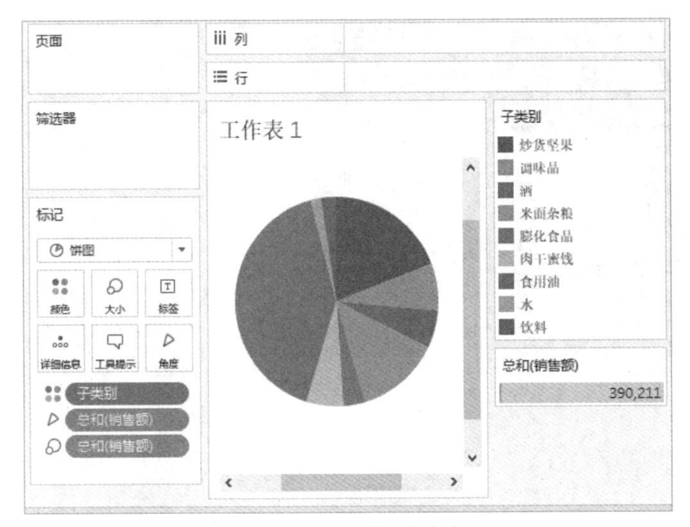

图 6-30　调整饼图的大小

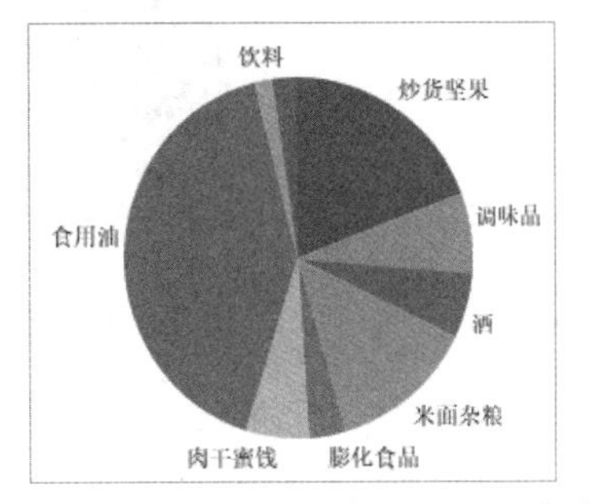

图 6-31　在饼图中显示产品子类别的名称

6.2.6　树状图

树状图是通过矩形的数量、大小和颜色来显示数据，矩形的数量由维度字段决定，矩形的大小由度量字段决定，矩形的颜色由维度字段或度量字段决定。

下面创建与 6.2.4 小节具有相同数据含义的图表，但是此处使用树状图，操作步骤如下：

Step01 将“类别”字段添加到“列”功能区，将“销售额”字段添加到“行”功能区，此时将创建一个条形图。

Step02 单击工具栏右侧的“智能显示”按钮，在打开的列表中选择“树状图”图表类型，如图 6-32 所示。

Step03 Tableau 会将条形图转换为树状图，功能区中的字段全都自动移动到“标记”卡中，此时矩形的数量表示产品类别，矩形的大小和颜色都表示销售额，矩形越大、颜色越深，说明销售额越多，如图 6-33 所示。

Step04 将“省份”字段拖动到“标记”卡中的“颜色”按钮上，此时每个矩形的颜色表示的是不同的省份，而矩形的大小仍然表示销售额，如图 6-34 所示。

Step05 如需在每个矩形中显示省份的名称，可以将“省份”字段拖动到“标记”卡中的“标签”按钮上，如图 6-35 所示。

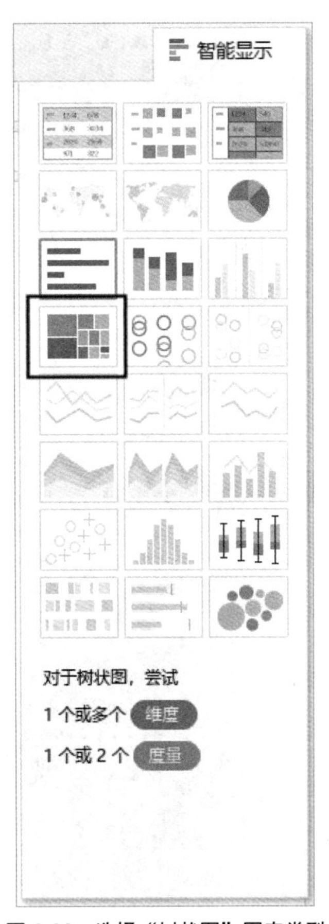

图 6-32　选择“树状图”图表类型

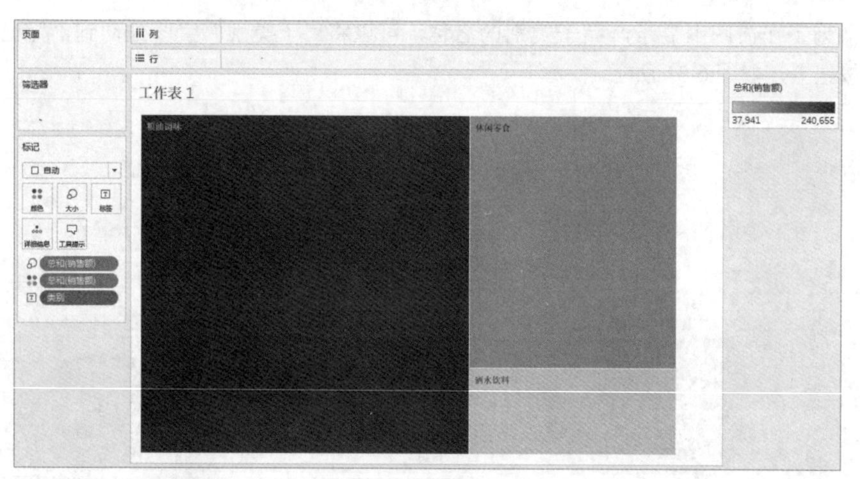

图 6-33　创建树状图

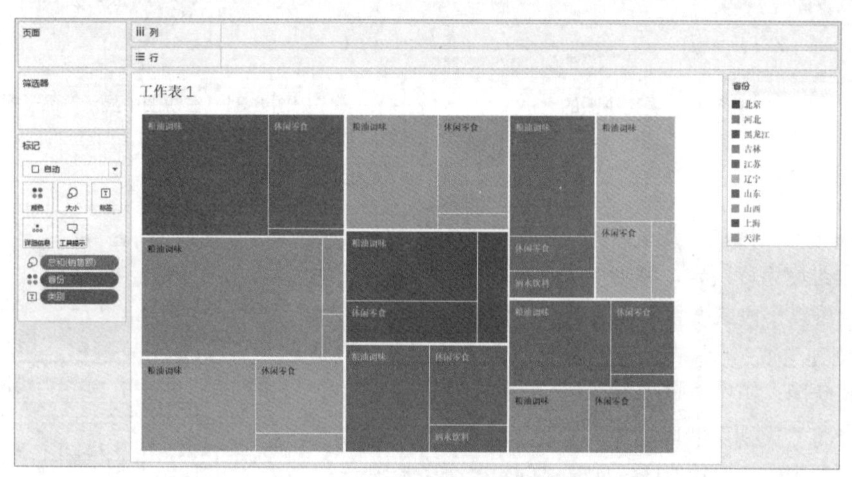

图 6-34　将“省份”字段添加到树状图中

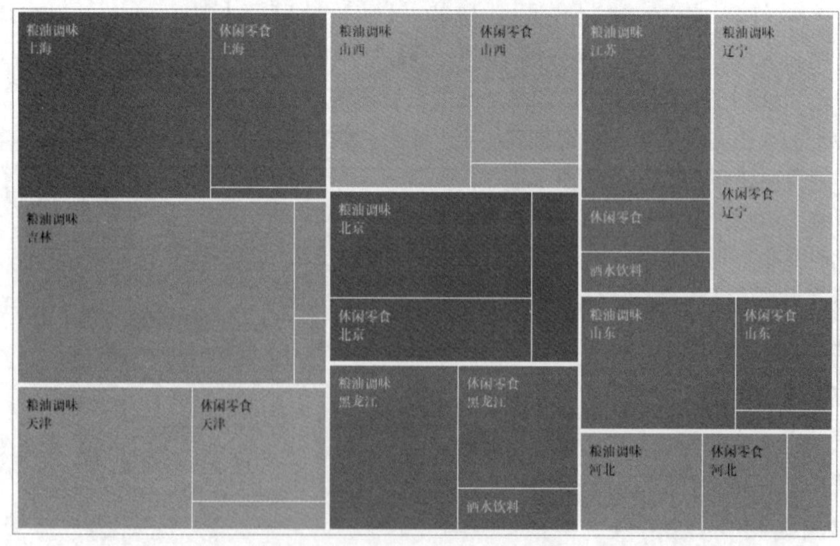

图 6-35　在矩形中显示省份名称

6.2.7　靶心图

靶心图是一种特殊形式的条形图，用于比较两个或多个度量字段中的值，将其中一个度量字段作为主度量，即参照基准值。下面创建一个显示各个产品子类别的实际销售额与预计销售额对比情况的靶心图，将预计销售额作为主度量，操作步骤如下：

Step01 在“数据”窗格中同时选中“实际销售额”和“预计销售额”两个字段，然后单击工具栏右侧的“智能显示”按钮，在打开的列表中选择“靶心图”图表类型，如图 6-36 所示。

Step02 Tableau 将使用“实际销售额”和“预计销售额”两个度量字段创建靶心图，默认使用“实际销售额”字段作为主度量，“预计销售额”字段位于“列”功能区中，“实际销售额”位于“标记”卡中，并为该字段设置“详细信息”属性，如图 6-37 所示。

Step03 为了将“预计销售额”设置为主度量，需要右击靶心图的水平轴，在弹出的菜单中选择“交换参考线字段”命令，如图 6-38 所示。

Step04 Tableau 会自动对调“预计销售额”和“实际销售额”两个字段的位置，此时将“预计销售额”字段设置为主度量，如图 6-39 所示。

Step05 将“子类别”字段添加到“行”功能区，完成后的靶心图如图 6-40 所示。

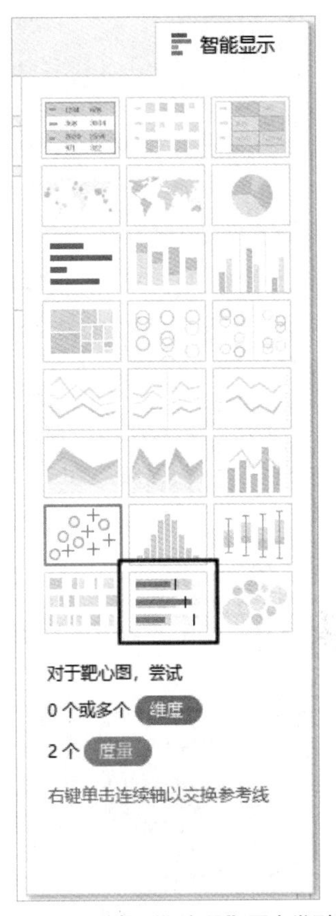

图 6-36　选择“靶心图”图表类型

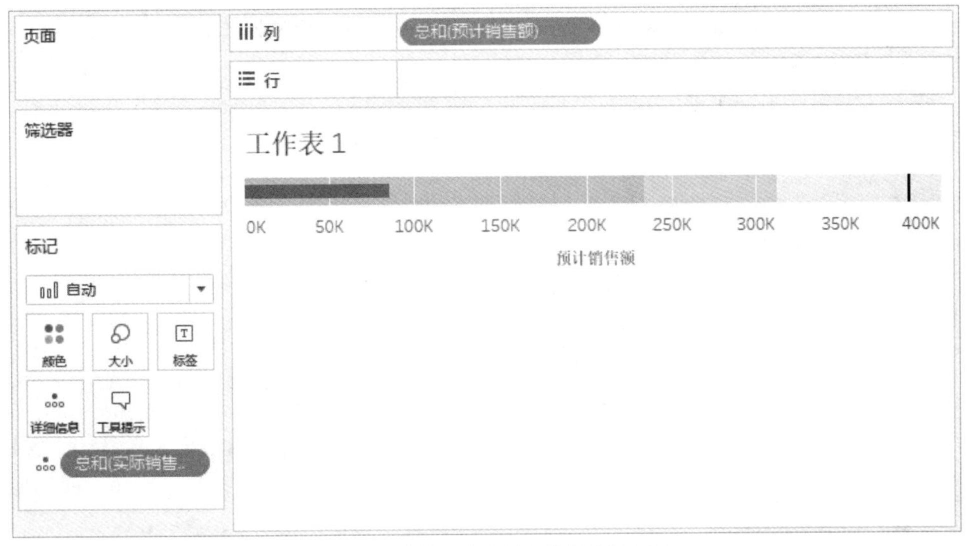

图 6-37　使用两个度量字段创建靶心图

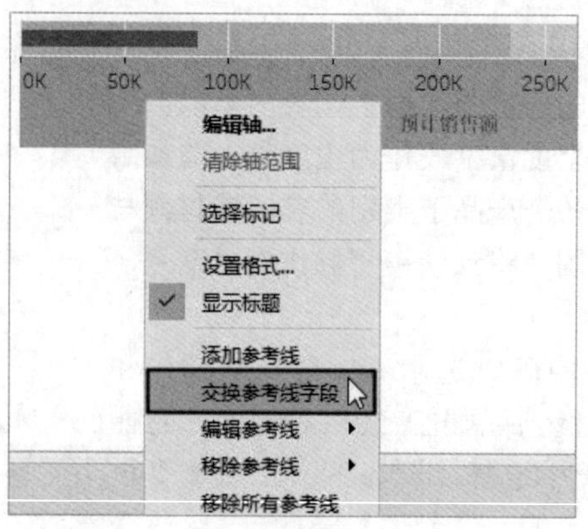

图 6-38　选择“交换参考线字段”命令

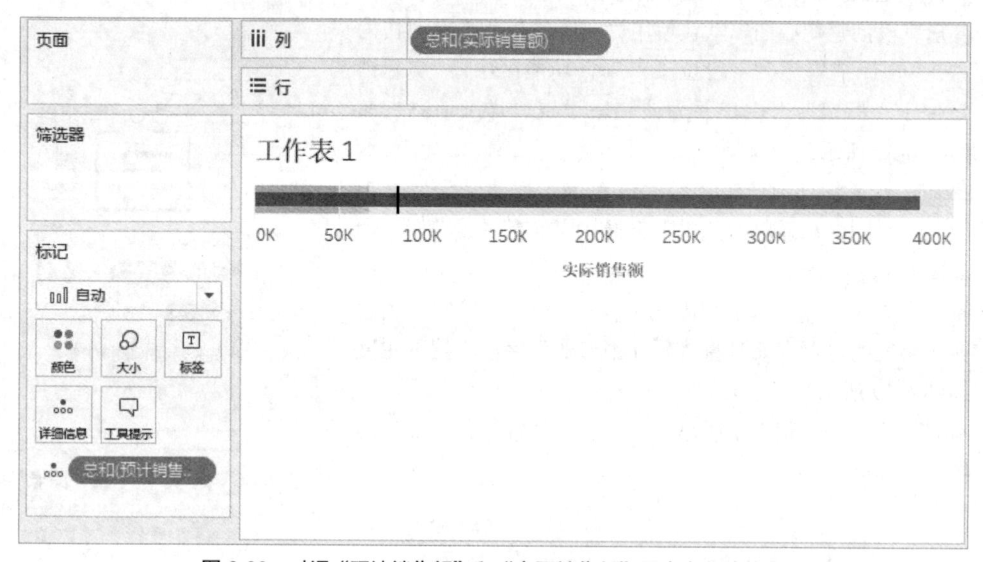

图 6-39　对调“预计销售额”和“实际销售额”两个字段的位置

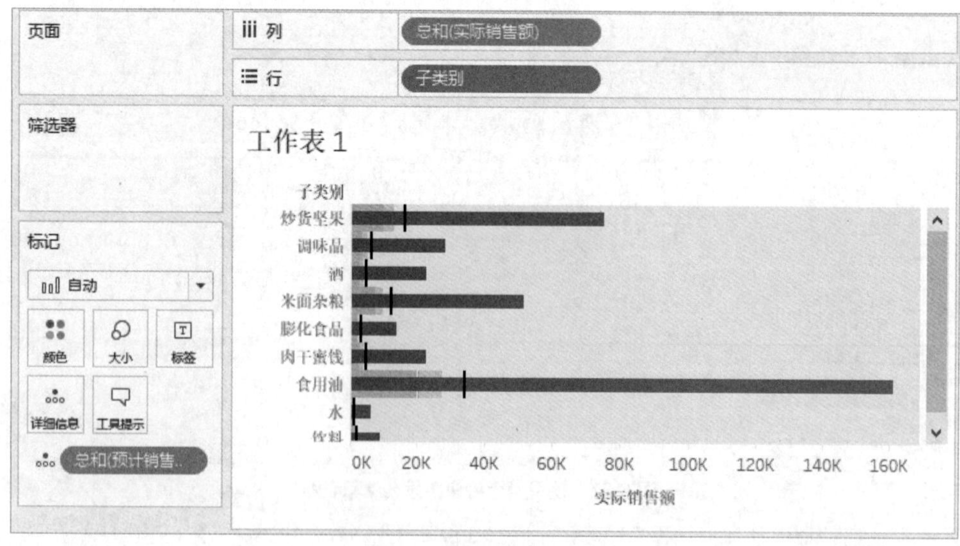

图 6-40　制作完成的靶心图

6.2.8　热图

热图也称为密度图，用于显示以不同颜色标识的密集型数据的分布趋势。下面以 6.2.3 小节中创建的散点图作为起点，将其创建为热图，操作步骤如下：

Step01 打开或重新创建 6.2.3 小节中的散点图，如图 6-41 所示。

Step02 在“标记”卡中单击“类别”字段左侧的图标，然后在弹出的菜单中选择“详细信息”选项，如图 6-42 所示。

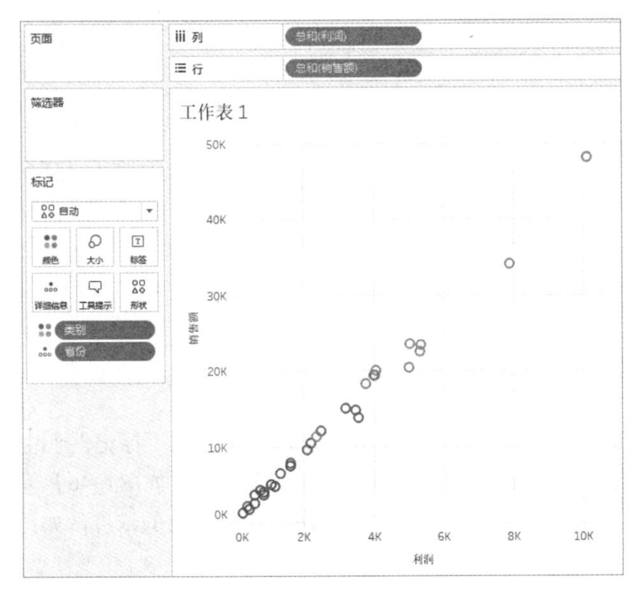

图 6-41　散点图

图 6-42　选择“详细信息”选项

Step03 将“省份”字段从“标记”卡中移除，然后将“城市”字段拖动到“标记”卡中的“详细信息”按钮上，此时的散点图如图 6-43 所示。

Step04 在“标记”卡中打开下拉列表，从中选择“密度”选项，如图 6-44 所示。

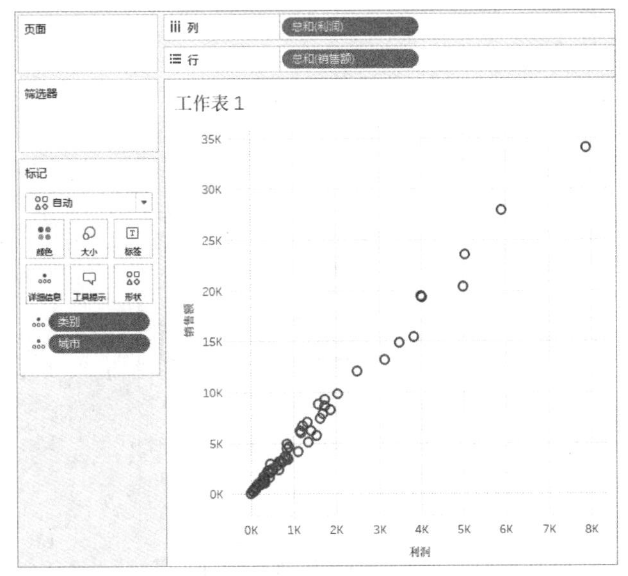

图 6-43　调整后的散点图

图 6-44　选择“密度”选项

Step05 将散点图转换为热图，颜色越深表示重叠的数据点越多，如图 6-45 所示。

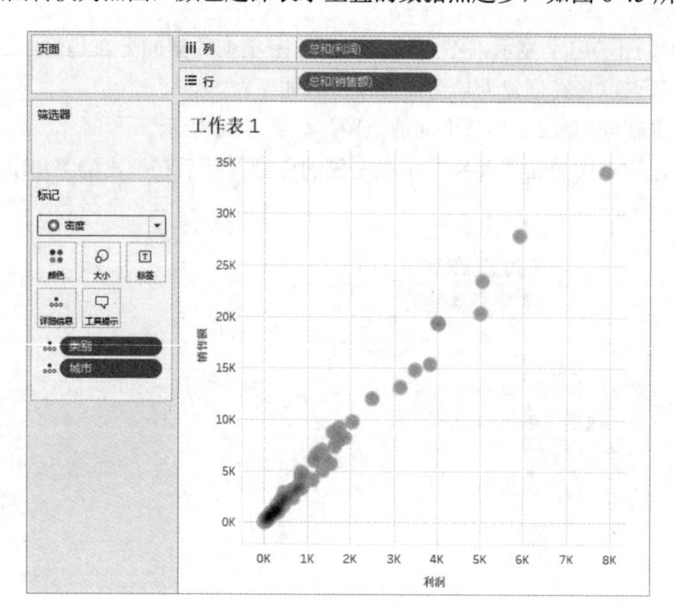

图 6-45 热图

Step06 Tableau 默认使用蓝色呈现密度分布，用户可以更改密度颜色。在“标记”卡中单击“颜色”按钮，然后在弹出的菜单中选择一种颜色，有十种配色方案可供选择，如图 6-46 所示。

Step07 选择一种配色方案后，可以拖动“强度”选项中的滑块，调整颜色的浓度，如图 6-47 所示。

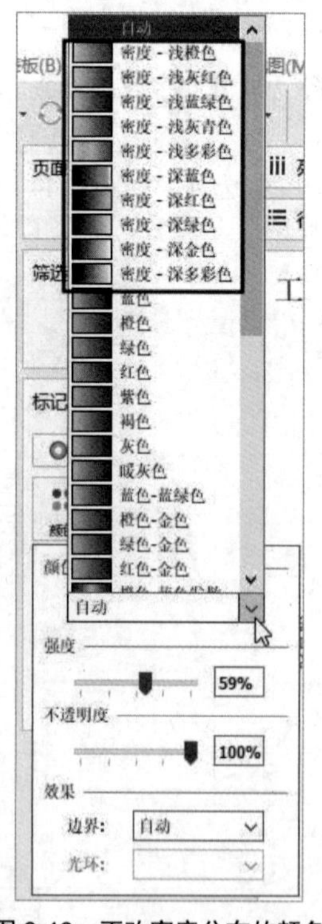

图 6-46 更改密度分布的颜色

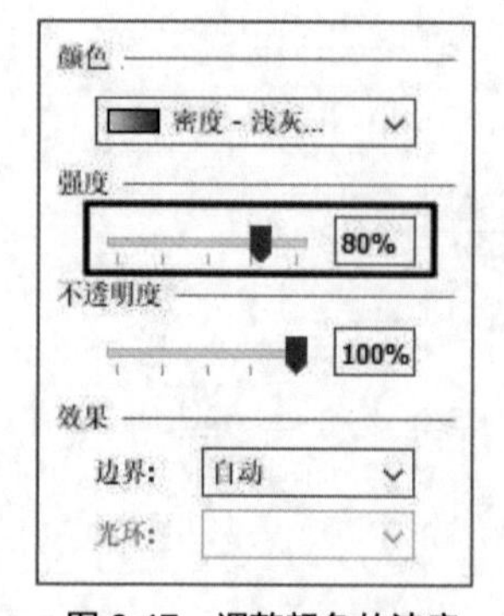

图 6-47 调整颜色的浓度

Step08 如需调整密度核心区域的大小，可以在“标记”卡中单击“大小”按钮，然后拖动滑块进行调整。如图 6-48 所示是使用不同颜色浓度和大小的热图对比。

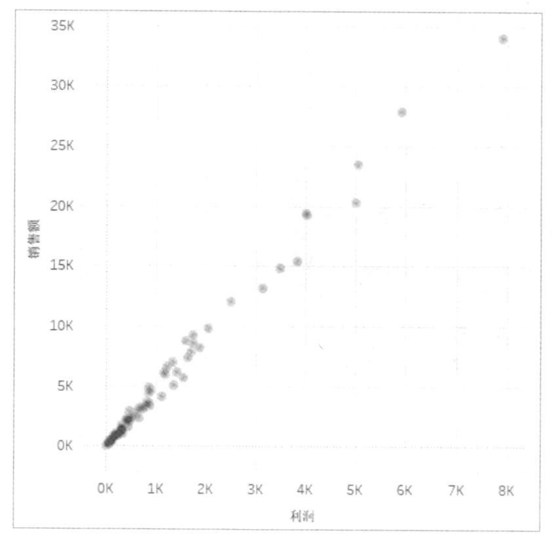

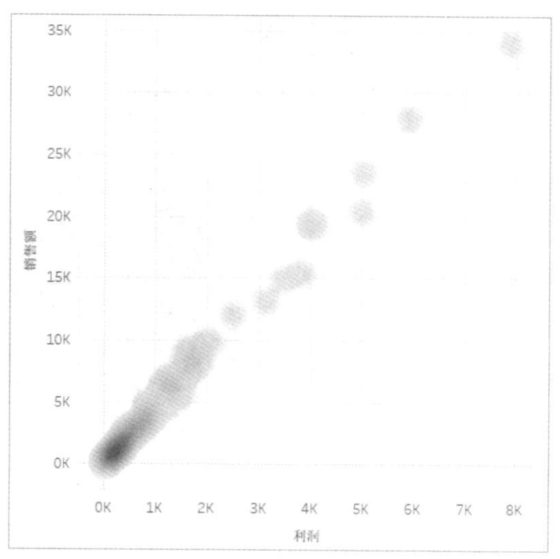

图 6-48　使用不同颜色浓度和大小的热图对比

6.2.9　直方图

直方图用于显示分组数据的分布情况，其外观类似于条形图，但是需要对度量字段中的值进行分组并计数，为数据分组也称为创建数据桶。创建直方图时，在“行”和“列”功能区中只能放置度量字段，并且需要对“行”功能区的度量字段中的值进行计数，对“列”功能区的度量字段中的值进行分组。

在 Tableau 中创建直方图有两种方法，一种是使用“智能显示”功能自动创建直方图，另一种是手动创建直方图。下面分别介绍这两种方法。

1. 使用“智能显示”功能自动创建直方图

只要将一个度量字段添加到“行”或“列”功能区中，即可使用“智能显示”功能自动创建直方图，操作步骤如下：

Step01 将“数量”字段添加到“行”或“列”功能区，然后单击工具栏右侧的“智能显示”按钮，在打开的列表中选择“直方图”图表类型，如图 6-49 所示。

Step02 将自动创建一个直方图，Tableau 会将“数量”字段的聚合类型改为“计数”，并将该字段放置到“行”功能区，还会为“数量”字段创建数据桶，并将其放置到“列”功能区，如图 6-50 所示。

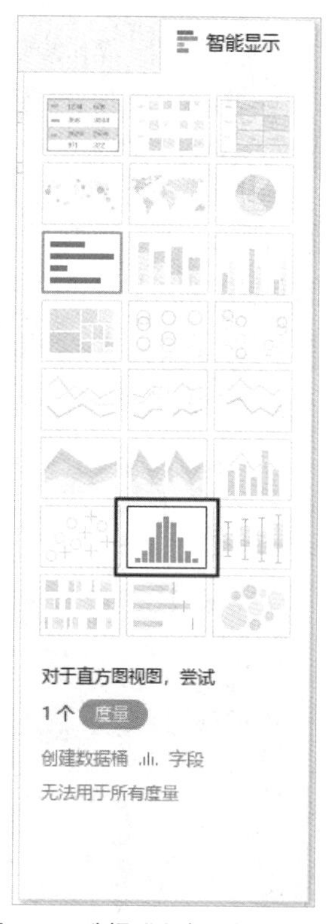

图 6-49　选择“直方图”图表类型

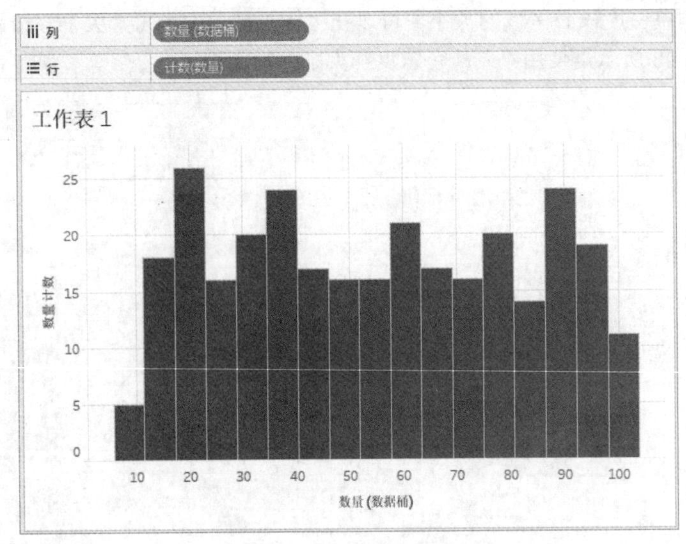

图 6-50　创建的直方图

提示： Tableau 为度量字段创建的数据桶将作为一个新的字段显示在“数据”窗格中，该新字段的名称会在原有度量字段名称的结尾加上“（数据桶）”，以便区分。

2. 手动创建直方图

如果不使用“智能显示”功能，则需要手动创建直方图，此时需要先为度量字段创建数据桶，然后创建直方图，操作步骤如下：

Step 01 在“数据”窗格中右击“数量”字段，然后在弹出的菜单中选择“创建”|“数据桶”命令，如图 6-51 所示。

Step 02 打开如图 6-52 所示的对话框，在“新字段名称”文本框中输入数据桶字段的名称，在“数据桶大小”文本框中输入为字段中所有值进行分组的步长值，此处设置为 10。如果不知道如何设置该值，则可以单击“建议数据桶大小”按钮，让 Tableau 自动设置。

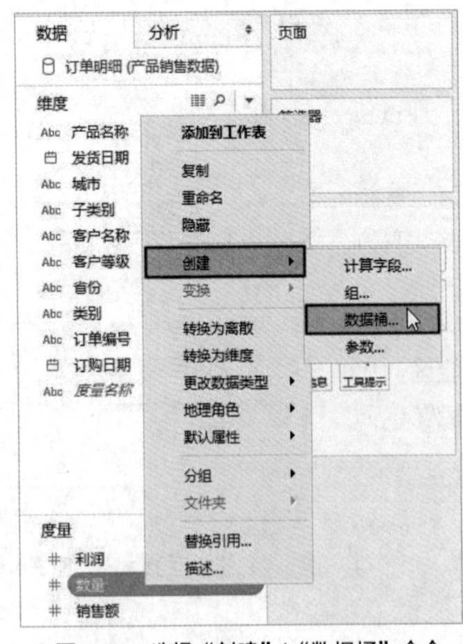

图 6-51　选择“创建”|“数据桶”命令

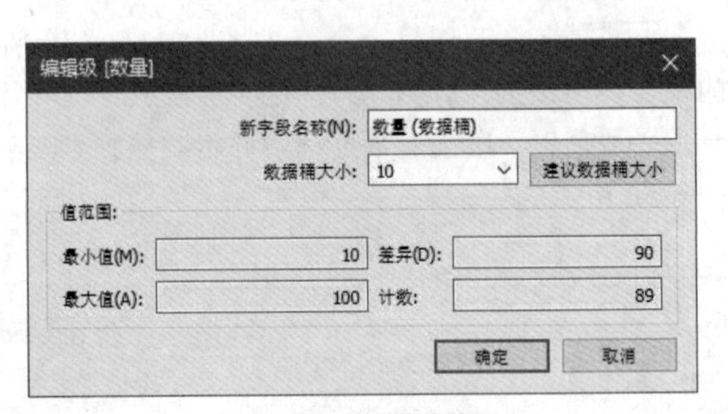

图 6-52　设置数据桶

提示：对话框下方的 4 个只读选项显示了在度量字段中包含的最小值、最大值以及它们之间的差值，还统计了在度量字段中包含不重复值的数量。

Step03 设置完成后，单击“确定”按钮，创建的数据桶字段将显示在“数据”窗格中，如图 6-53 所示。

提示：如需修改数据桶字段，可以在“数据”窗格中右击数据桶字段，然后在弹出的菜单中选择“编辑”命令。

Step04 将“数量”字段添加到“行”功能区，将“数量（数据桶）”字段添加到“列”功能区，如图 6-54 所示。

图 6-53　创建的数据桶字段

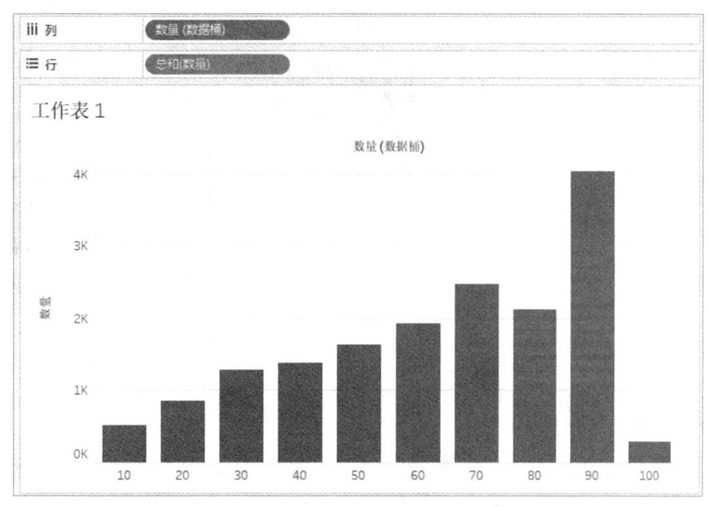

图 6-54　将字段添加到“行”和“列”功能区

Step05 右击“行”功能区中的字段，在弹出的菜单中选择“度量（总和）”|“计数”命令，如图 6-55 所示。

Step06 右击“列”功能区中的“数量（数据桶）”字段，在弹出的菜单中选择“连续”命令，如图 6-56 所示。

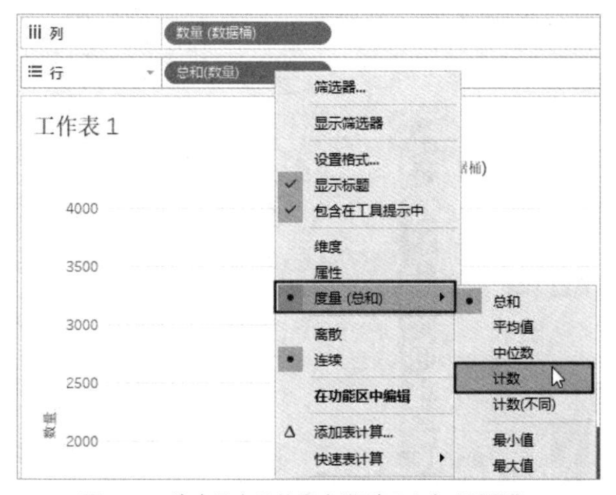

图 6-55　将度量字段的聚合类型更改为“计数”

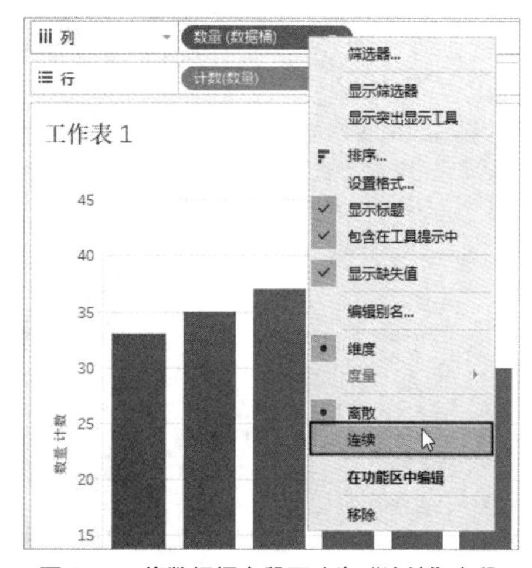

图 6-56　将数据桶字段更改为“连续”字段

制作完成的直方图如图 6-57 所示，直方图的水平轴上的刻度值表示的是范围的下限，且包括该下限在内。由于本例将数据桶的大小设置为 10，即步长值为 10，所以位于刻度值 10 和 20 之间的矩形表示的是数量大于或等于 10 且小于 20 的个数，即只要“数量”字段中的值在 10 到 19 之间，就会被统计在内。位于刻度值 20 和 30 之间的矩形表示的是数量大于或等于 20 且小于 30 的个数，即只要“数量”字段中的值在 20 到 29 之间，就会被统计在内。其他刻度值和统计方式以此类推。

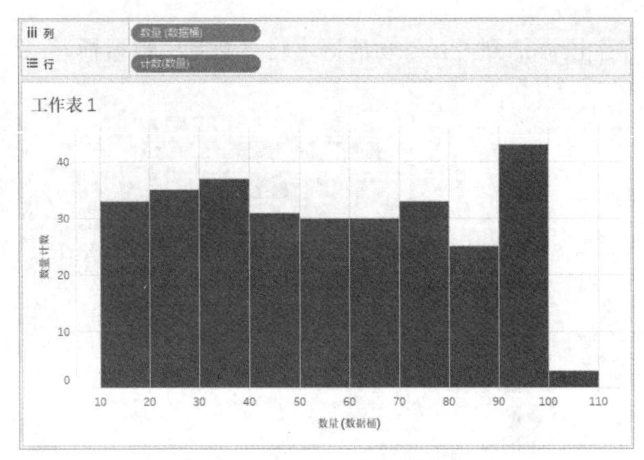

图 6-57　制作完成的直方图

6.2.10　组合图

组合图是在一个视图中同时包含多种图表类型，例如在一个视图中同时包含条形图和折线图。下面创建一个包含条形图和折线图的组合图，条形图用于显示各个产品子类别的销售额，折线图用于显示各个产品子类别的利润，操作步骤如下：

Step01 将“子类别”字段添加到“列”功能区，将“销售额”字段添加到“行”功能区，将“利润”字段也添加到“行”功能区并放置到“销售额”字段的右侧，此时将创建一个条形图，其中有两个轴，用于分别显示“销售额”字段和“利润”字段中的值，如图 6-58 所示。

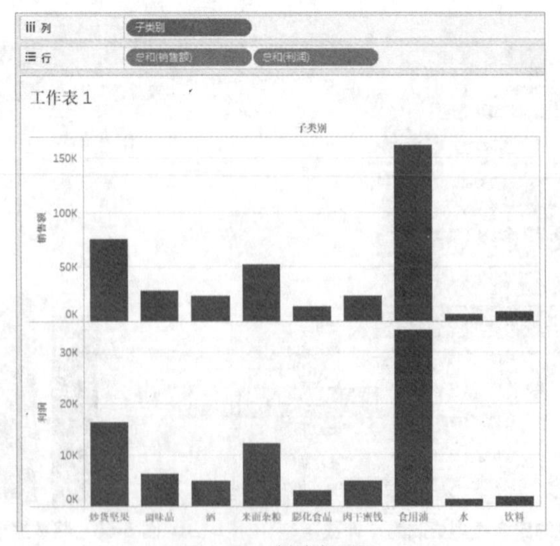

图 6-58　创建条形图

Step02 右击“行”功能区中的“利润”字段，在弹出的菜单中选择“双轴”命令，如图 6-59 所示，将两个轴合并到一起，如图 6-60 所示。

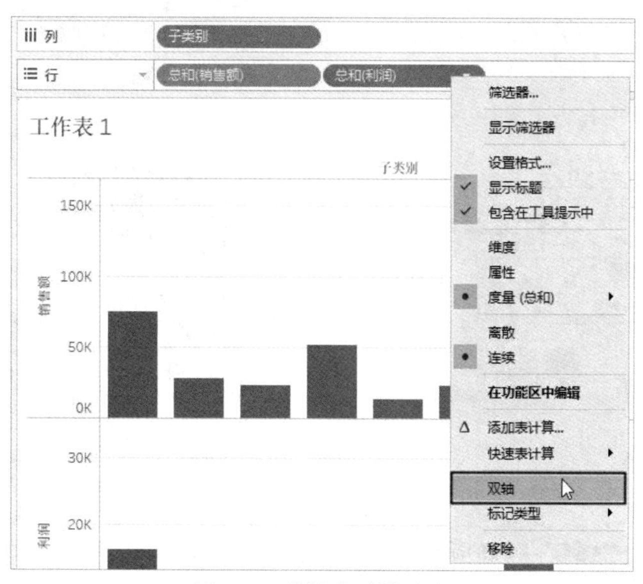

图 6-59　选择“双轴”命令

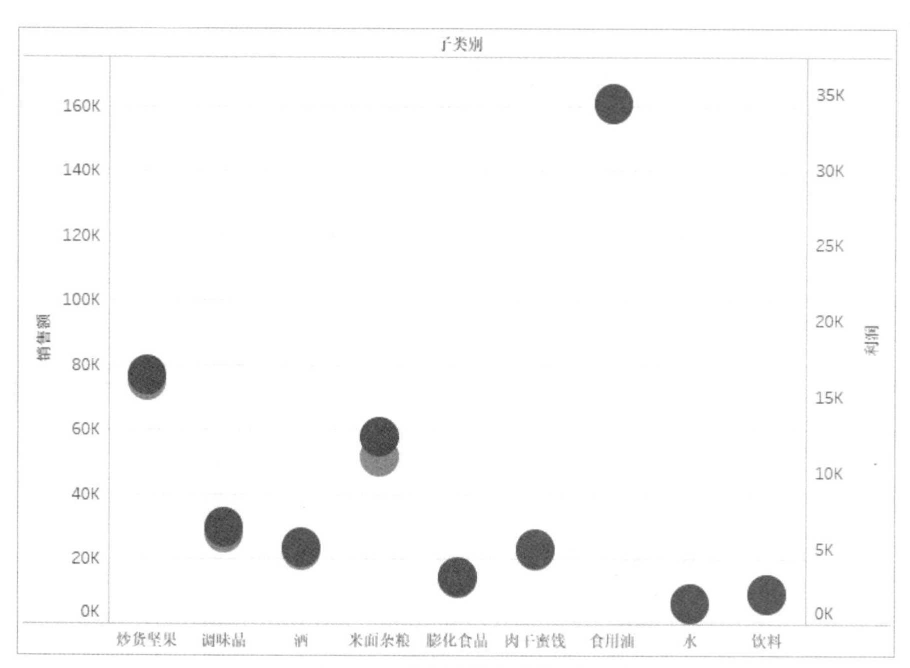

图 6-60　将两个轴合并到一起

Step03 在视图中右击“销售额”字段所在的轴，然后在弹出的菜单中选择“标记类型”|“条形图”命令，如图 6-61 所示。

Step04 在视图中右击“利润”字段所在的轴，然后在弹出的菜单中选择“标记类型”|“线”命令，如图 6-62 所示。

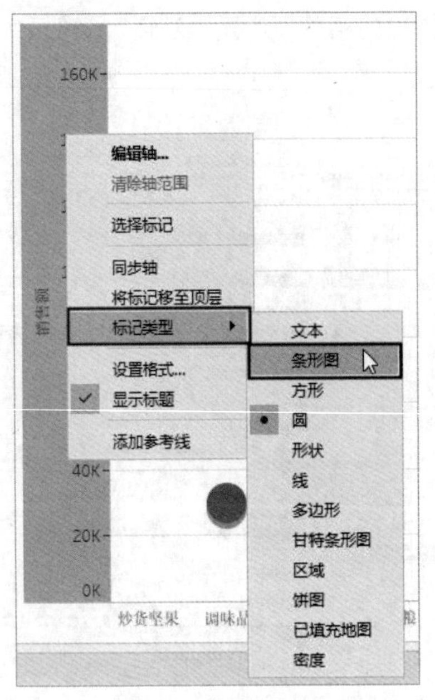

图 6-61　更改“销售额”字段的标记类型

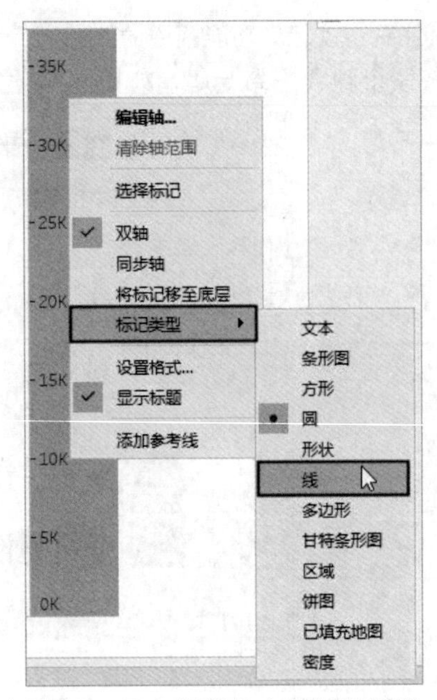

图 6-62　更改“利润”字段的标记类型

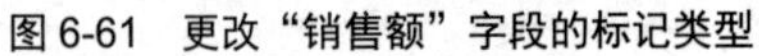

Step05 右击“利润”字段所在的轴，在弹出的菜单中选择“同步轴”，制作完成的组合图如图 6-63 所示。

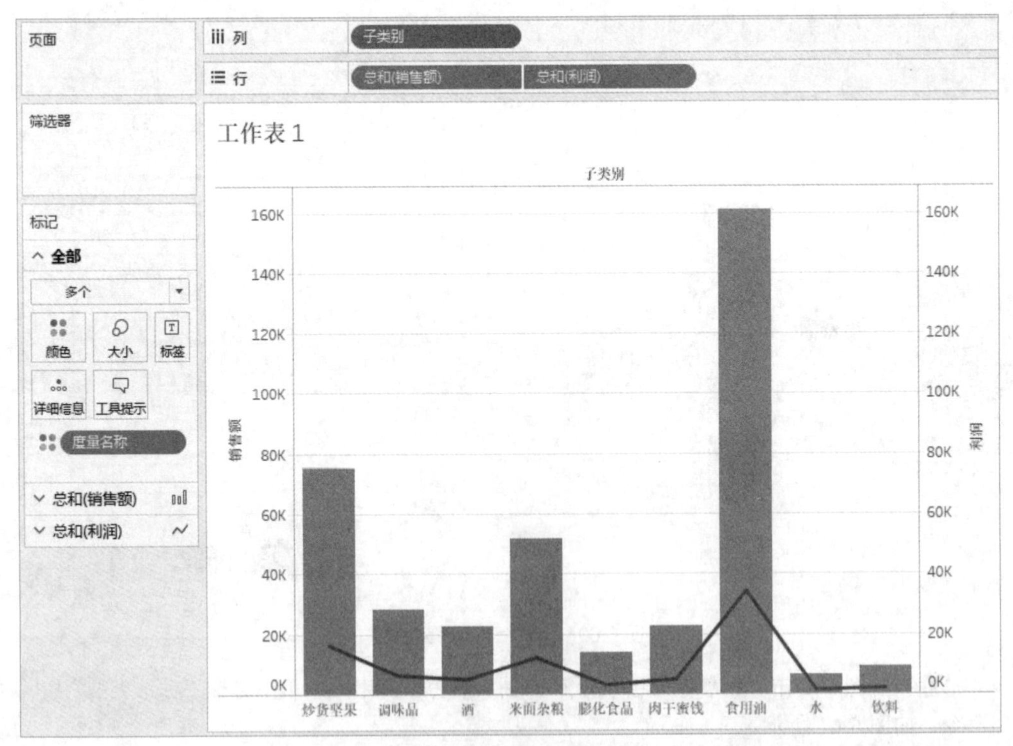

图 6-63　制作完成的组合图

第 7 章 创建仪表板

为了便于数据的对比和分析，有时可能需要同时查看多个视图。为了避免在不同工作表之间反复切换导致注意力分散，可以将多个视图添加到仪表板中，并在仪表板中调整视图的布局和格式。与访问工作表类似，可以单击工作簿窗口底部的选项卡标签来访问仪表板。仪表板和工作表中的数据是相连的，更改工作表中的数据时，在仪表板中的该工作表也会同步更新，反之亦然。本章将介绍创建和设置仪表板的方法。

7.1 设置仪表板的大小

为了便于用户设置仪表板的大小，Tableau 提供了 3 种大小方案，每种方案适用于不同的使用环境。本节将介绍设置仪表板大小的方法，在此之前先介绍如何在工作簿中创建仪表板。

7.1.1 创建仪表板

创建仪表板的方法与创建工作表类似，只需在工作簿窗口底部的选项卡标签上单击“新建仪表板”按钮，即可在当前工作簿中创建一个仪表板，如图 7-1 所示。

图 7-1 新建仪表板

创建仪表板后，将自动切换到仪表板界面，如图 7-2 所示。窗口顶部的菜单栏中的“仪表板”菜单包含与仪表板相关的命令和选项。窗口左侧的窗格由“仪表板”和“布局”两个选项卡组成，“仪表板”选项卡用于设置仪表板的大小，向仪表板添加的各种对象也都显示在此处，在仪表板中添加的各种对象显示在窗口中间的空白区域中。“布局”选项卡用于设置已添加到仪表板中对象的大小、位置和格式。

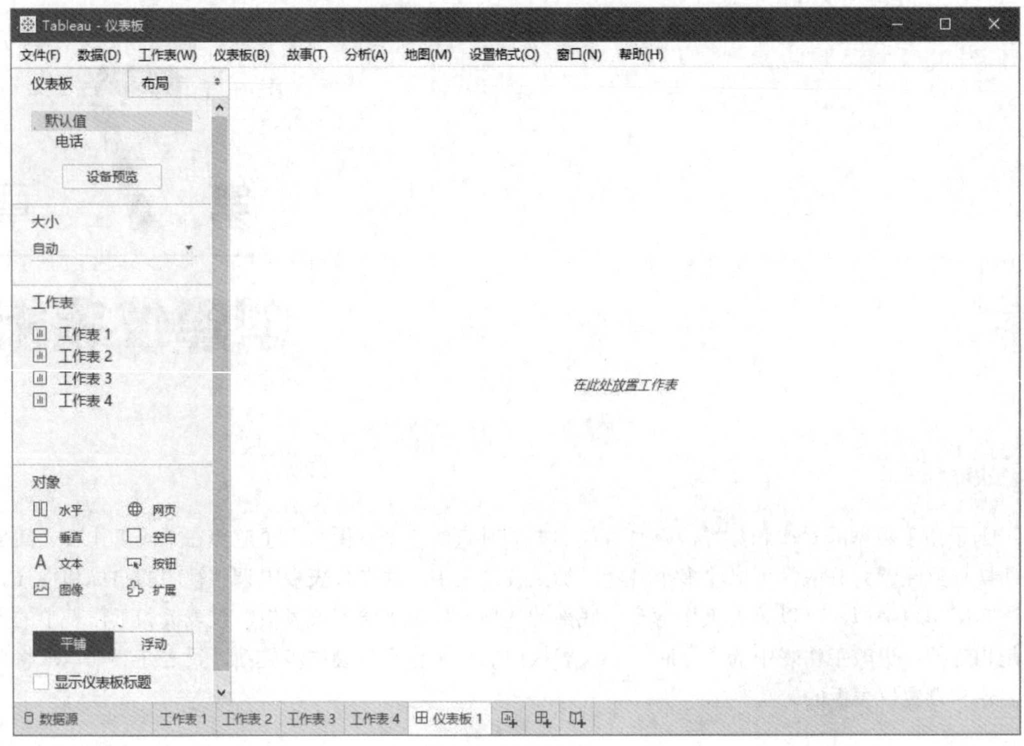

图 7-2　仪表板界面

7.1.2　设置仪表板的大小

如需调整仪表板的大小，可以在“仪表板”窗格的“大小”类别中选择一种预置方案，如图 7-3 所示。根据选择的方案，再进一步设置仪表板的大小。

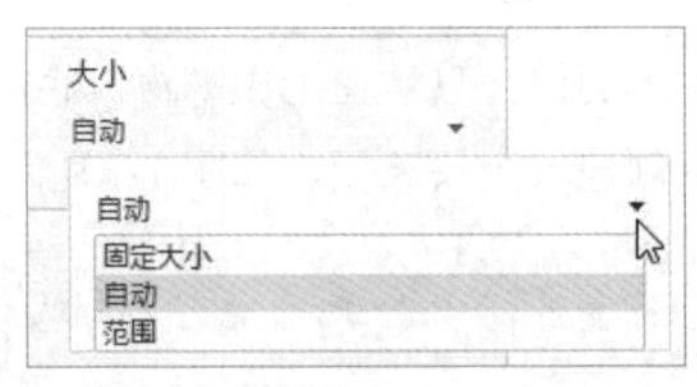

图 7-3　选择预置的大小方案

Tableau 为仪表板大小预置了 3 种方案：

- 固定大小：选择该项后，需要选择一种特定的大小，如图 7-4 所示。“固定大小”方案可以使仪表板的大小始终保持不变，不会受窗口大小变化的影响。如果仪表板的尺寸比窗口大，则会在仪表板的右侧和下方显示滚动条。“固定大小”方案适用于需要在仪表板中精确定位浮动对象的情况。
- 自动：“自动”方案可以使仪表板的大小自动随窗口的大小进行缩放，并始终填满整个窗口。该方案适用于仪表板中的平铺对象，而非需要精确定位的浮动对象。需要注意的是，自动调整大小特性可能会导致在不同大小的屏幕上出现不可预知的结果。
- 范围：选择该项后，需要设置两种尺寸，Tableau 会根据窗口的大小为仪表板设置其中一种尺寸，如图 7-5 所示。如果窗口的尺寸小于设置中的最小大小，则会显示滚动条；如果窗口的尺寸大于设置中的最大大小，则会显示空白。

图 7-4　“固定大小”方案

图 7-5　“范围”方案

7.2　在仪表板中添加和设置对象

用户不仅可以在仪表板中添加制作好的视图，还可以添加文本、图片、按钮、网页等不同类型的对象。本节以工作表中的视图作为所有对象的代表，介绍在仪表板中添加和设置对象的方法。

7.2.1　仪表板中的对象类型

在仪表板中添加的对象主要以在工作表中创建的视图为主，除此之外，还可以在仪表板中添加以下几种对象：

- 水平：一种布局容器，用于将多个对象组织到一起。
- 垂直：与水平对象类似，该对象也是一种布局容器。水平和垂直两种布局容器的详细内容将在7.3节进行介绍。
- 文本：用于在仪表板中添加文本。
- 图像：用于在仪表板中添加图片。
- 网页：用于在仪表板中显示网页。
- 空白：用于在对象之间添加间距。
- 按钮：用于在仪表板中提供导航方式。例如，通过单击按钮，可以从一个仪表板跳转到另一个仪表板。在按钮上可以显示文本或图像，还可以设置按钮的边框和背景色。

7.2.2　以平铺或浮动的方式添加对象

将一个对象添加到仪表板中有以下两种方法：

- 在“仪表板”窗格中将一个对象拖动到右侧的空白区域中，如图7-6所示。

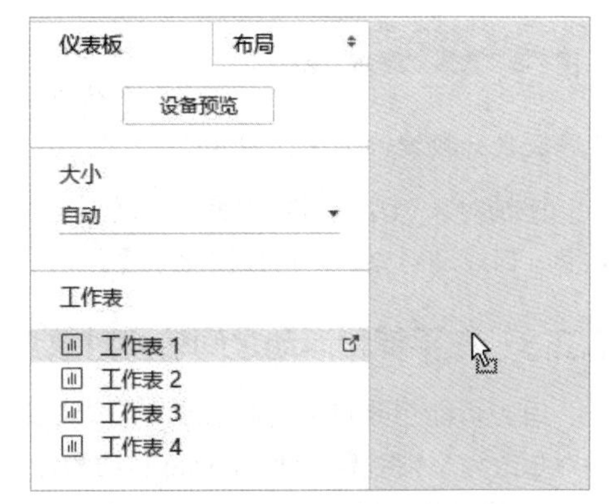

图 7-6　将对象从“仪表板”窗格拖动到空白区域中

● 在“仪表板”窗格中双击对象。

Tableau 默认以“平铺”方式将对象添加到仪表板中，平铺的对象会自动占满整个仪表板。如果在仪表板中添加了多个平铺对象，则所有平铺对象会共同占满整个仪表板，各个平铺对象的大小可能相同或不同。如图 7-7 所示是添加到仪表板中的一个平铺对象。

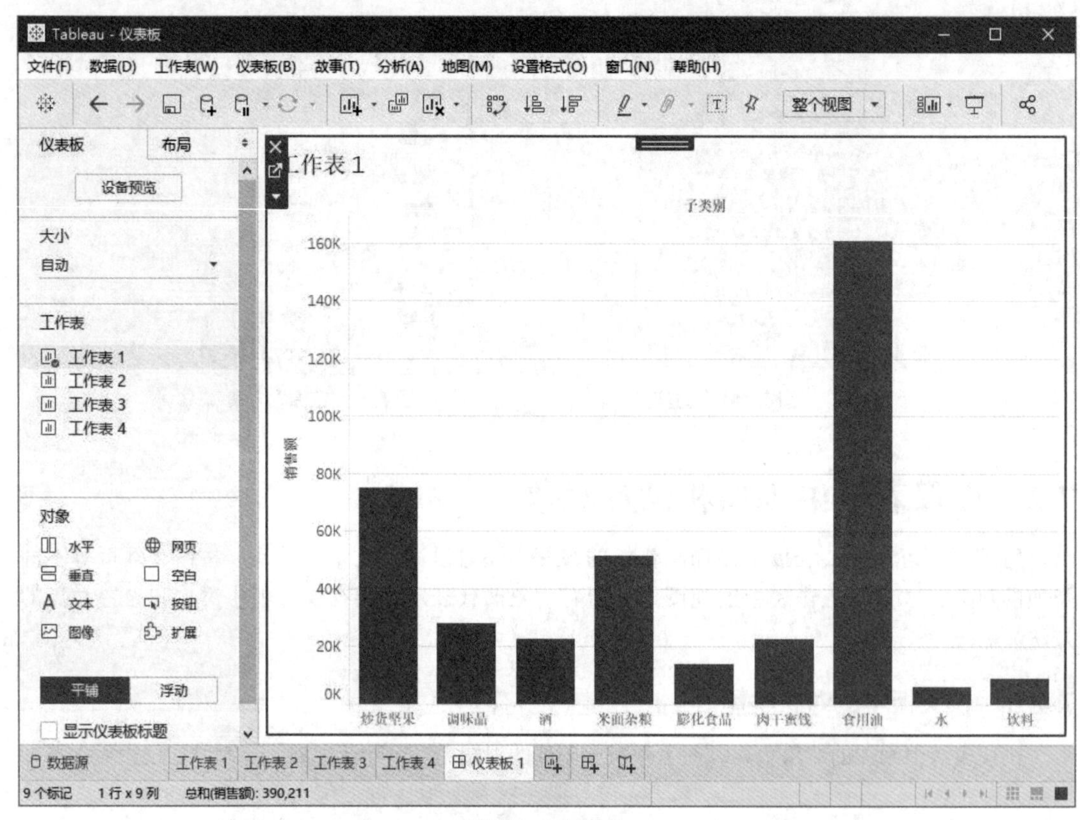

图 7-7 平铺对象

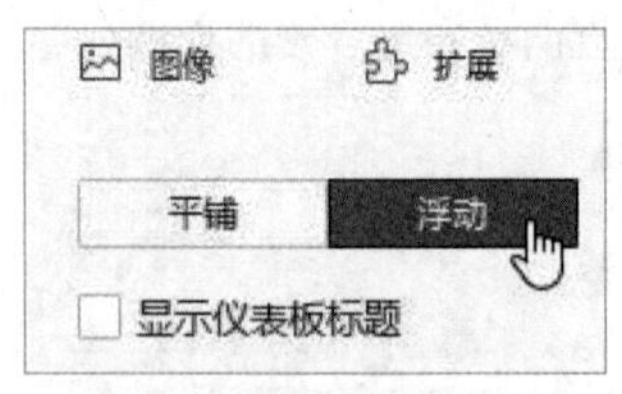

图 7-8 选择“浮动”选项

如需在仪表板中添加一个能随意调整大小和位置的对象，可以先在“仪表板”窗格的下方选择“浮动”选项，如图 7-8 所示，然后向仪表板中添加对象，此时该对象是浮动对象，浮动对象不会占满整个仪表板，而仅占据一个较小的范围。

技巧：可以在不选择“浮动”选项的情况下，将对象以浮动方式添加到仪表板中，只需将对象拖动到仪表板时，按住 Shift 键，然后先释放鼠标按键，再释放 Shift 键。

平铺对象和浮动对象的另一个区别是，仪表板中的所有平铺对象都位于同一层，彼此之间不能重叠，而浮动对象之间可以彼此重叠。

7.2.3 在平铺和浮动之间转换对象

有时可能想要将平铺对象改为浮动对象，以便可以灵活调整对象的大小和位置，或者需要将浮动对象改为平铺对象，让 Tableau 自动为对象设置布局。

如需在平铺和浮动之间转换对象，可以在仪表板中打开对象的快捷菜单，然后从中选择“平铺”或“浮动”命令。打开对象快捷菜单有以下 3 种方法：

- 单击仪表板中的对象，然后单击对象右侧的箭头，如图 7-9 所示。
- 单击仪表板中的对象，然后右击对象右侧的箭头所在的区域。
- 单击仪表板中的对象，然后右击对象顶部的标记，如图 7-10 所示。

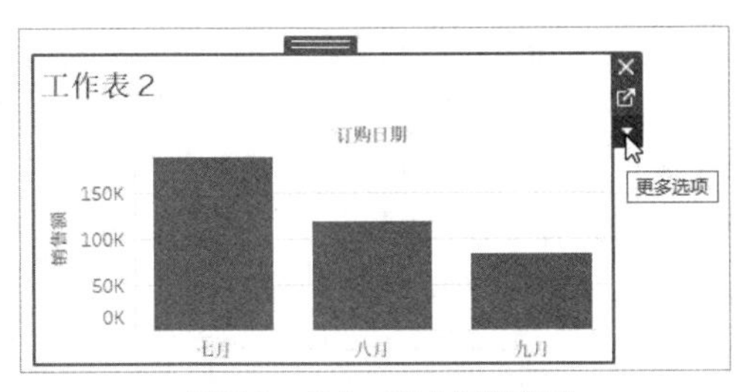

图 7-9　单击对象右侧的箭头

图 7-10　右击对象顶部的标记

无论使用哪种方法，都将打开对象的快捷菜单，如图 7-11 所示。如果“浮动”选项处于选中状态，说明当前对象是浮动的；如果取消该选项的选中状态，说明当前对象是平铺的。

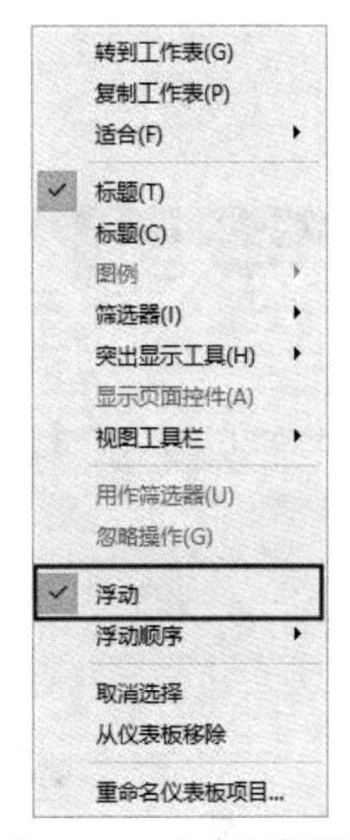

图 7-11　对象的快捷菜单

7.2.4　调整对象的大小和位置

如需调整仪表板中单个对象的大小和位置，需要确保该对象是浮动对象，然后可以使用两种方法调整该对象的大小和位置。

1. 手动调整

在仪表板中单击一个浮动对象将其选中，然后将鼠标指针移动到对象的任意一个边框或任意一个角上，当鼠标指针变为双向箭头时，拖动边框或角点，即可调整对象的大小。如需调整对象在仪表板中的位置，可以在选中对象后，将鼠标指针移动到对象顶部的标记上，当鼠标指针变为十字箭头时，拖动该标记将对象移动到目标位置，如图 7-12 所示。

2. 设置精确值

如需为对象设置精确的尺寸，可以先选中对象，然后在“布局”窗格中为对象的大小和位置设置精确的尺寸，如图 7-13 所示。“位置”中的 x 值和 y 值是相对于仪表板左上角的偏移量，如需将对象放在仪表板的左上角，可以将这两个值都设置为 0。

图 7-12　拖动对象顶部的标记

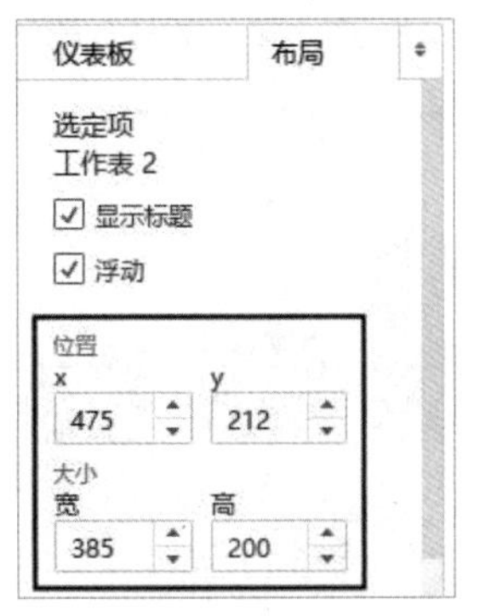

图 7-13　精确设置对象的大小和位置

7.2.5 利用网格对齐对象

为了使不同的仪表板具有统一的视觉效果，可以利用网格对象对齐各个仪表板中的对象。在仪表板中显示网格有以下两种方法：

- 单击菜单栏中的“仪表板”命令，在弹出的菜单中选择“显示网格”命令，使该命令处于选中状态，如图 7-14 所示。
- 按 G 键。该按键是一个开关键，反复按 G 键，可以在显示和隐藏网格之间切换。

显示网格的仪表板如图 7-15 所示，可以利用网格线对齐不同的对象。

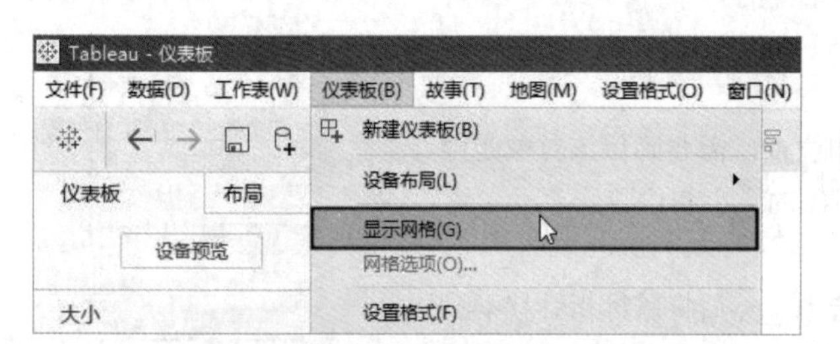

图 7-14 选择“显示网格”命令

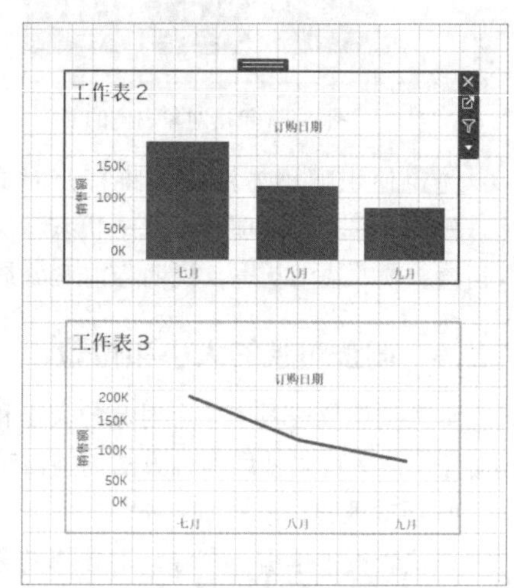

图 7-15 利用网格对齐多个对象

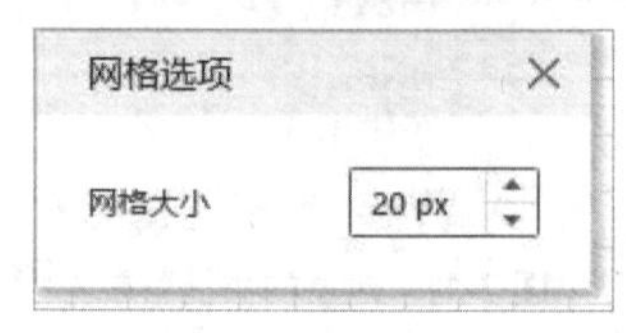

图 7-16 更改网格的大小

如需更改网格的大小，可以单击菜单栏中的“仪表板” | “网格选项”命令，在打开的对话框中进行设置，如图 7-16 所示。

7.2.6 调整对象之间的叠加顺序

多个浮动对象在仪表板中具有上下层的叠加顺序。位于上层的对象会遮盖住其下层的对象。如图 7-17 所示，上层的条形图遮盖住了下层的折线图。

在“布局”窗格底部的“项分层结构”中列出了仪表板中的所有对象，显示在列表顶部的对象位于最上层，显示在列表底部的对象位于最下层，其他对象在最上层和最下层之间依次排列，如图 7-18 所示。在列表中将一个对象拖动到其他对象的上方或下方，可以更改该对象的叠加顺序。

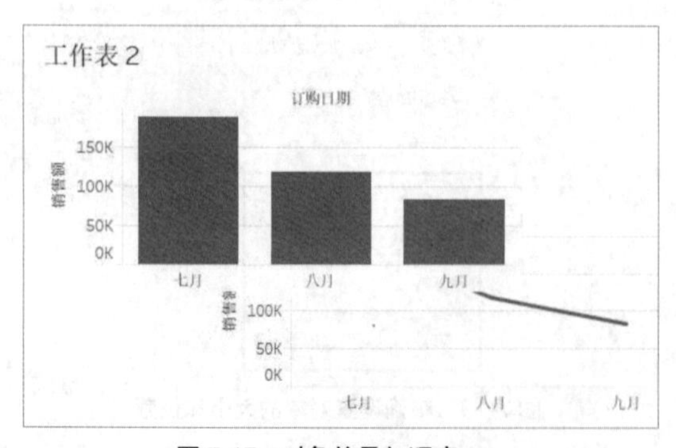

图 7-17 对象的叠加顺序

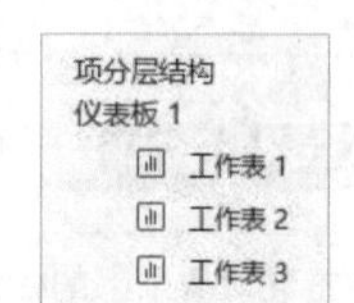

图 7-18 在“项分层结构”中列出了仪表板中的所有对象

更改对象的叠加顺序还可以使用以下几种方法：

- 在“项分层结构”中右击一个对象，然后在弹出的菜单中选择“浮动顺序”命令，再在子菜单中选择调整叠加顺序的方向，如图 7-19 所示。
- 选择仪表板中的浮动对象，打开对象的快捷菜单，然后选择“浮动顺序”命令，再在子菜单中选择调整叠加顺序的方向。

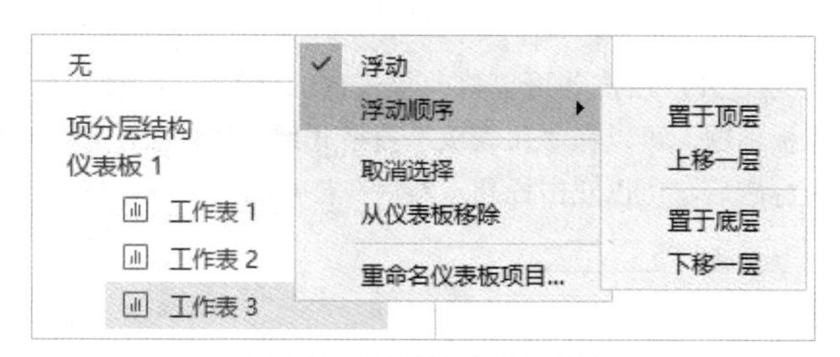

图 7-19　选择叠加顺序的方法

7.2.7　在格式不变的情况下替换视图

如需使用另一个视图替换仪表板中的某个视图，并且希望替换后的视图仍然包含原始图设置好的格式，那么可以先在仪表板中选择要替换掉的视图，然后将鼠标指针指向“仪表板”窗格中要使用的视图上，再单击“交换工作表”图标，如图 7-20 所示。

7.2.8　修改对象的名称

在仪表板中选择一个对象时，该对象的名称显示在“布局”窗格中的“选择项”下方，如图 7-21 所示。

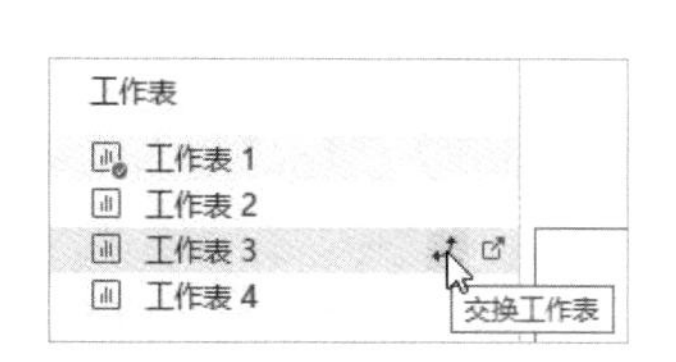

图 7-20　单击“交换工作表”图标

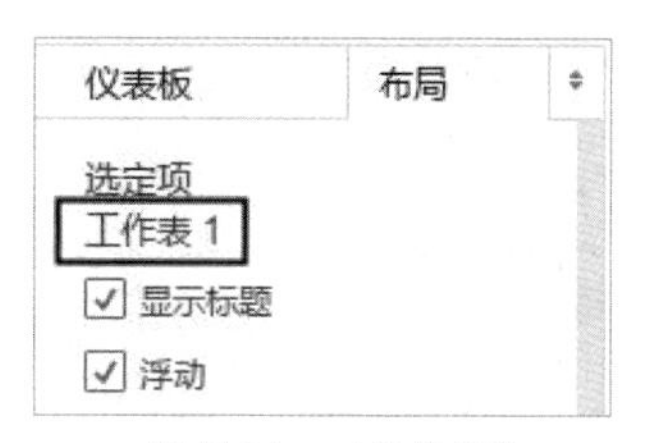

图 7-21　对象的名称

为了使对象易于识别，可以修改对象的名称。在“布局”窗格的“项分层结构”中右击一个对象，然后在弹出的菜单中选择“重命名仪表板项目”命令，如图 7-22 所示。打开如图 7-23 所示的对话框，在文本框中修改对象的名称，最后单击“确定”按钮。

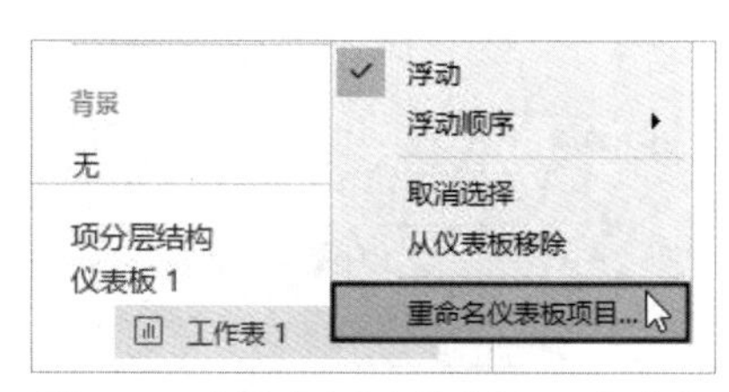

图 7-22　选择“重命名仪表板项目”命令

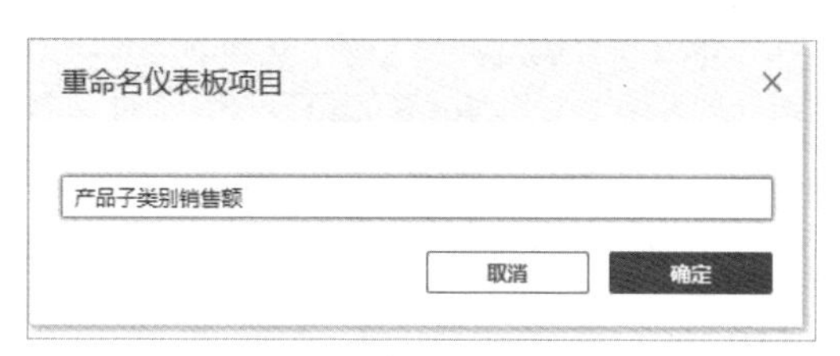

图 7-23　修改对象的名称

提示：“重命名仪表板项目”命令也可在仪表板中对象的快捷菜单中找到。

7.2.9 设置对象和仪表板的标题

将对象添加到仪表板后，对象的标题显示在对象的左上角。如需修改对象的标题，可以右击仪表板中的对象，在弹出的菜单中选择“编辑标题”命令，如图 7-24 所示，然后在打开的对话框中修改标题，完成后单击“确定”按钮。

提示：双击对象左上角的标题，也会打开编辑标题的对话框。

除了修改对象的标题之外，用户还可以修改仪表板的标题。仪表板的标题位于仪表板的左上角，如果没有显示仪表板标题，可以在“仪表板”窗格底部勾选“显示仪表板标题”复选框，如图 7-25 所示。显示仪表板标题后，可以双击标题，然后在打开的对话框中修改标题。

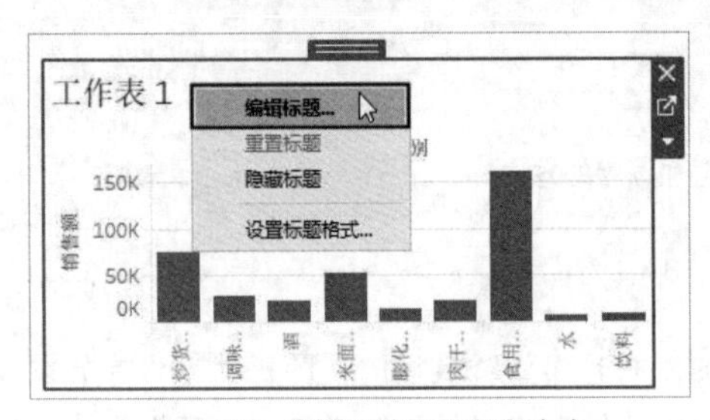

图 7-24 选择“编辑标题”命令

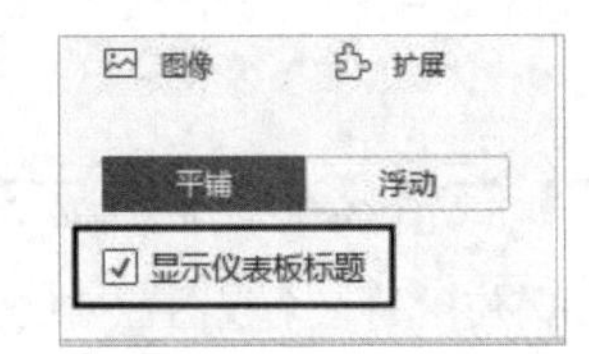

图 7-25 勾选“显示仪表板标题”复选框

如需设置仪表板标题和视图标题的格式，可以单击菜单栏中的“仪表板”|“设置格式”命令，然后在“设置仪表板格式”窗格中进行设置，如图 7-26 所示。

提示：为标题设置格式后，如需恢复为默认格式，可以在“设置仪表板格式”窗格中右击要恢复的格式，然后在弹出的菜单中选择“清除”命令，如图 7-27 所示。

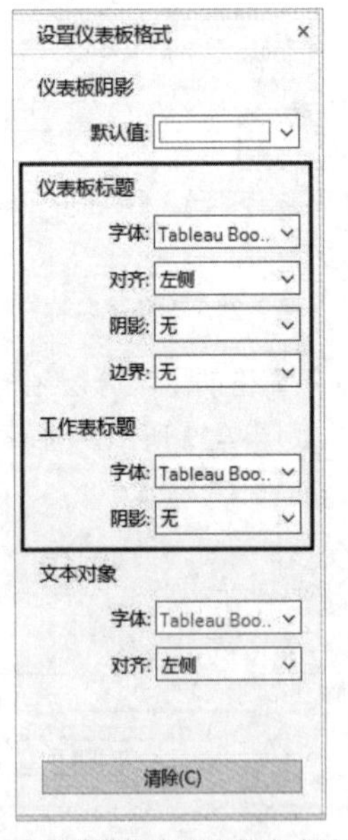

图 7-26 设置仪表板中的文本格式

图 7-27 选择“清除”命令

7.2.10 从仪表板中移除对象

对于仪表板中不再需要的对象，可以将其从仪表板中移除，有以下几种方法：

- 在仪表板中选择要移除的对象，然后单击对象左侧或右侧的“从仪表板移除”按钮☒，如图 7-28 所示。
- 在仪表板中打开对象的快捷菜单，然后选择“从仪表板移除”命令，如图 7-29 所示。
- 在“布局”窗格的“项分层结构”中右击对象，然后在弹出的菜单中选择“从仪表板移除”命令，如图 7-30 所示。

图 7-28　单击“从仪表板移除”按钮

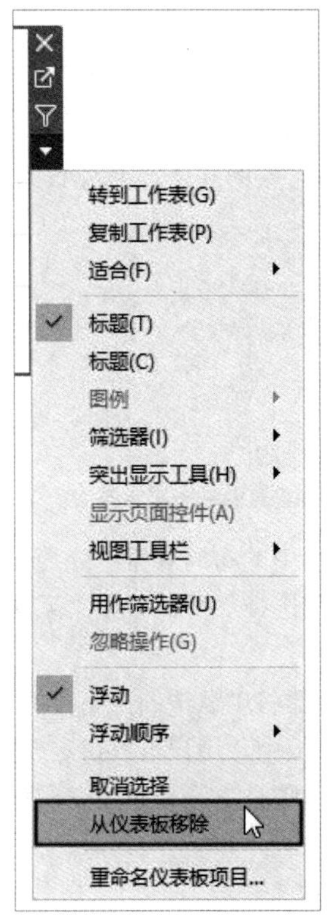

图 7-29　选择“从仪表板移除”命令 1

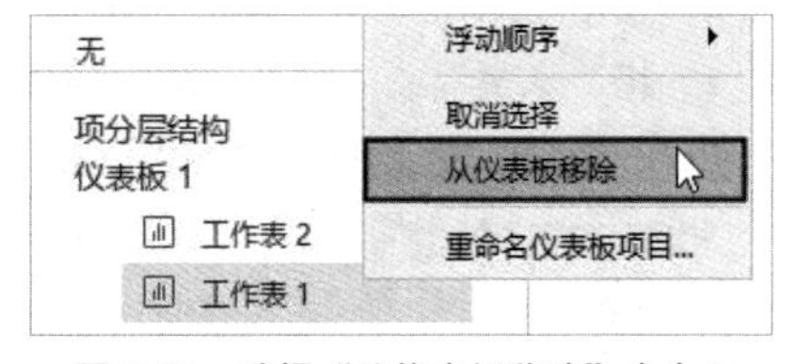

图 7-30　选择“从仪表板移除”命令 2

- 如果移除的是工作表中的视图，那么还可以在“仪表板”窗格中右击工作表，然后在弹出的菜单中选择“从仪表板移除”命令，如图 7-31 所示。

如需移除仪表板中的所有对象，可以单击工具栏中的“清除工作表”按钮，如图 7-32 所示。

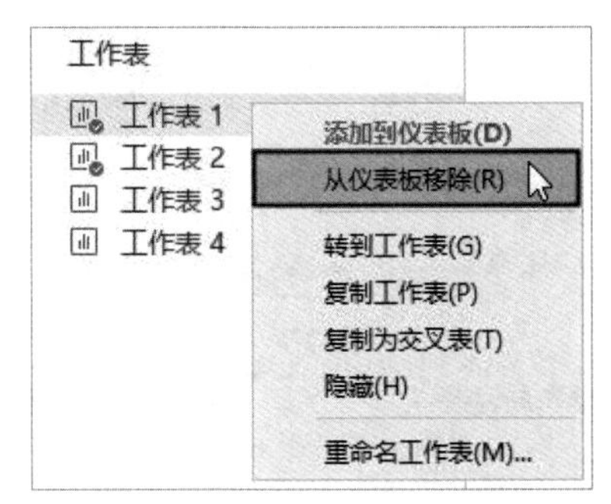

图 7-31　选择“从仪表板移除”命令 3

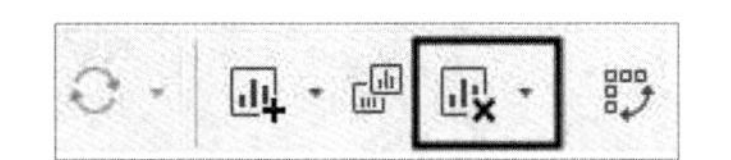

图 7-32　单击“清除工作表”按钮

7.3 使用布局容器组织对象

在仪表板中添加的每一个对象默认都位于布局容器中，这是由 Tableau 自动添加的布局容器。为了为仪表板中的对象设计灵活的布局方式，用户可以在仪表板中手动添加一个或多个布局容器，然后将对象添加到布局容器中，以便利用布局容器组织对象。本节将介绍在仪表板中添加和使用布局容器的方法。

7.3.1 在仪表板中添加布局容器

Tableau 提供了水平和垂直两种布局容器，水平布局容器可以自动调整其内部包含的对象的宽度，垂直布局容器可以自动调整其内部包含的对象的高度。两种布局容器位于“仪表板”窗格的“对象”类别中，如图 7-33 所示。

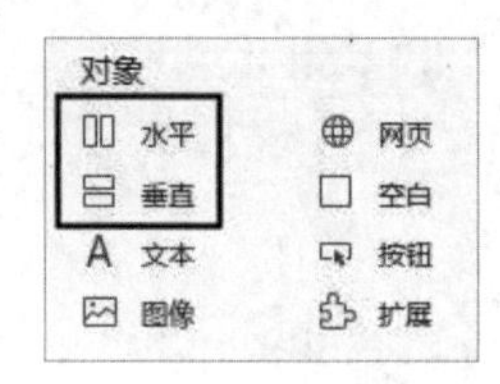

图 7-33　水平和垂直两种布局容器

与平铺对象和浮动对象类似，添加到仪表板中的布局容器也分为平铺和浮动两种，因此，在添加布局容器之前，需要先在“仪表板”窗格底部选择“平铺”和“浮动”两个选项之一，然后可以使用以下两种方法添加布局容器：

- 双击“水平”或“垂直”图标，布局容器将以默认的大小和位置添加到仪表板中。
- 将“水平”或“垂直”图标拖动到仪表板中，用户可以指定放置的目标位置。

如果添加的是平铺的布局容器，则无论使用哪种方法，布局容器都会自动占满整个仪表板；如果添加的是浮动的布局容器，则无论使用哪种方法，布局容器都只会占据仪表板中较小的区域。如图 7-34 所示是添加平铺和浮动两种布局容器的效果。

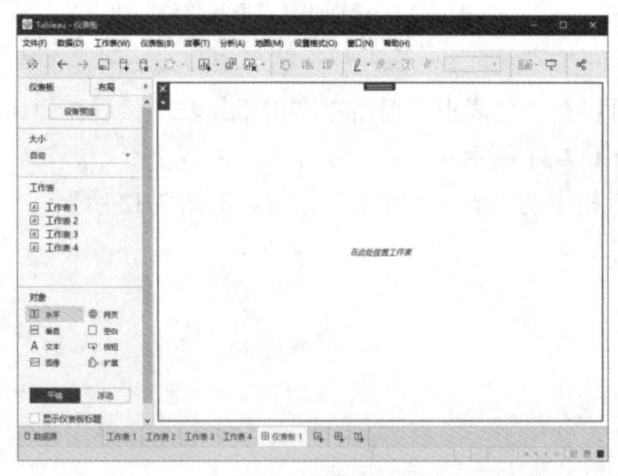

（a）平铺布局容器　　（b）浮动布局容器

图 7-34　平铺布局容器和浮动布局容器

7.3.2 在布局容器中添加对象

在布局容器中添加对象分为自动和手动两种方式。如需使用自动方式，只需先在仪表板中选择

一个布局容器，然后在“仪表板”窗格中双击要添加的对象，即可将其添加到选中的布局容器中。在布局容器中只能添加平铺对象，不能添加浮动对象。

当使用自动方式在仪表板中添加多个对象时，如果是水平布局容器，则会将多个对象在水平方向上依次填入，如图 7-35 所示；如果是垂直布局容器，则会将多个对象在垂直方向上依次填入，如图 7-36 所示。无论哪种布局容器，Tableau 都会自动调整布局容器中各个对象的大小。

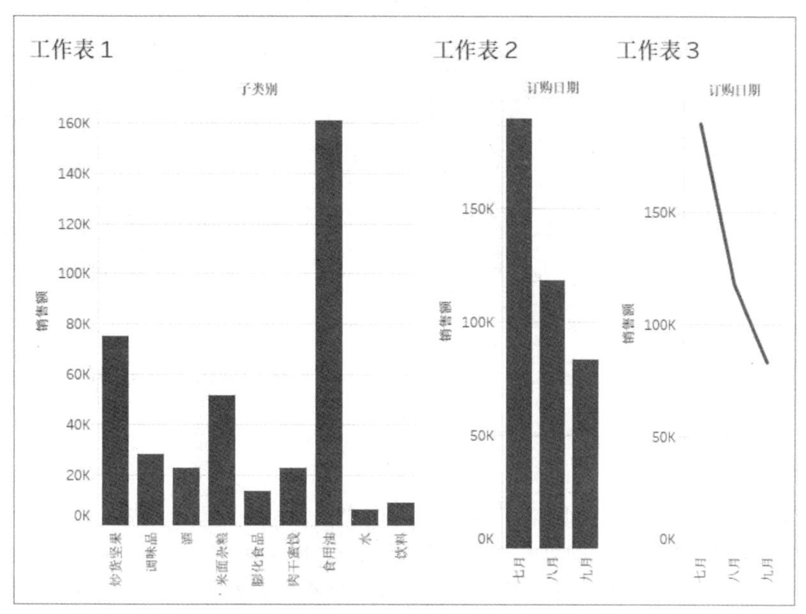

图 7-35　在水平容器中添加多个对象

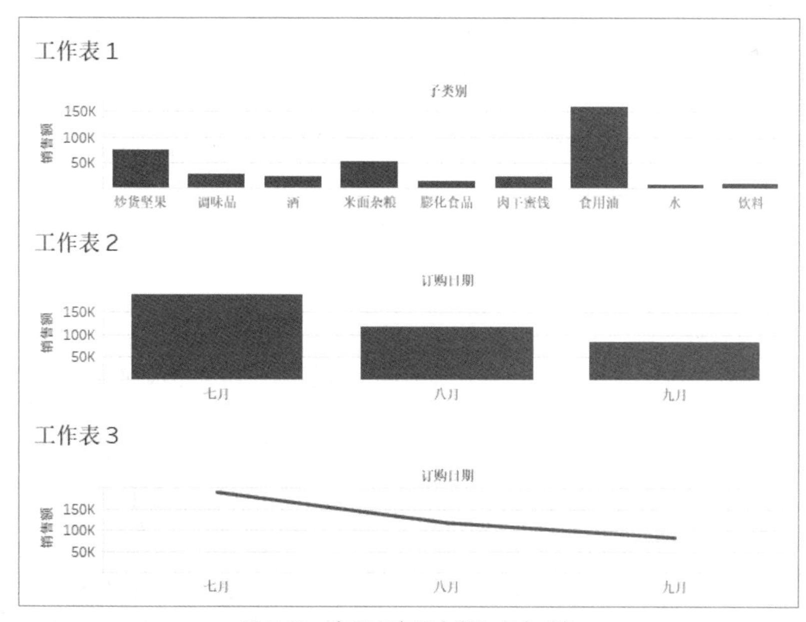

图 7-36　在垂直容器中添加多个对象

如需使用手动方式添加对象，需要先在仪表板中选择一个布局容器，然后将对象从“仪表板”窗格拖动到选中的布局容器中，当拖动的对象与布局容器吻合时，布局容器会呈现灰色背景，如图

7-37 所示，此时释放鼠标按键，即可将对象放置到布局容器中。

在向同一个布局容器中添加第二个对象时，鼠标指针的位置决定将第二个对象放置在哪里。如图 7-38 所示，鼠标指针位于布局容器的下边缘，当显示灰色背景时，表示可以将对象放在此处。将对象放置到布局容器中其他 3 个方向上的方法与此类似。

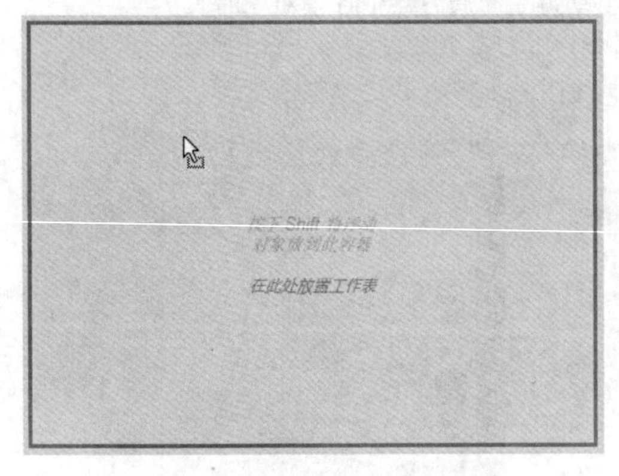

图 7-37　布局容器呈现灰色背景

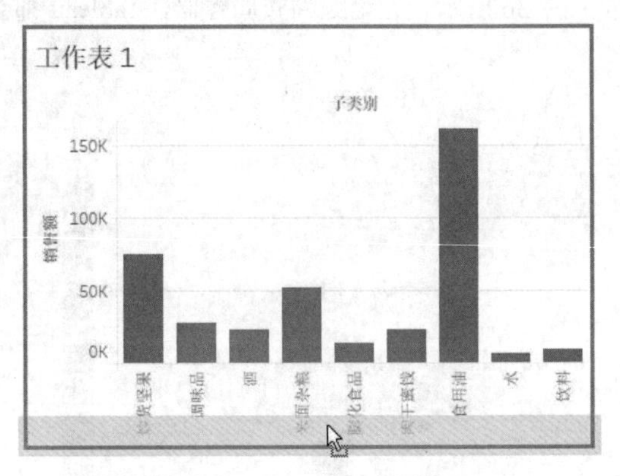

图 7-38　灰色背景表示可以将对象放在此处

7.3.3　选择布局容器

如果还未在布局容器中添加对象，那么只需单击布局容器，即可将其选中。选中后的布局容器会呈现蓝色的边框，以及与选中的对象类似的按钮和快捷菜单，如图 7-39 所示。

如果已在布局容器中添加对象，那么想要直接选择布局容器可能不太容易。此时可以先单击布局容器中的对象，将对象选中，然后打开对象的快捷菜单，从中选择“选择容器：水平”（“水平”表示当前布局容器的类型），如图 7-40 所示。

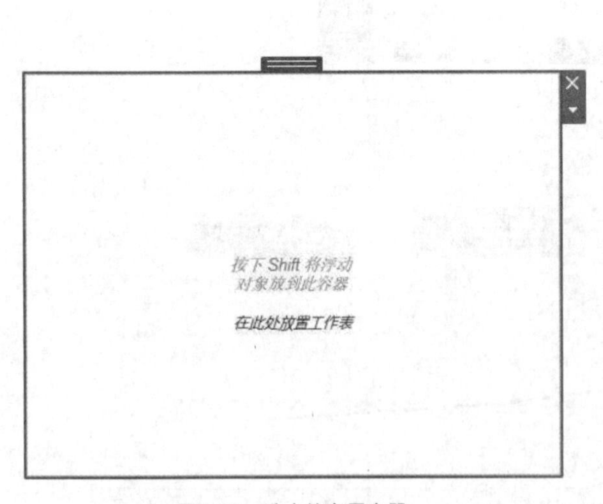

图 7-39　选中的布局容器

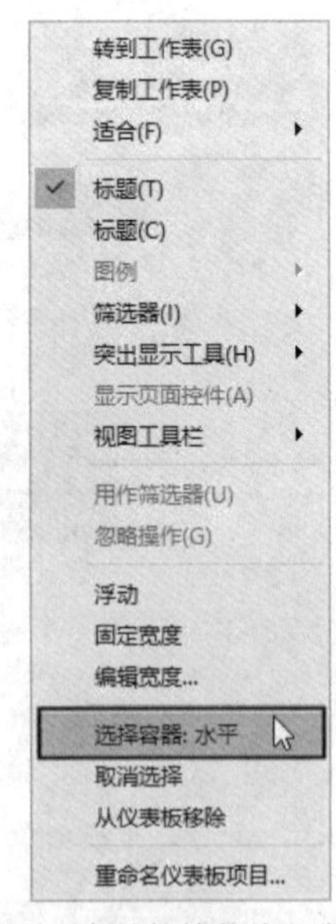

图 7-40　通过对象的快捷菜单来选择布局容器

另一种选择布局容器的方法是，在“布局”窗格的“项分层结构”中单击表示布局容器的名称，例如“水平”，如图 7-41 所示。

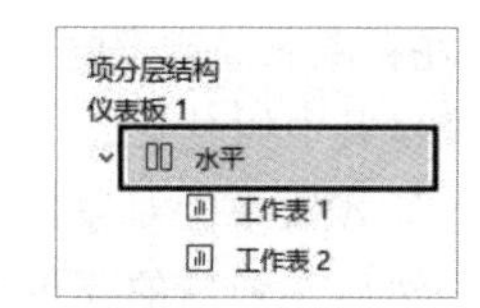

图 7-41 在“项分层结构”中选择布局容器

7.3.4 快速均分布局容器中多个对象的大小

当在一个布局容器中添加了多个对象之后，各个对象的大小可能不同，如图 7-42 所示。

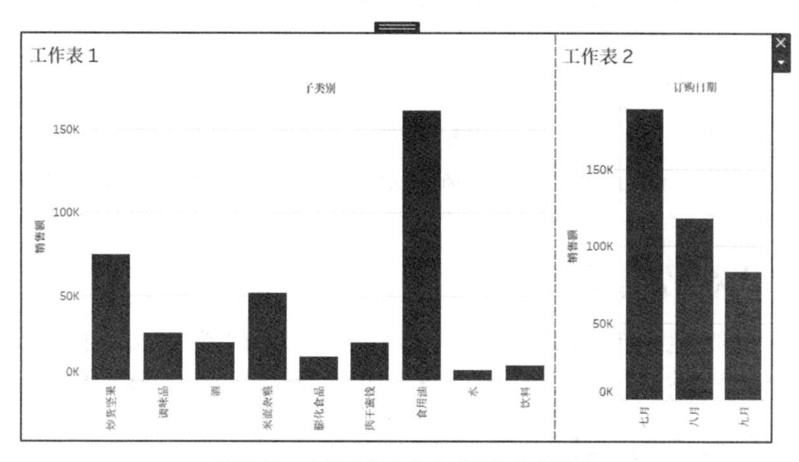

图 7-42 布局容器中各个对象的大小不同

如需使布局容器中的所有对象具有相同的大小，可以先选择对象所在的布局容器，然后单击布局容器上的下拉按钮，在弹出的菜单中选择“均匀分布内容”命令，如图 7-43 所示。均匀调整各个对象大小后的效果如图 7-44 所示。

图 7-43 选择“均匀分布内容”命令

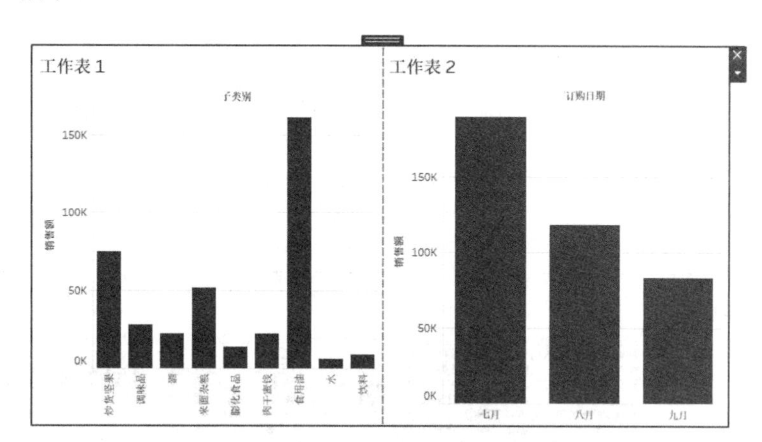

图 7-44 均匀调整各个对象的大小

注意：均分对象大小的功能只适用于用户手动添加的布局容器。

7.3.5 从仪表板中移除布局容器

从仪表板中移除布局容器的方法与移除对象类似，具体操作请参考 7.2.10 小节。移除布局容器时，如果在布局容器中包含对象，则在移除布局容器时会显示如图 7-45 所示的提示信息，单击“删除容器”按钮，将同时移除布局容器及其中的对象。

如果只想删除布局容器，但是将布局容器中的对象保留在仪表板中，则可以在“布局”窗格的“项分层结构”中右击布局容器，然后在弹出的菜单中选择“移除容器”命令，如图 7-46 所示。

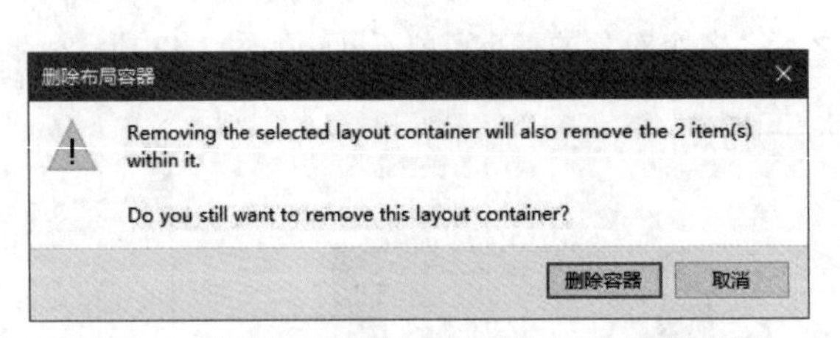

图 7-45　删除包含对象的布局容器时显示的提示信息

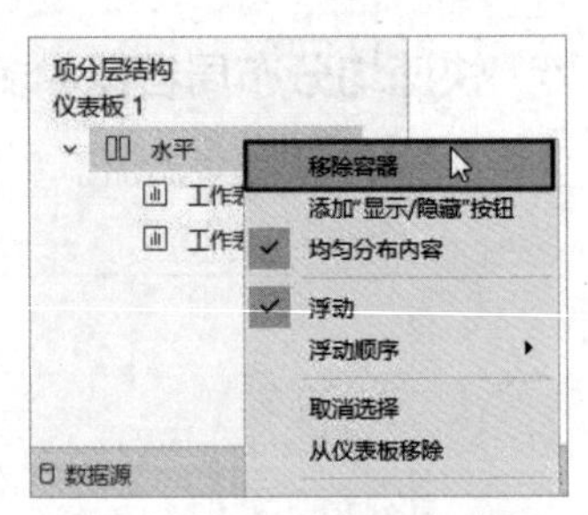

图 7-46　选择“移除容器”命令

7.4　为仪表板设计交互

为了在查看仪表板中的数据时增强用户与数据的互动性，可以为仪表板中的对象设计不同的交互方式。本节将介绍几种常见的交互方式，还将介绍在仪表板和相关工作表之间跳转的方法。

7.4.1　突出显示选中的标记

在仪表板中单击一个视图的某个标记时，该标记将突出显示，该视图中的其他标记则会变浅，以此突出用户单击的标记，但是仪表板中的其他视图中所有标记不会变浅，如图 7-47 所示。

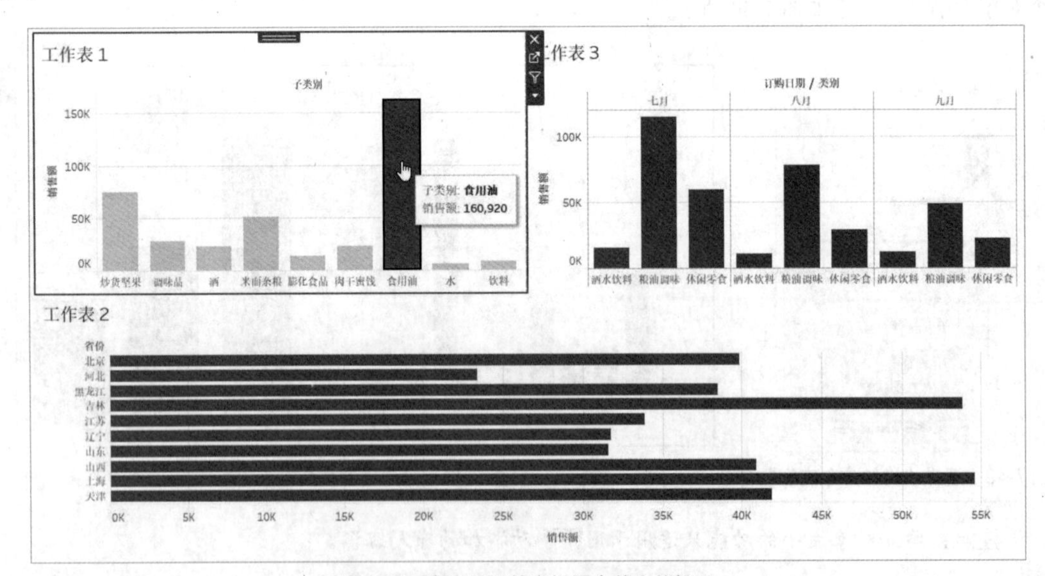

图 7-47　突出显示特定视图中单击的标记

为了在单击一个视图中的标记时使其他视图的所有标记变浅，可以单击工具栏中的“突出显示”按钮，在弹出的菜单中选择要突出显示的特定字段或所有字段，如图 7-48 所示。

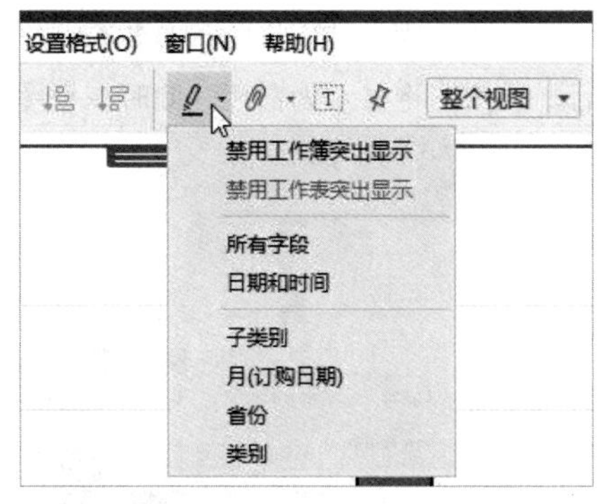

图 7-48　选择要在仪表板中突出显示的字段

如图 7-49 所示是启用突出显示功能后的效果，单击一个视图中的标记，其他该视图中的其他标记以及其他视图中的所有标记都会变浅，单击的标记将突出显示，该标记的标题也会自动显示黄色背景。

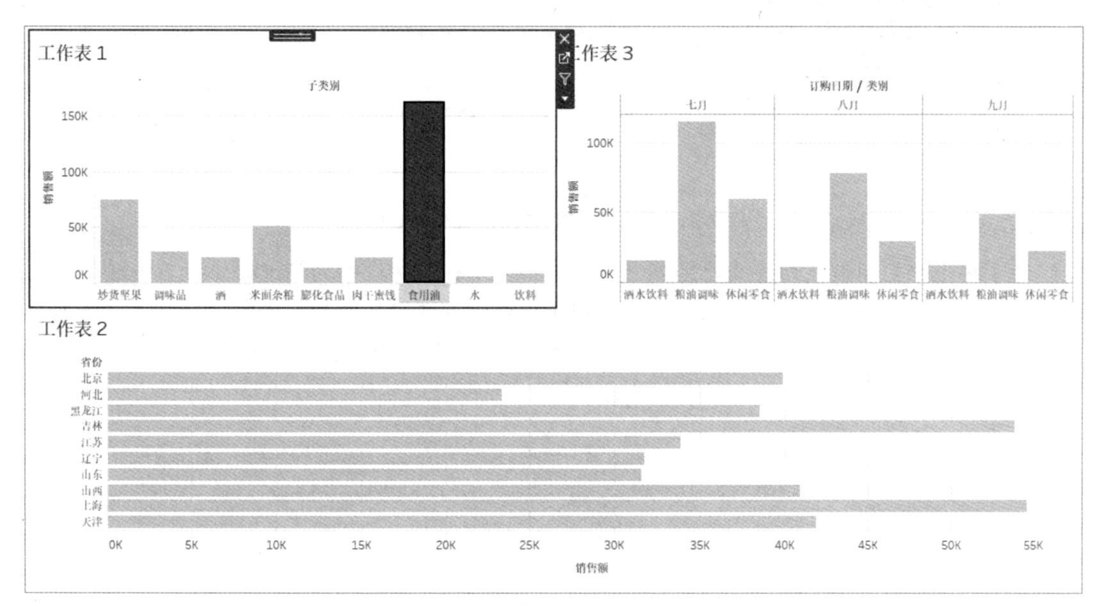

图 7-49　只突出显示单击的标记

7.4.2　使用一个或多个视图筛选其他视图

默认情况下，在一个视图中单击标记时，只会突出显示该标记，即使其他视图中的数据与该标记所在的视图有关联，其他视图也不会有任何反映。

如果希望在单击一个视图中的标记时，其他视图能够自动显示与该标记相关的数据，则可以将该视图设置为筛选器。只需在仪表板中选择要作为筛选器的视图，然后单击视图左侧或右侧的“用作筛选器”按钮，如图 7-50 所示。

图 7-50　单击“用作筛选器”按钮

提示：在对象的快捷菜单中也可以找到“用作筛选器”命令。

单击“用作筛选器”按钮后，该按钮将显示为白色，此时在视图中单击标记时，在其他视图中会自动显示与该标记相关的数据，如图 7-51 所示。

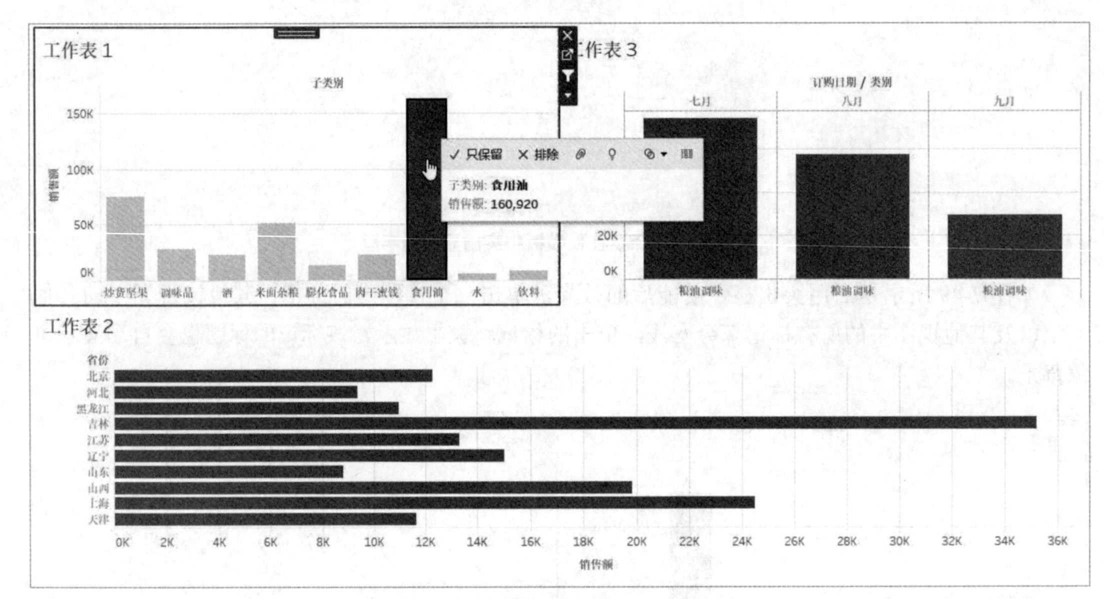

图 7-51　单击标记筛选其他视图中的数据

除了将一个视图设置为筛选器之外，也可以将多个视图都设置为筛选器。设置方法与前面介绍的类似，即为每一个作为筛选器的视图启用“用作筛选器”功能。除此之外，还需要为启用了“用作筛选器”功能的每一个视图都选择“忽略操作”命令，如图 7-52 所示。这样在筛选数据时，筛选操作不会作用于用作筛选器的视图。

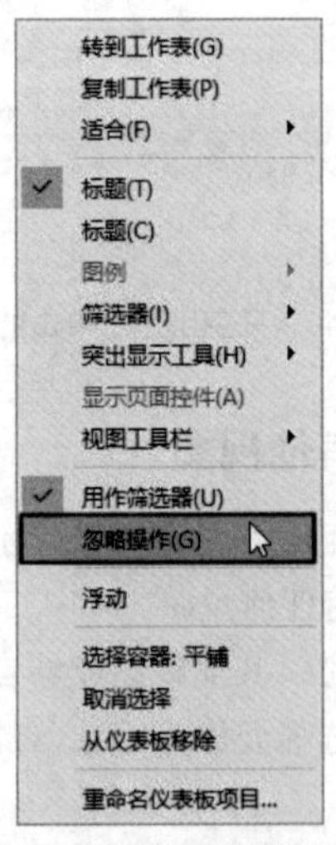

图 7-52　选择“忽略操作”命令

7.4.3　筛选视图时自动调整视图大小和显示状态

为了仪表板空间布局的考虑，有时可能希望在单击一个视图中的标记时，在仪表板中显示与该标记相关的另一个视图，一旦取消标记的选中状态，刚显示的视图就会立刻隐藏起来，并自动放大第一个视图。

实现该功能至少需要在仪表板中包含两个视图，将其中一个视图设置为筛选器，然后利用 Tableau 中的动作功能来实现另一个视图的显示或隐藏。本例有两个视图，一个水平条形图，另一个是垂直条形图（柱形图），现在希望在单击垂直条形图中的标记时，自动在该视图的上方显示水平条形图，取消垂直条形图中标记的选中状态后，自动隐藏水平条形图，并向上扩展垂直条形图。实现该功能的操作步骤如下：

Step01 在仪表板中添加一个垂直布局容器，然后将水平条形图和垂直条形图都添加到该布局容器中，水平条形图在上方，垂直条形图在下方，如图 7-53 所示。

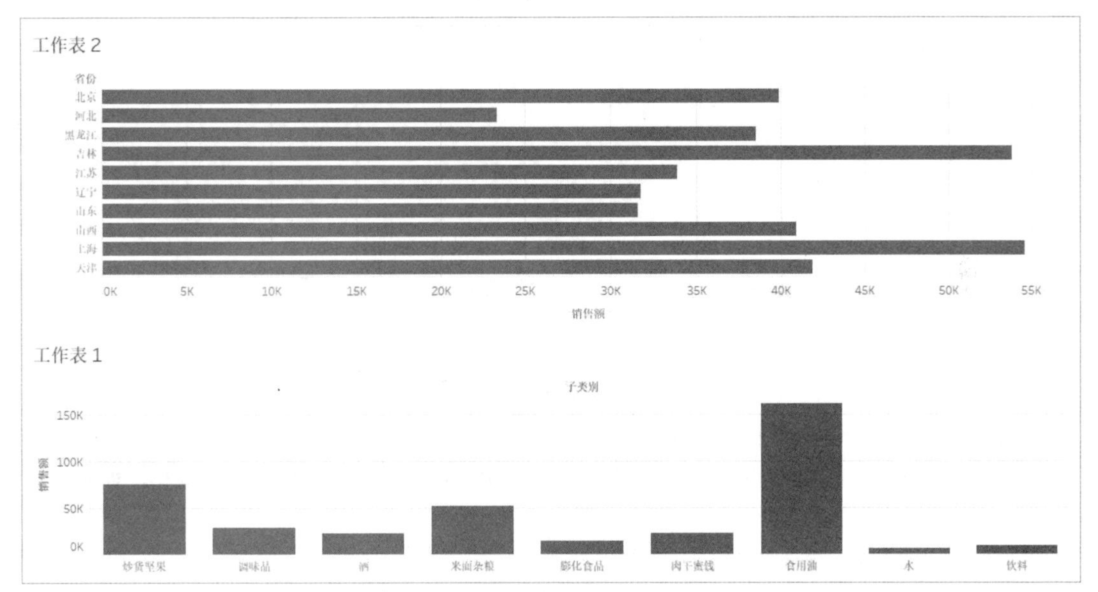

图 7-53 在垂直布局容器中添加两个视图

Step02 使用 7.4.2 小节的方法，为下方的垂直条形图启用“用作筛选器”功能。

Step03 单击菜单栏中的“仪表板”|“操作”命令，在打开的对话框中双击 Step02 为垂直条形图创建筛选器动作，如图 7-54 所示。

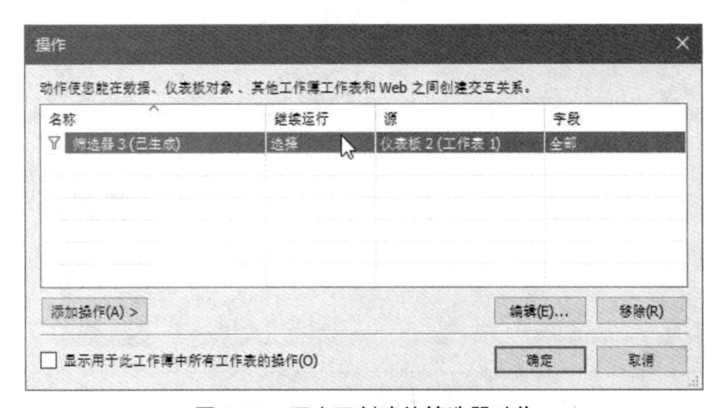

图 7-54 双击已创建的筛选器动作

Step04 打开如图 7-55 所示的对话框，在“目标工作表”中选中水平条形图对应的工作表名称，此处为“工作表 2”，然后选中“排除所有值”单选按钮。

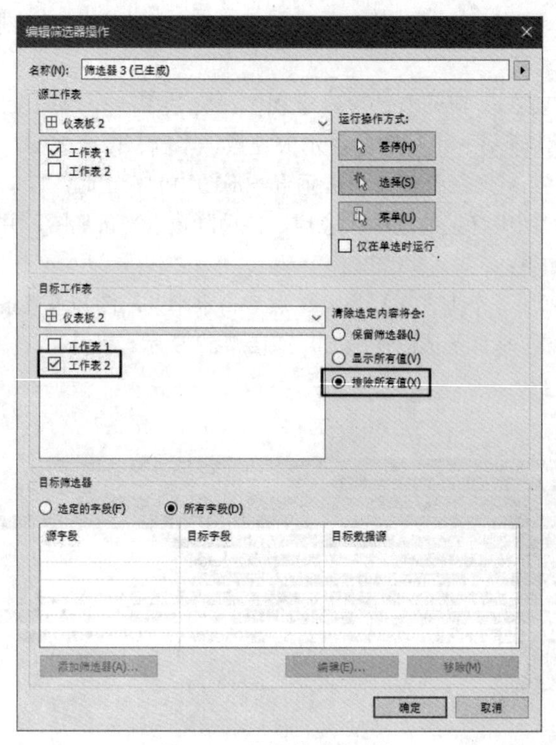

图 7-55　设置筛选器动作

Step 05 单击两次“确定”按钮，依次关闭打开的对话框，完成所有设置。

在下方的视图中选择标记时，上方的视图会自动更新以显示与该标记相关的数据，如图 7-56 所示。

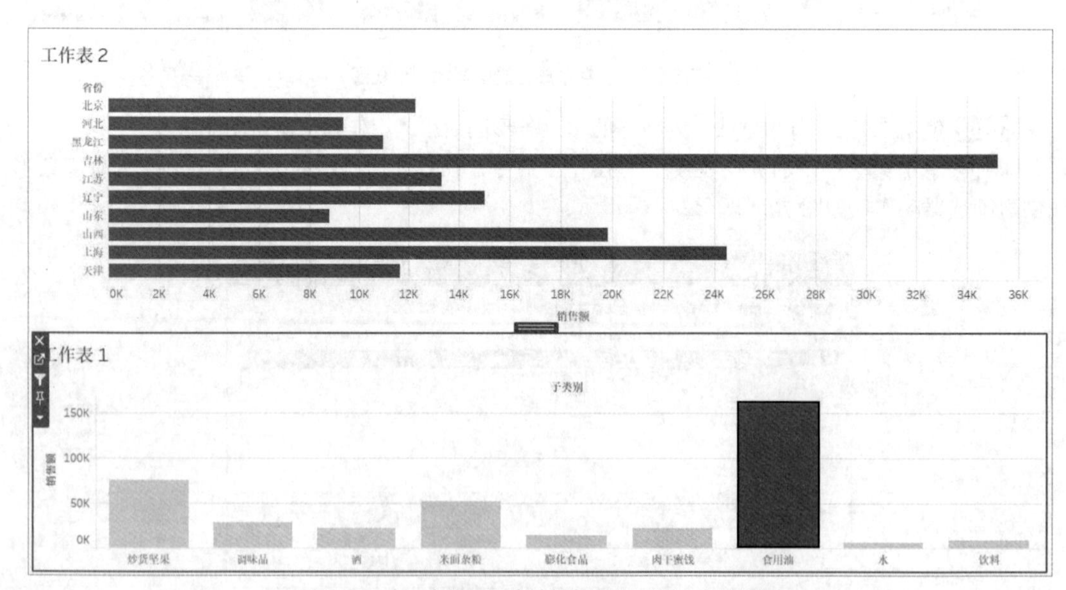

图 7-56　在下方的视图中选择标记以更新上方的视图

在下方的视图中不选择任何标记时，上方的视图会自动隐藏而只显示标题，下方的视图会自动向上扩展，如图 7-57 所示。

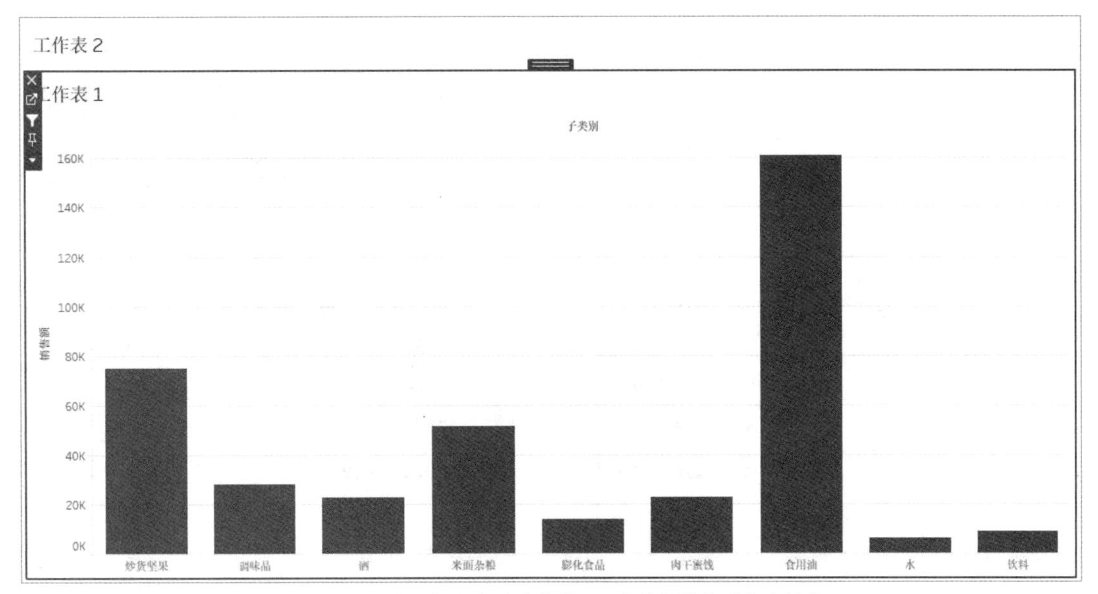

图 7-57　上方的视图自动隐藏并且下方的视图自动向上扩展

7.4.4　在仪表板及其相关工作表之间自动跳转

利用 Tableau 提供的跳转功能，用户可以很容易地跟踪和定位仪表板中特定视图所在的工作表，也可以查看特定工作表正在被哪些仪表板使用。

如需定位仪表板中某个视图所在的工作表，可以在仪表板中单击该视图，然后从其快捷菜单中选择“转到工作表”命令，如图 7-58 所示，将会自动切换到该视图所在的工作表。

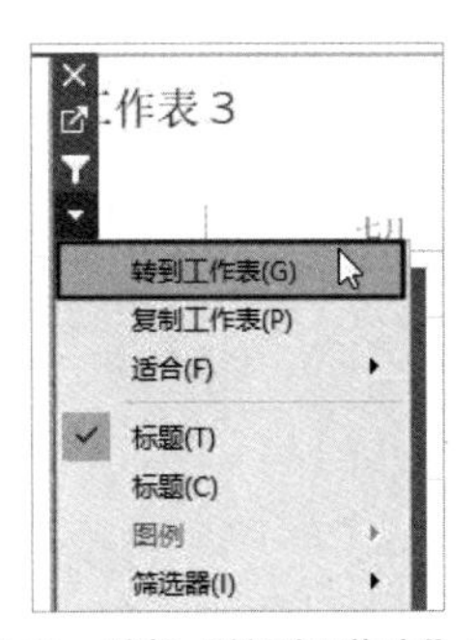

图 7-58　选择“转到工作表”命令

提示：从仪表板跳转到工作表还可以使用以下两种方法：

(1) 将鼠标指针移动到“仪表板”窗格中的某个工作表名称上，然后单击“转到工作表”图标，如图 7-59 所示。

(2) 在“仪表板”窗格中右击某个工作表的名称，然后在弹出的菜单中选择“转到工作表”命令，如图 7-60 所示。

如需查看某个工作表正在被哪些仪表板使用，可以右击工作簿窗口底部的工作表标签，在弹出的菜单中选择“使用范围”，然后在弹出的子菜单中将显示正在使用该工作表的仪表板名称，如图 7-61 所示。

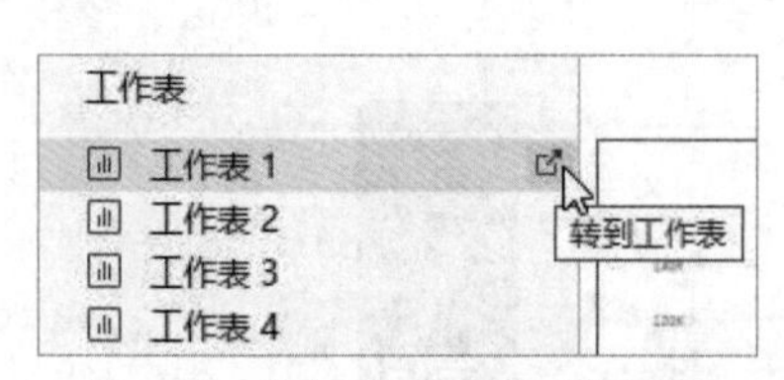

图 7-59　单击“转到工作表”图标

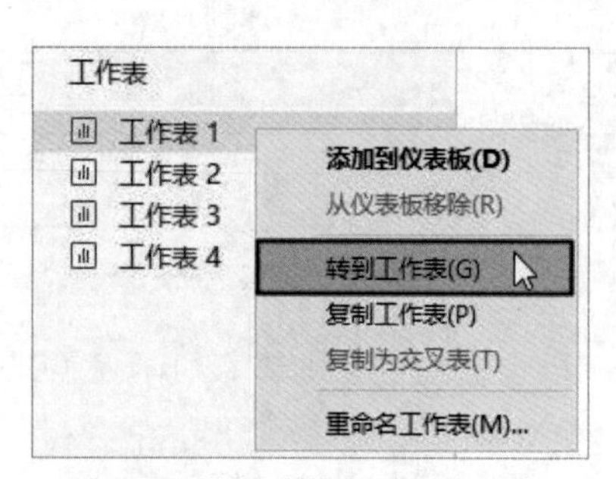

图 7-60　选择“转到工作表”命令

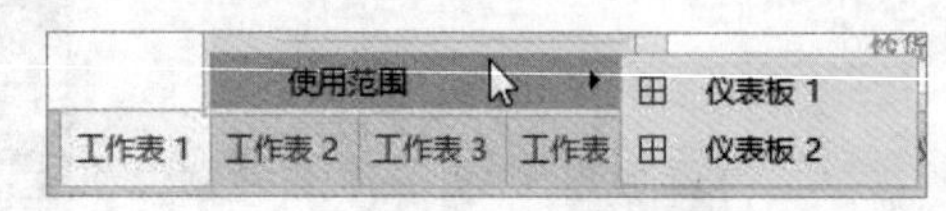

图 7-61　选择“使用范围”命令后显示仪表板的名称

第8章 创建故事

创建故事的主要工作是将工作簿中的视图和仪表板整合到一起，观众跟随故事的发展逐步探索数据的含义，从而提供有价值的商业见解，Tableau 中的故事就像是一个短暂的数据旅行。开始创建故事前，应该仔细考虑故事的用途和呈现方式。本章将介绍创建和设置故事的方法。

8.1 创建故事

创建故事的一般流程是先创建一个新的故事点，然后在故事点中添加视图、仪表板和文本，并为它们设置格式。如果已在故事中创建了一个或多个故事点，则可以基于现有的某个故事点创建新的故事点。本节将介绍创建故事的方法。

8.1.1 故事的界面环境

创建故事的方法与创建仪表板类似，只需在工作簿窗口底部的选项卡标签上单击“新建故事”按钮，即可在当前工作簿中创建一个故事，如图 8-1 所示。创建故事后，将自动切换到故事界面，如图 8-2 所示。

图 8-1　新建故事

在故事界面中包含与仪表板类似的以下几个部分：

- 窗口顶部的菜单栏中的“故事”菜单包含与故事相关的命令和选项。
- 窗口左侧的窗格由“故事”和“布局”两个选项卡组成。
- “故事”选项卡用于设置故事的大小，向故事添加的视图和仪表板也都显示在此处，在故事中添加的各种对象显示在窗口中间的空白区域中。
- “布局”选项卡用于设置在故事中导航的方式。

故事界面也包含一些特殊的组件，如图 8-3 所示。

- “故事”窗格中的“新建故事点”用于在故事中添加故事点。
- 故事界面中的大面积空白区域的顶部是故事的导航栏，此处显示每个故事点的简要说明，用户使用导航栏切换显示不同的故事点。

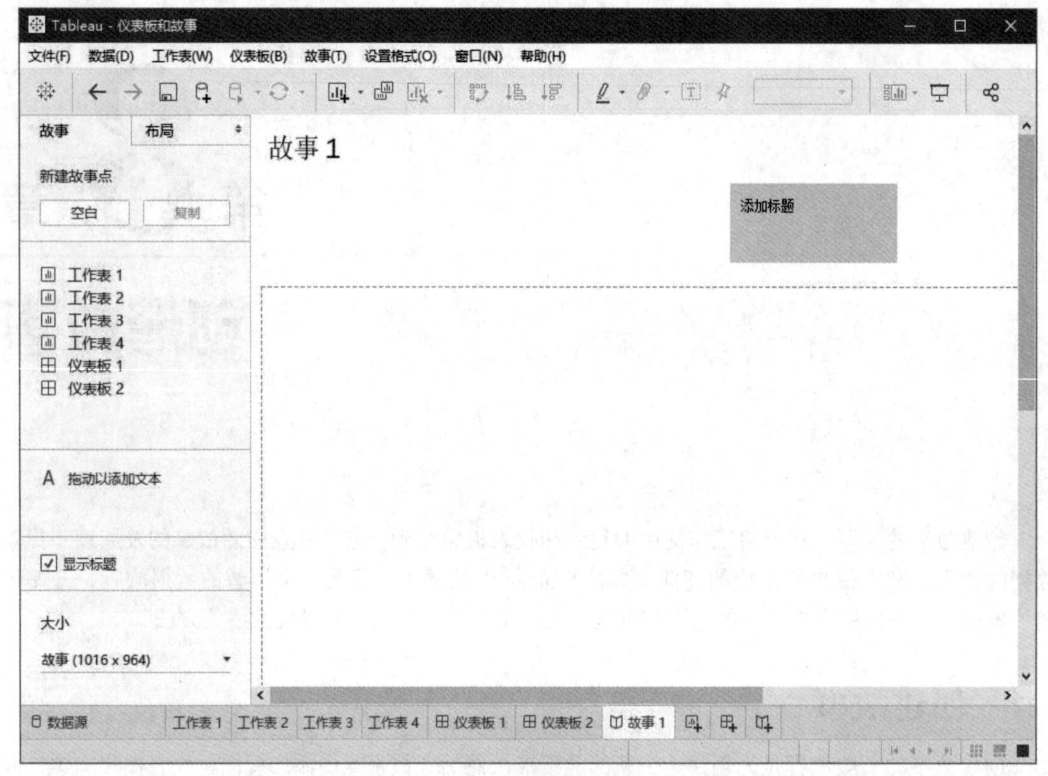

图 8-2 故事界面

图 8-3 故事界面特有的组件

- 将鼠标指针移动到故事点上时，会自动显示故事工具栏，其中包含 4 个按钮，如图 8-4 所示。

图 8-4 故事工具栏

8.1.2 设置故事的大小

如需设置故事的大小，可以在“故事”窗格的“大小”中选择一种预置方案，如图 8-5 所示。与仪表板类似，Tableau 为故事的大小也预置了相同的 3 种方案，每个方案的作用也都类似，此处不再赘述。

8.1.3　创建或删除故事点

故事由一个或多个故事点组成，每个故事点都是整个故事中的一个片段，在每个故事点中可以包含视图、仪表板和文本。新建一个故事时，其中默认包含一个空白故事点。如需创建新的故事点，可以在“故事”窗格中单击“空白”按钮，如图 8-6 所示。

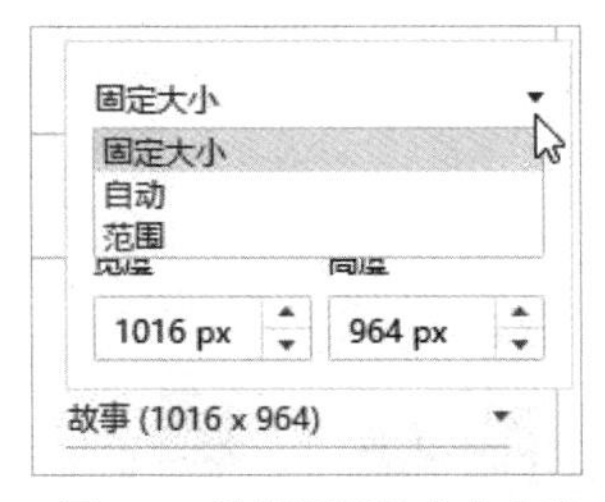

图 8-5　选择预置的大小方案

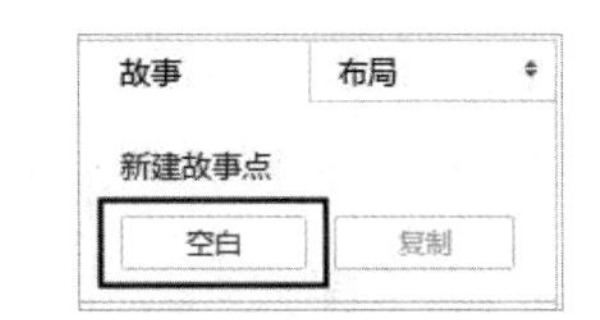

图 8-6　单击“空白”按钮创建新的故事点

如需以现有故事点作为新故事点的起点，可以单击“空白”按钮右侧的“复制”按钮，将创建一个新的故事点，其中的内容与上一个故事点完全相同。

如果故事中的某个故事点不再有用，则可以将鼠标指针移动到导航栏中与该故事点对应的文本框上，然后在上方显示的工具栏中单击“删除”按钮×，如图 8-7 所示。

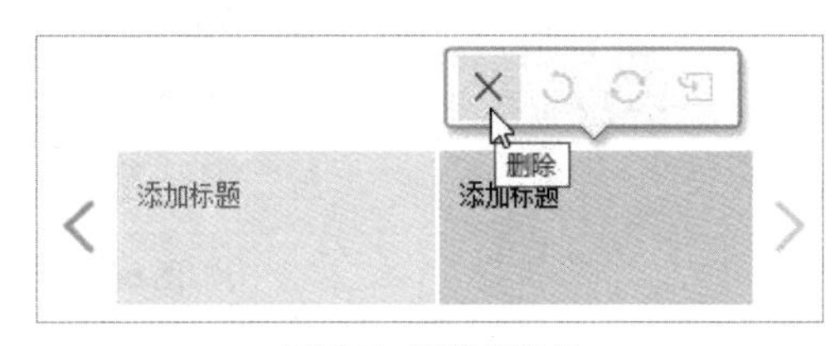

图 8-7　删除故事点

8.1.4　为故事点添加简要说明

在导航栏中显示的每一个文本框对应于一个故事点，在文本框中可以输入故事点的简要说明，以便使用户可以快速了解故事点的核心内容。

如需为故事点添加简要说明，可以在导航栏中单击与故事点对应的文本框，然后在其中输入所需的内容，如图 8-8 所示。

8.1.5　为故事点添加或删除内容

与在仪表板中添加内容的方法类似，如需为故事点添加内容，可以在“故事”窗格中将工作表中的视图或仪表板拖动到右侧的空白区域中，如图 8-9 所示。

图 8-8　为故事点添加标题

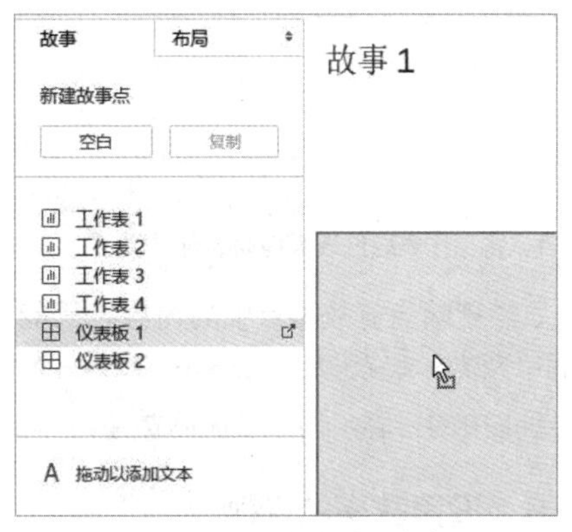

图 8-9　为故事点添加内容

如图 8-10 所示是添加到故事点中的仪表板，在每个故事点中只能添加一个视图或一个仪表板。

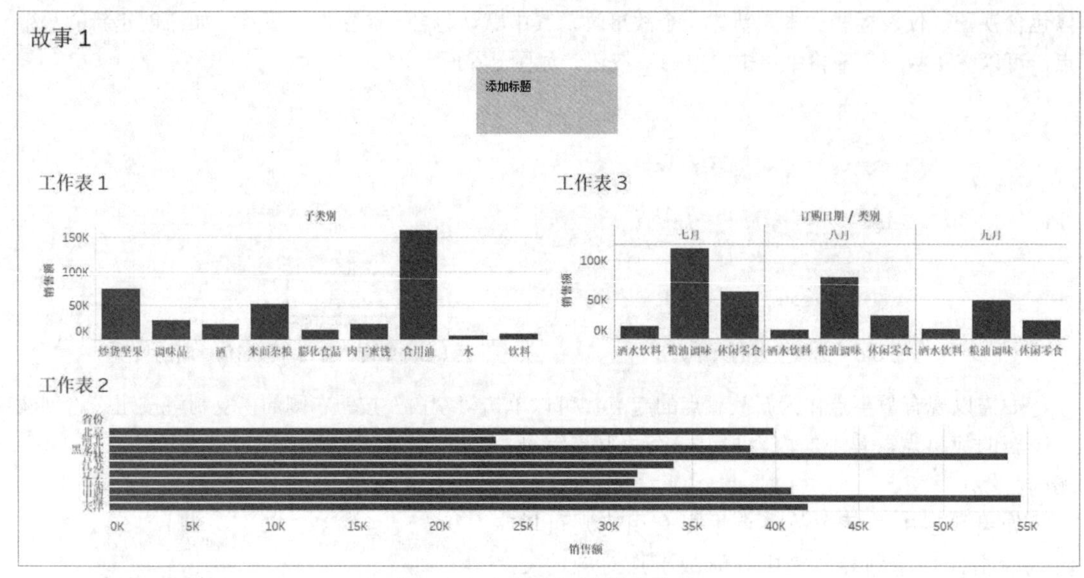

图 8-10　在故事点中添加仪表板

技巧：如需在创建故事点的同时自动添加好内容，可以直接将“故事”窗格中的工作表或仪表板拖动到右侧顶部的导航栏中，当显示一对上下箭头时，如图 8-11 所示，释放鼠标按键，即可创建一个新的故事点，并将正在拖动的工作表中的视图或仪表板添加到该故事点。

如需为故事点中的内容添加注释，可以将“故事”窗格中的“拖动以添加文本”拖动到右侧的区域中（请参考图 8-9），然后在打开的对话框中输入所需的注释内容，如图 8-12 所示。

图 8-11　将工作表或仪表板拖动到导航栏上　　　图 8-12　输入注释内容

如需删除当前故事点中的内容，只能通过删除故事点来实现，即使用 8.1.3 小节中的方法。但是有一个例外情况，如果故事中只有一个故事点，则在故事工具栏中单击“删除”按钮时，只删除该故事点中的内容，而不会删除故事点本身。

8.1.6　设置故事的标题

无论当前正在显示哪个故事点，整个故事的标题始终显示在故事的左上角。如需修改故事的标

题，可以右击故事的标题，在弹出的菜单中选择“编辑标题”命令，如图 8-13 所示，然后在打开的对话框中修改故事的标题。

选择“编辑高度”命令，可以设置故事标题所在区域的高度。如果故事标题包含大量文本，Tableau 会自动调整故事标题区域的高度，以完整显示所有文本。

如果不想显示故事标题，可以选择“隐藏标题”命令。以后想要重新显示故事标题时，可以在“故事”窗格中勾选“显示标题”复选框，如图 8-14 所示。

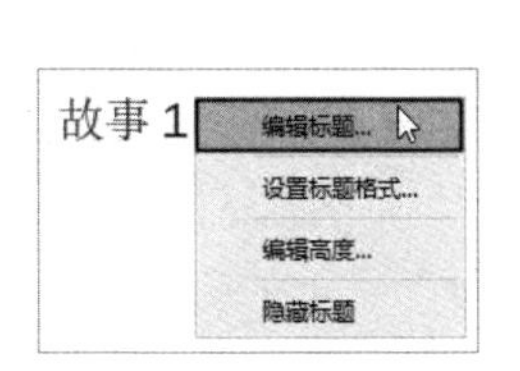

图 8-13　修改故事的标题

图 8-14　勾选“显示标题”复选框

8.2　设置故事的格式

为故事中的各个故事点添加内容后，为了获得更好的视觉效果和操作体验，可以对导航方式和对象大小进行调整。

8.2.1　设置故事导航栏的样式

当一个故事包含不止一个故事点时，在导航栏中会为每一个故事点显示一个文本框，并在导航栏的两侧显示左右箭头，单击箭头可以依次显示各个故事点，如图 8-15 所示。

图 8-15　在导航栏的两侧显示左右箭头

在“布局”窗格中可以设置导航栏的样式，如图 8-16 所示。如果希望使用数字代替每个故事点的文本框，并且不想在导航栏两侧显示左右箭头，则可以在“布局”窗格中选中“数字”单选按钮，并取消对“显示箭头”复选框的勾选，设置完成后的导航栏如图 8-17 所示。

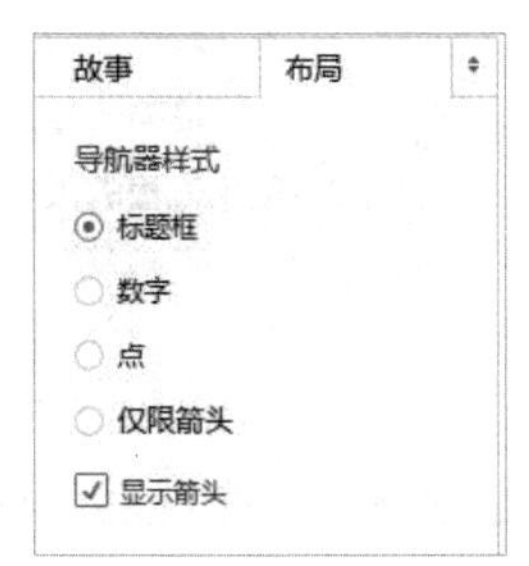

图 8-16　设置导航栏的样式

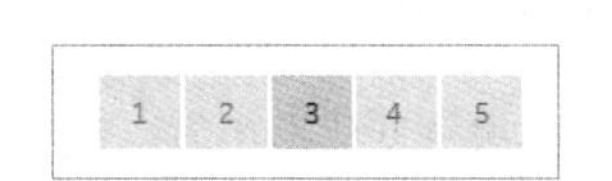

图 8-17　自定义设置导航栏的样式

8.2.2 调整导航栏中文本框的大小

如果在导航栏的文本框中输入大量的内容，则可能在文本框中无法完整显示所有内容，此时可以通过调整文本框的高度和宽度来解决此问题。

将鼠标指针移动到文本框的下、左、右 3 个边框的其中一个，当鼠标指针变为双向箭头时，拖动边框即可调整文本框的高度或宽度，如图 8-18 所示。调整任意一个文本框的高度和宽度后，导航栏中的其他文本框的大小都会同步改变。

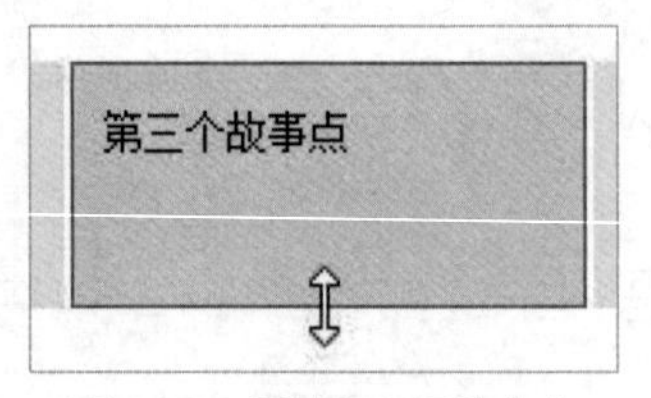

图 8-18 调整文本框的大小

8.2.3 使仪表板的大小适合故事

如果仪表板的大小比故事大很多，那么在将仪表板添加到故事中后，仪表板无法完整显示在故事中，只有使用滚动条才能查看未显示出来的部分，如图 8-19 所示。

为了使仪表板的大小正好适合故事的大小，可以切换到仪表板中，然后在“仪表板”窗格的“大小”下拉列表中选择“固定大小”方案，然后选择名称以“适合”开头的选项，如图 8-20 所示。

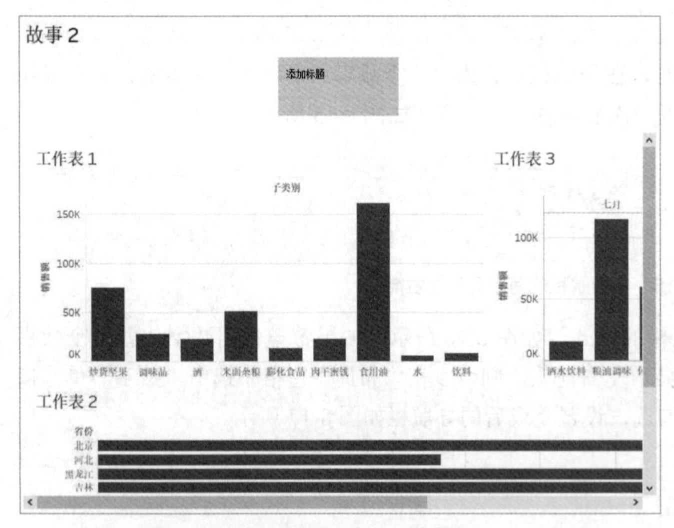

图 8-19 故事中的仪表板没有完整显示

图 8-20 使仪表板的大小适合故事的大小

8.3 呈现故事

完成故事的所有创建工作后，接下来就可以将故事呈现给观众了。在 Tableau Desktop 中可以单击工具栏中的“演示模式”按钮，或者按 F7 键，如图 8-21 所示。如果是已经发布到 Tableau Cloud 或 Tableau Server 中的故事，则可以单击浏览器中的“全屏”按钮。

图 8-21　单击“演示模式”按钮

进入放映状态后，通过单击导航栏两侧的箭头，可以依次浏览每一个故事点，也可以使用鼠标直接单击导航栏中想要查看的故事点，如图 8-22 所示。

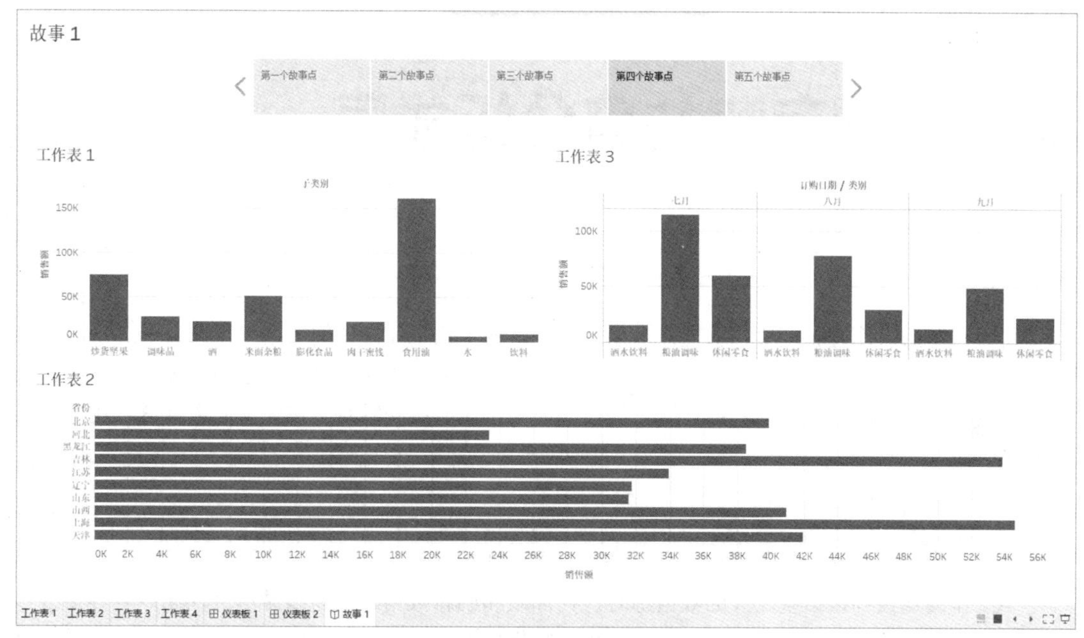

图 8-22　在演示模式中浏览故事

如需退出演示模式，可以使用以下几种方法：

- 按 Esc 键。
- 按 F7 键。
- 单击右下角的“退出演示模式”按钮。

第9章

优化、保存和共享分析成果

完成视图的设计和制作后，工作并未完全结束。为了使工作簿中的数据和视图流畅显示，可以使用很多方法优化工作簿的性能。所有工作完成后，需要将工作簿保存或打包到计算机磁盘中，或者导出工作簿中的数据和视图以供其他应用程序使用。本节将介绍对工作簿中的数据进行优化、保存和共享的方法。

9.1 优化工作簿性能

当工作簿连接到数据量庞大的数据源时，在加载和刷新数据、创建和显示可视化内容等很多方面可能都会遇到性能下降的问题。本节将介绍一些优化工作簿性能的建议和方法，使工作簿可以更高效地工作。

9.1.1 减少视图中标记的数量

如果视图中包含的标记数量过多，则需要耗费大量的内存和系统性能来处理这些标记。查看 Tableau Desktop 窗口左下角的状态栏可以了解当前视图包含的标记总数。

减少标记数量的一种方法是从视图中移除任何不需要的维度字段，或者尝试更换其他视图类型，以便找到既能准确呈现数据含义，又能包含标记数量尽可能少的视图。

9.1.2 减少视图中筛选器的数量

将交互式筛选器添加到视图后，用户在筛选器中执行的每一次筛选操作，Tableau 都会运行相应的查询以在后台提供支持。如果在视图中添加了很多交互式筛选器，则可能需要花费较长的时间才能在视图中呈现筛选结果。为了避免过大的性能损耗，应该移除不必要的交互式筛选器。

9.1.3 加快计算速度

下面列出了一些可能影响计算性能的因素：

- 如果视图的性能不佳，可以通过聚合度量字段来减少数据行数。
- 非重复计数值通常是最影响性能的聚合类型之一，应该谨慎使用该聚合类型。

- 使用影响范围广泛的参数会影响缓存性能。
- 如需在编写的计算字段中处理复杂的逻辑条件，应该使用 CASE 语句代替 IF 和 ELSE IF 语句。

9.1.4　禁用自动更新

将字段添加到功能区时，Tableau 会在后台查询数据并创建视图。如果创建包含很多字段的复杂视图，则在后台会耗费很长的查询时间，导致系统性能显著下降。为了提高性能，可以在制作视图时关闭自动更新以暂停查询，完成后再开启自动更新。

在 Tableau 中用户可以控制工作表的自动更新和筛选器的自动更新。如需关闭工作表的自动更新，可以单击工具栏中的“暂停自动更新”按钮，如图 9-1 所示。

如果已关闭工作表的自动更新，可以单击工具栏中的“继续自动更新”按钮重新开启自动更新。

如需关闭筛选器的自动更新，可以单击工具栏中的“暂停自动更新”按钮右侧的下拉按钮，在弹出的菜单中取消选择“自动更新筛选器”命令，如图 9-2 所示。再次选择该命令将重新开启筛选器的自动更新。

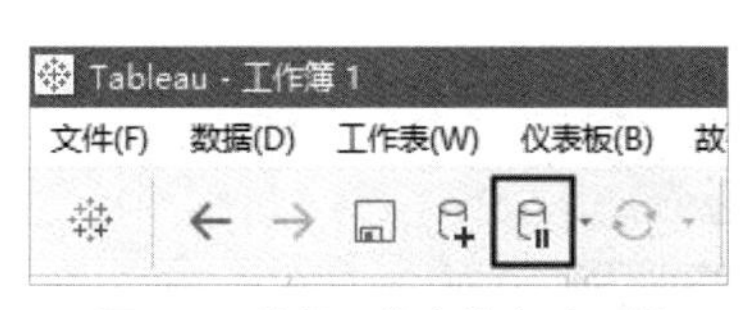

图 9-1　关闭工作表的自动更新

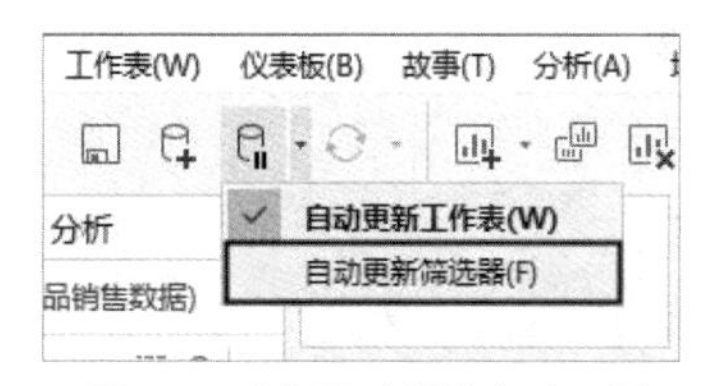

图 9-2　关闭筛选器的自动更新

提示：关闭自动更新后，用户可以随时单击工具栏中的“运行更新”按钮，手动执行更新。

9.2　保存和打包工作簿

由于一个工作簿中的内容通常不是一次性完成的，为了以后可以继续制作未完成的内容，需要将工作簿以文件的形式保存到计算机中，使用这种方式保存的工作簿的文件扩展名是 .twb。如果目标用户或环境无法访问工作簿使用的数据源，则可以将工作簿打包，从而将工作簿本身及其使用的数据源和其他相关文件都保存在单个文件中，便于整体移动和使用，使用这种方式保存的工作簿的文件扩展名是 .twbx。本节将介绍保存和打包工作簿的方法。

9.2.1　保存工作簿

Tableau 默认将工作簿保存在以下路径中，此处假设操作系统安装在 C 盘。

```
C:\Users< 用户名 >x\Documents\ 我的 Tableau 存储库 \ 工作簿
```

如需保存 Tableau 工作簿，可以单击菜单栏中的“文件”|“保存”命令，打开“另存为”对话框，在“文件名”文本框中输入工作簿的名称，然后单击“保存”按钮，如图 9-3 所示。

注意：Tableau 文件名不能包含以下字符：/\><*?” :;|。

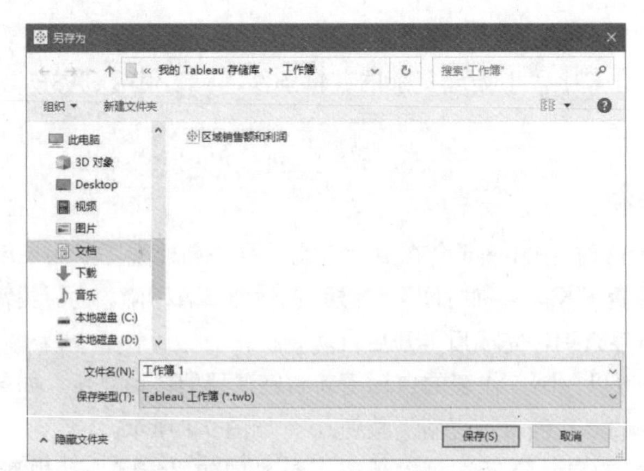

图 9-3 “另存为”对话框

9.2.2 打包具有数据源文件的工作簿

如果工作簿使用的数据源以独立文件的形式存在，则打包使用这类数据源的工作簿的方法与9.2.1 小节保存工作簿的方法类似，唯一区别是选择不同的文件类型，只需打开“另存为”对话框，在“保存类型”下拉列表中选择“Tableau 打包工作簿（*.twbx）”选项，如图 9-4 所示。

图 9-4 更改文件类型

选择文件类型后，输入文件名，然后单击“保存”按钮，即可保存打包工作簿。

9.2.3 打包不具有数据源文件的工作簿

如果工作簿使用的数据源并非独立的文件，而是类似于 SQL Server、Oracle 或 MySQL 等的数据源，则在打包使用这类数据源的工作簿时，必须先从数据源中提取数据，才能将数据与工作簿打包在一起，操作步骤如下：

Step01 右击“数据”窗格中的数据源，在弹出的菜单中选择“提取数据”命令，如图 9-5 所示。

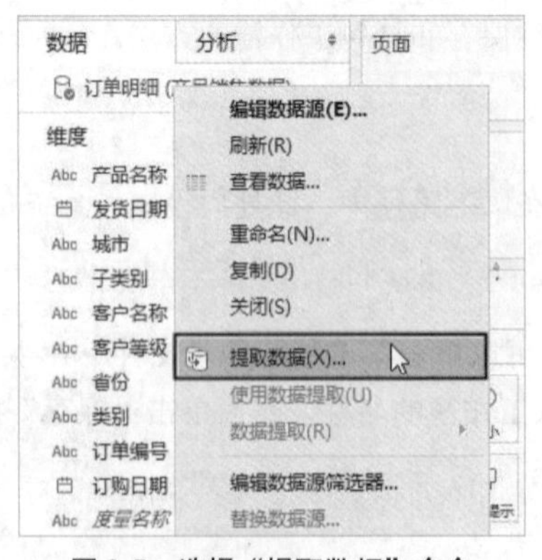

图 9-5 选择“提取数据”命令

Step02 打开“提取数据”对话框，单击“数据提取”按钮，如图 9-6 所示。

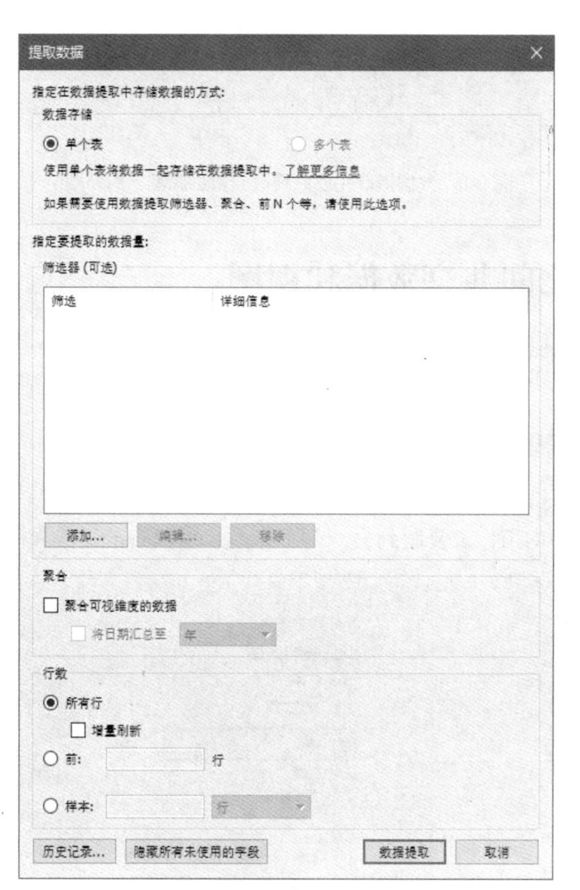

图 9-6　“提取数据”对话框

Step03 打开“将数据提取另存为”对话框，输入数据提取文件的名称，其文件扩展名为 .hyper，保存路径默认为“C:\Users< 用户名 >x\Documents\ 我的 Tableau 存储库 \ 数据源”，如图 9-7 所示。

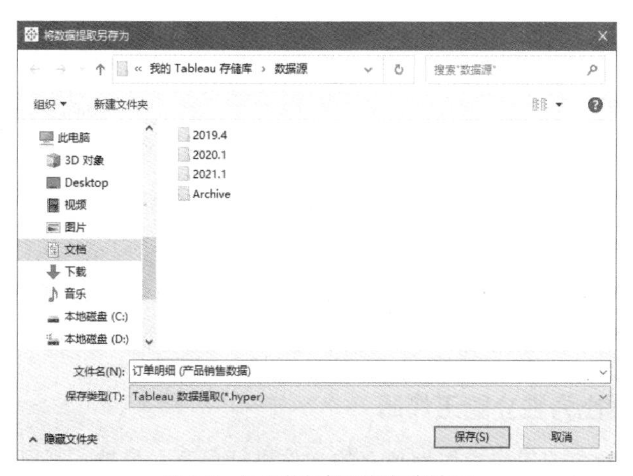

图 9-7　设置数据提取的保存选项

Step04 单击“保存”按钮，完成数据提取，此时数据源图标将变为由箭头连接的两个圆柱体，如图 9-8 所示，然后保存打包工作簿，步骤可参考 9.2.2 小节。

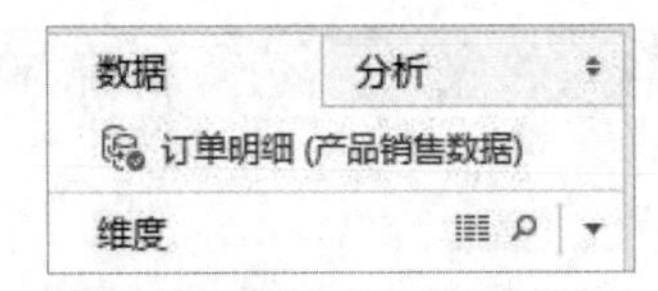

图 9-8　数据提取完成后将改变数据源图标的外观

9.3　在工作簿之间共享数据和视图

Tableau 允许用户在工作簿之间复制和粘贴工作表、仪表板和故事，还可以在一个工作簿中导入另一个工作簿，以便在不同工作簿之间共享数据和视图。

9.3.1　在工作簿之间复制和粘贴工作表

复制工作表时，将复制该工作表中的数据源、计算字段、参数、集、自定义形状和颜色等元素。如需将一个工作簿中的工作表复制到另一个工作簿，可以右击工作表标签，在弹出的菜单中选择“拷贝”命令，如图 9-9 所示。

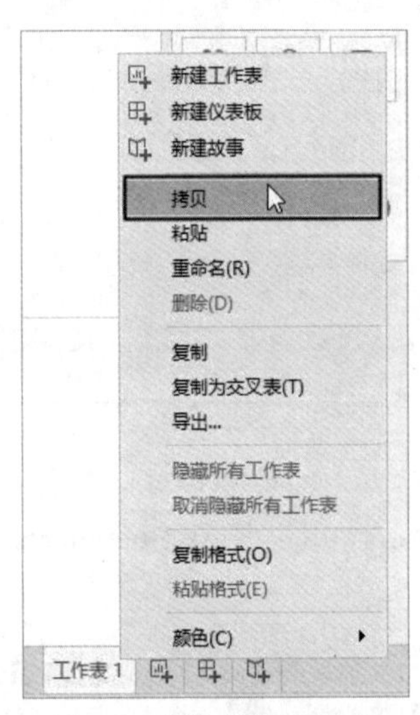

图 9-9　选择“拷贝”命令

提示：菜单中的“复制”命令用于在复制工作表的工作簿中创建工作表副本。

新建或打开另一个工作簿，右击该工作簿中的工作表标签，在弹出的菜单中选择“粘贴”命令。

注意：如果在目标工作簿中已经存在完全匹配的项，例如参数，则在粘贴工作表时，不会将相同项粘贴到目标工作簿中。

9.3.2　将工作表导出为独立的工作簿

如果希望将工作簿中的工作表作为独立的文件进行保存和维护，则可以将工作表导出为工作簿，只需右击工作表标签，在弹出的菜单中选择“导出”命令，如图 9-10 所示，然后在打开的“另存为”对话框中设置工作簿的名称和保存路径，最后单击“保存”按钮，即可将工作表导出为工作簿。

9.3.3　导入整个工作簿

用户可以在当前工作簿中导入另一个工作簿中的所有内容，一个常见应用就是使用 9.3.2 小节中的方法，先将一个工作簿中的工作表导出为独立的工作簿，然后将使用工作表导出的工作簿导入到另一个工作簿中。

如需在当前工作簿中导入另一个工作簿中的内容，可以打开一个工作簿，然后单击菜单栏中的“文件” | “导入工作簿”命令，如图 9-11 所示。

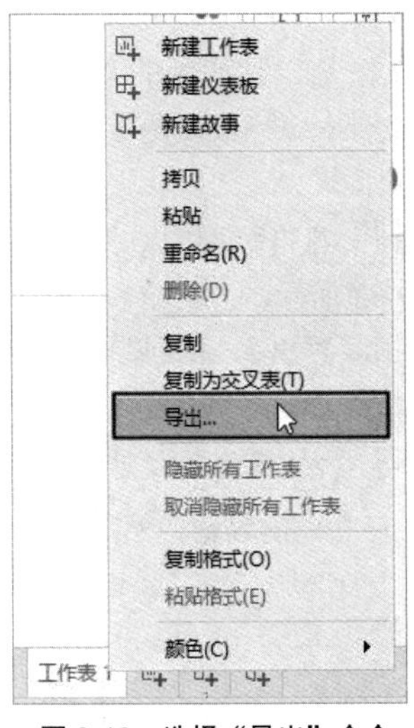

图 9-10　选择“导出”命令

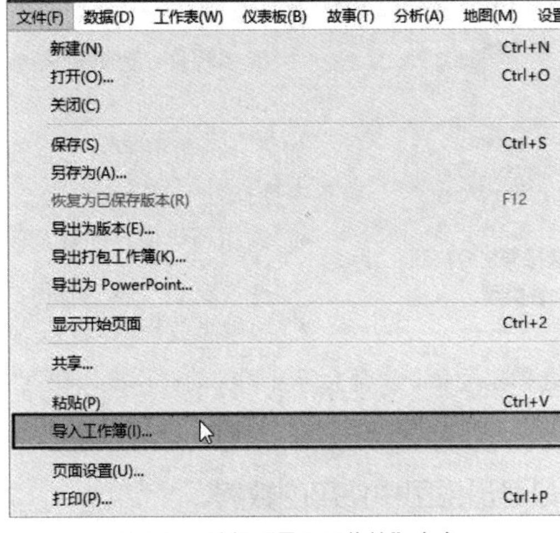

图 9-11　选择“导入工作簿”命令

打开“打开”对话框，双击要导入的工作簿，可将该工作簿导入到当前工作簿中，如图 9-12 所示。

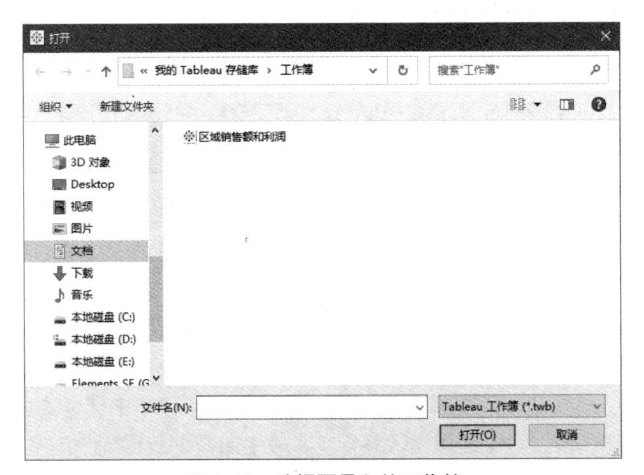

图 9-12　选择要导入的工作簿

9.4　导出数据和视图

为了将 Tableau 工作簿中的数据和视图提供给其他用户或程序使用，可以将数据源以完整或部分的形式导出，将视图导出为图片或 PowerPoint 演示文稿。本节将介绍导出工作簿中的数据和视图的方法。

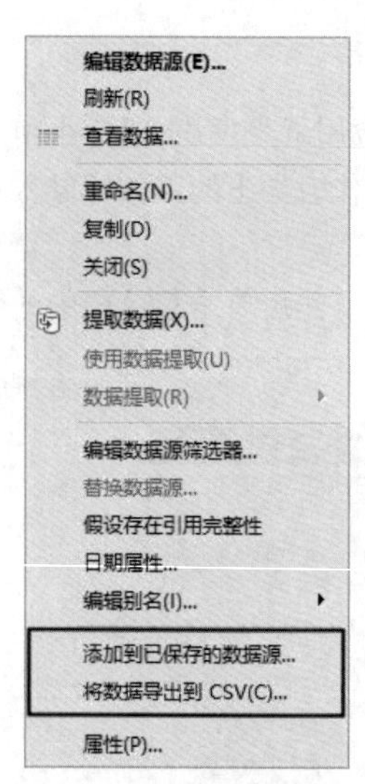

图 9-13 选择导出数据源的文件类型

9.4.1 导出完整数据

在 Tableau 中可以将工作簿中的数据源导出为以下两种格式：

- Tableau 数据源文件（.tds 或 .tdsx）：Tableau 本身提供的数据源文件格式，扩展名为 .tds 的文件格式只包含数据源的连接信息，扩展名为 .tdsx 的文件格式不但包含 .tds 文件中的所有内容，还包含数据源文件或数据提取的副本。这两种数据源文件的区别类似于保存工作簿和打包工作簿的区别。
- CSV 文本文件（.csv）：.csv 文件是一种通用的文本文件，受到很多程序、数据库和编程语言的支持。将数据源导出为 .csv 文件，可以方便地与其他用户共享数据。

如需导出数据源，可以右击“数据”窗格顶部的数据源，在弹出的菜单中选择以下两个命令之一，如图 9-13 所示。

- 添加到已保存的数据源：将数据源导出为 .tds 或 .tdsx 文件，使用这种方式导出的数据源将显示在“开始”页面的“连接”窗格中。
- 将数据导出到 CSV：将数据源导出为 CSV 文本文件。

无论选择哪个命令，都会打开相应的对话框，在其中输入保存文件的名称，然后单击“保存”按钮，即可将数据源导出为相应格式的文件。

9.4.2 只导出视图中使用的数据

如果只想导出在视图中使用的数据，而非整个数据源，可以使用以下几种方法。

1. 将视图中的数据或交叉表复制到剪贴板

单击菜单栏中的“工作表”|“复制”命令，在弹出的子菜单中选择“数据”或“交叉表”命令，如图 9-14 所示，然后将复制的数据粘贴到其他应用程序中。

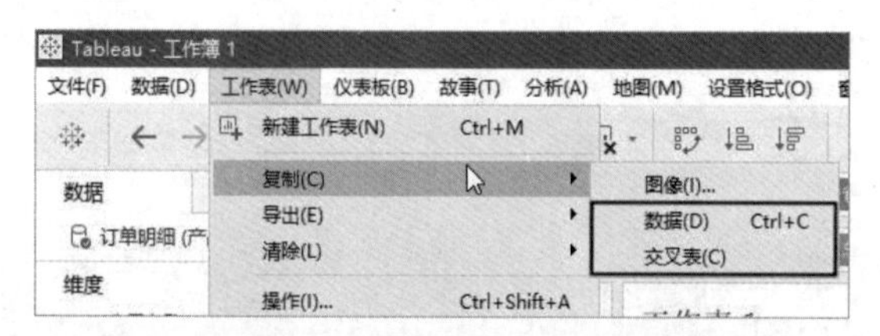

图 9-14 将视图中的数据或交叉表复制到剪贴板

2. 将视图中的交叉表导出到 Excel

单击菜单栏中的“工作表”|“导出”命令，然后在弹出的子菜单中选择“交叉表到 Excel”命令，如图 9-15 所示。系统会自动启动 Excel 程序，并将交叉表中的数据放置到一个空白工作表中，如图 9-16 所示。

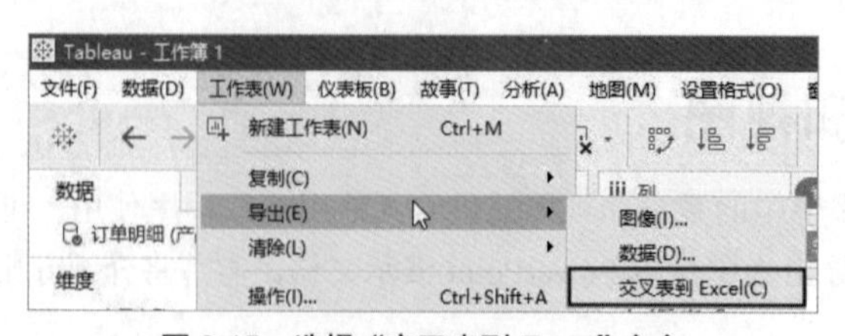

图 9-15 选择“交叉表到 Excel”命令

	A	B	C	D	E	F	G	H	I	J	K
1		省份									
2	类别	北京	河北	黑龙江	吉林	江苏	辽宁	山东	山西	上海	天津
3	酒水饮料	7416	4189	4689	3667	4958	3919	1789	2509	1230	3575
4	粮油调味	20360	11295	19980	48080	22460	18235	19345	23345	34010	23545
5	休闲零食	12084	7878	13828	2080	6482	9582	10444	15076	19366	14795

图 9-16　将交叉表中的数据导出到 Excel 中

3. 将视图中的数据导出到 Access

单击菜单栏中的“工作表”|“导出”命令，在弹出的子菜单中选择“数据”命令，然后在打开的对话框中输入导出的 Access 文件的名称，如图 9-17 所示。单击“保存”按钮，即可将视图中使用的数据导出为 Access 文件。

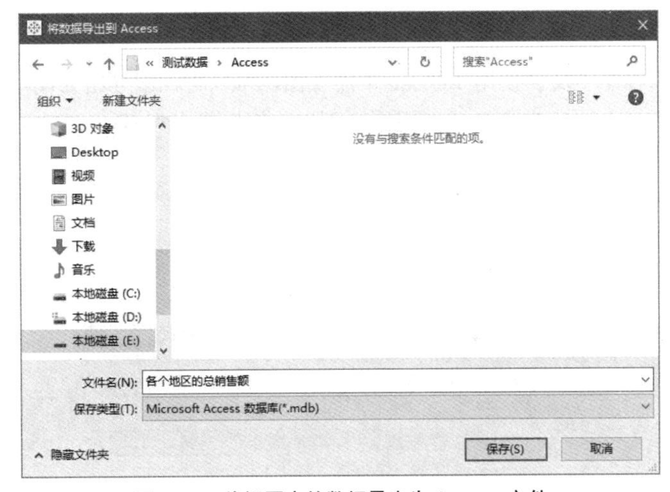

图 9-17　将视图中的数据导出为 Access 文件

9.4.3　将视图复制为图片

用户可以将 Tableau 中的视图复制到剪贴板，然后将其以 BMP 图片的形式粘贴到其他应用程序，这样就可以在其他应用程序中展示 Tableau 中的数据分析结果。

将视图复制为图片的操作步骤如下：

Step01 单击菜单栏中的“工作表”|“复制”命令，在弹出的子菜单中选择“图像”命令，如图 9-18 所示。

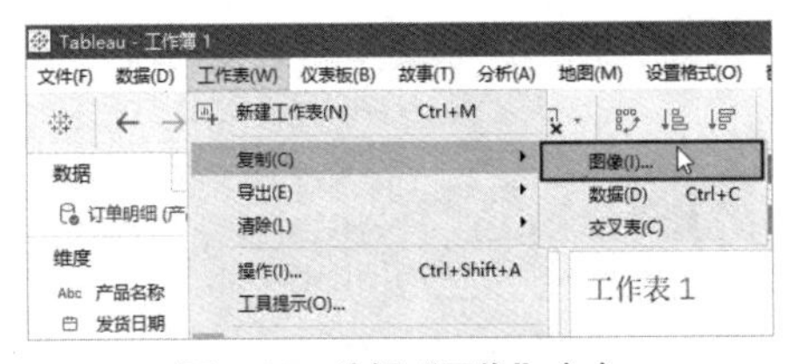

图 9-18　选择“图像”命令

Step02 打开“复制图像”对话框，选择要在图片中包含的元素。如果视图包含图例，需要在“图像选项”中选择一种图例布局，如图 9-19 所示。

Step03 单击“复制”按钮，将当前视图复制到剪贴板。启动其他应用程序，然后将剪贴板中的图片粘贴到该程序中。

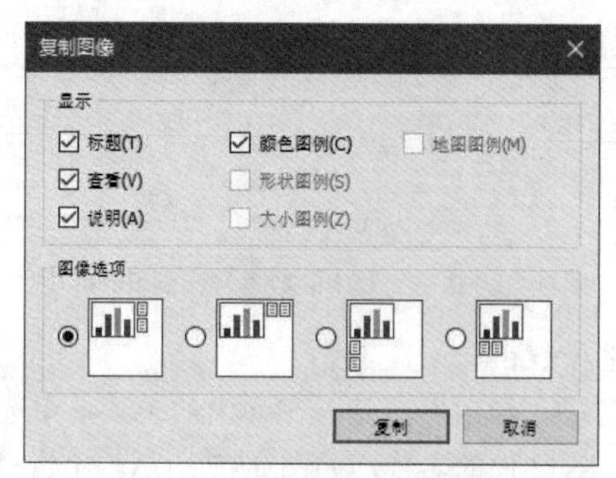

图 9-19 “复制图像”对话框

9.4.4 将视图导出为图片文件

如需在其他应用程序中反复使用 Tableau 中的视图，可以将视图导出为图片文件，这样可以随时在其他应用程序中插入图片文件形式的视图。可以将视图导出为 BMP、JPEG、PNG 等格式的图片文件。

将视图导出为图片文件的操作步骤如下：

Step01 单击菜单栏中的“工作表”|“导出”命令，在弹出的子菜单中选择“图像”命令，如图 9-20 所示。

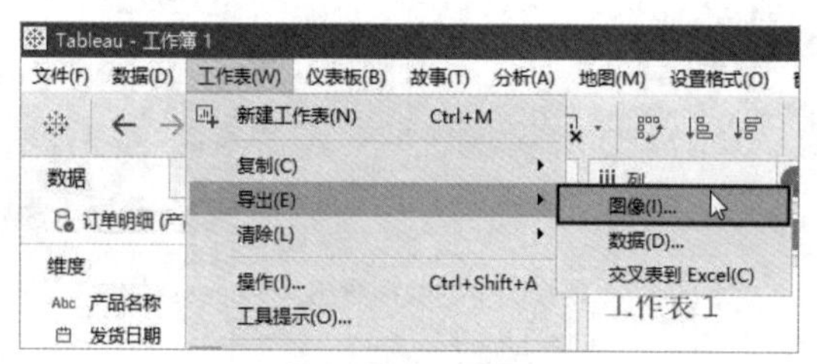

图 9-20 选择“图像”命令

Step02 打开“导出图像”对话框，选择要在图片中包含的元素。如果视图包含图例，需要在“图像选项”中选择一种图例布局，如图 9-21 所示。

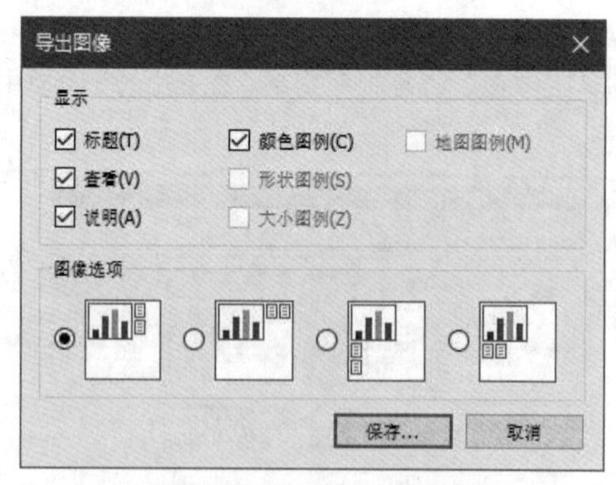

图 9-21 “导出图像”对话框

Step03 单击“保存”按钮，打开“保存图像”对话框，如图 9-22 所示，指定图片文件的名称、类型和保存位置，然后单击“保存”按钮，即可将当前视图导出为图片文件。

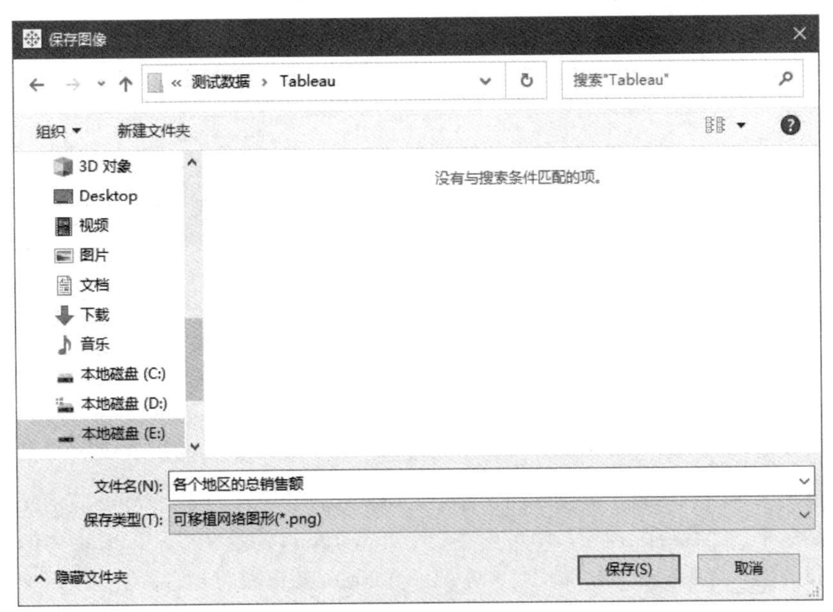

图 9-22　设置图片文件的保存选项

9.4.5 将视图导出为 PowerPoint 演示文稿

如需在 PowerPoint 演示文稿中引用在 Tableau 中创建的视图，无须使用 9.4.3 小节或 9.4.4 小节中的方法，逐一复制图片或导出图片文件，而可以直接将 Tableau 中的一个或多个视图导出为 PowerPoint 演示文稿。

将视图导出为 PowerPoint 演示文稿的操作步骤如下：

Step01 单击菜单栏中的“文件”|“导出为 PowerPoint”命令，如图 9-23 所示。

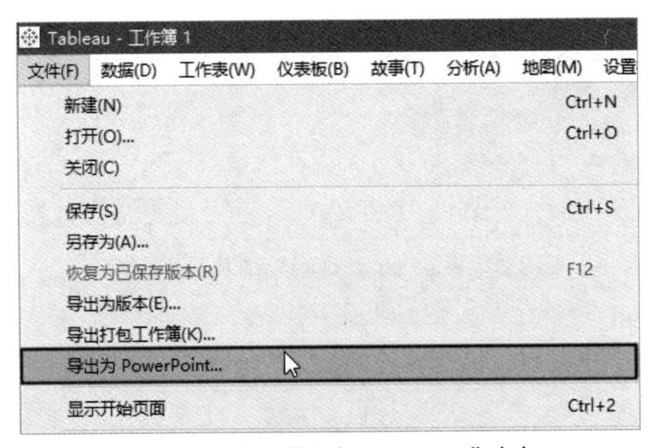

图 9-23　选择“导出为 PowerPoint”命令

Step02 打开“导出 PowerPoint”对话框，其中默认选中“此视图”选项，表示将导出当前工作表中的视图，如图 9-24 所示。

Step03 如需导出其他工作表，可以在“包括”下拉列表中选择“此工作簿中的特定工作表”选项，然后选择要导出的一个或多个工作表，如图 9-25 所示。

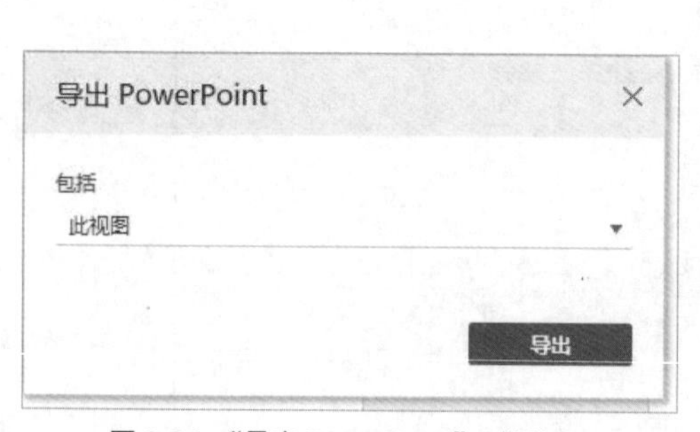

图 9-24 “导出 PowerPoint”对话框

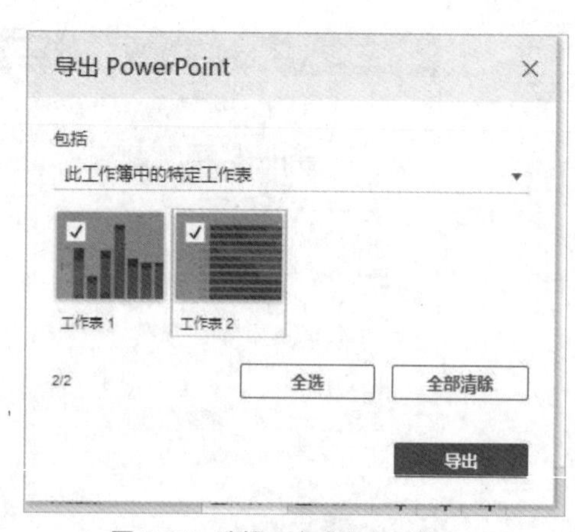

图 9-25 选择一个或多个工作表

Step04 单击“导出”按钮，打开如图 9-26 所示的对话框，指定 PowerPoint 演示文稿的名称和保存位置，然后单击“保存”按钮，即可创建一个 PowerPoint 演示文稿。Tableau 中的每个视图分别显示在单独的幻灯片中，在第一张幻灯片中显示 Tableau 工作簿的名称和创建演示文稿的日期，如图 9-27 所示。

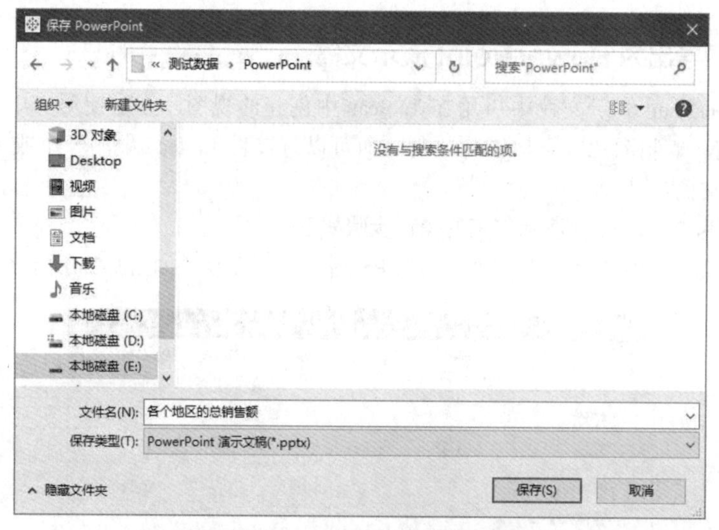

图 9-26 设置 PowerPoint 演示文稿的保存选项

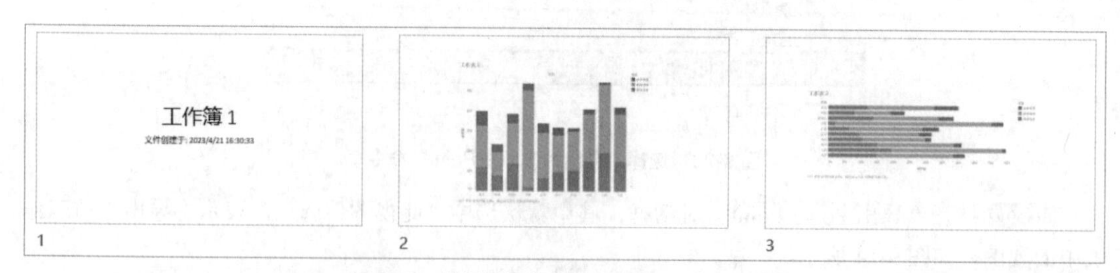

图 9-27 将视图导出为 PowerPoint 演示文稿

第10章

Tableau 在数据分析中的实际应用

本章通过一个综合案例，介绍在实际应用中使用 Tableau 对数据进行可视化分析的方法，在操作过程中不会对涉及的功能和技术进行详细介绍，相关内容请参考前 9 章。本章案例使用的数据源与前 9 章使用的数据源内容类似，但是本章数据源包含 2020 年～ 2022 年共一万条销售记录，而前 9 章的数据源只包含 2022 年 7 月～ 9 月共 300 条销售记录。

10.1 创建数据源

本章所有内容都需要在 Tableau 中连接名为“产品销售数据 .xlsx”的 Excel 文件，以创建数据源，操作步骤如下：

Step01 启动 Tableau Desktop，在“开始”页面的“连接”窗格中选择“Microsoft Excel”选项，如图 10-1 所示。

Step02 在打开的对话框中双击本章使用的数据源文件，如图 10-2 所示。

图 10-1 选择“Microsoft Excel”选项

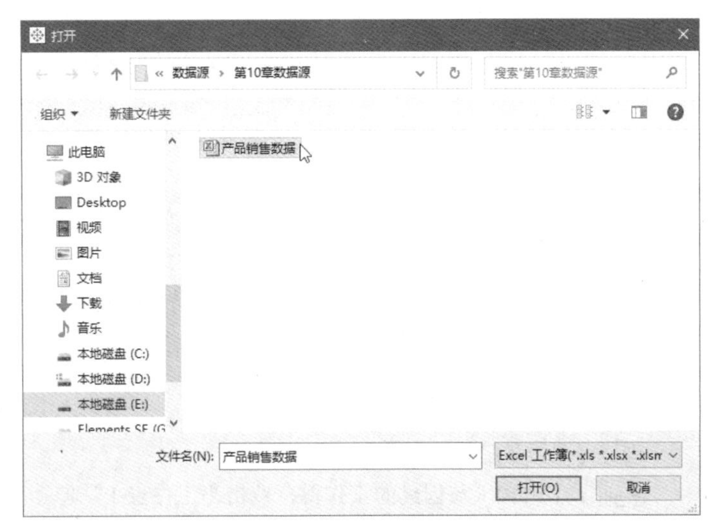

图 10-2 双击数据源文件

Step03 返回 Tableau 的“数据源”页面，由于数据源文件中只有一张表，所以 Tableau 默认自动将其添加到右侧的画布中，如图 10-3 所示。如果画布中没有表，则需要手动将“订单明细”表拖动到画布中。

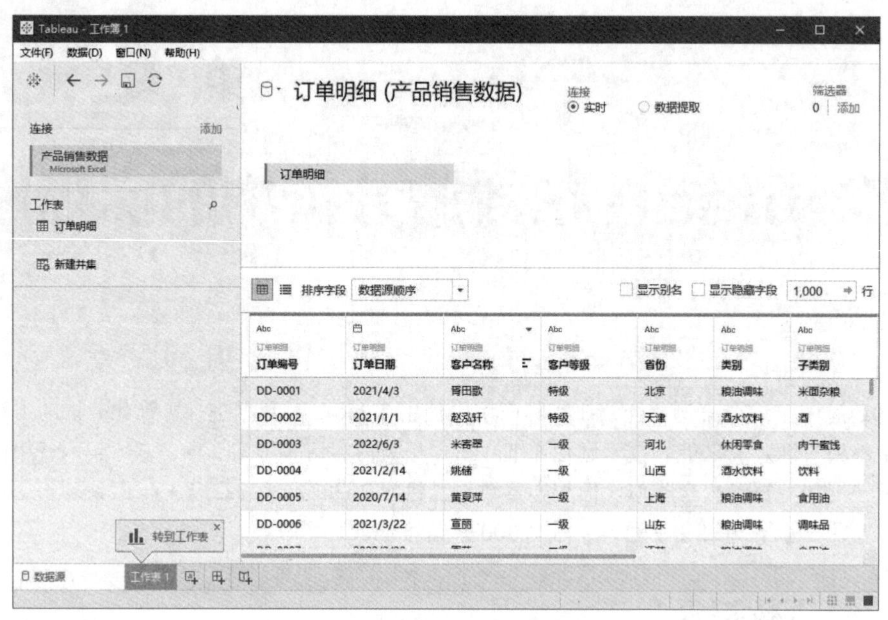

图 10-3 将“订单明细”表添加到画布中

Step04 单击工具栏中的“保存”按钮，如图 10-4 所示，以易于识别的名称保存当前工作簿，本章后续内容都需要使用该工作簿。

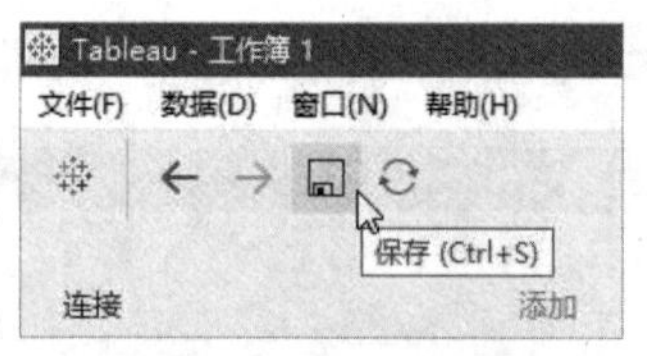

图 10-4 保存工作簿

10.2 销售分析

本节将从订单数量、销售额、利润、销售额同比和环比、销售额和利润率占比等多个方面，介绍使用 Tableau 分析销售数据的方法。

10.2.1 创建订单数量趋势图

创建订单数量趋势图的操作步骤如下：

Step01 打开 10.1 节创建的工作簿，双击“工作表 1”选项卡标签，将其名称修改为“订单数量趋势”，如图 10-5 所示。

Step02 切换到“订单数量趋势”工作表，将“数据”窗格中的“订单日期”字段拖动到“列”功能区中，将“订单编号”字段拖动到“行”功能区中，如图 10-6 所示。

图 10-5　修改工作表的名称

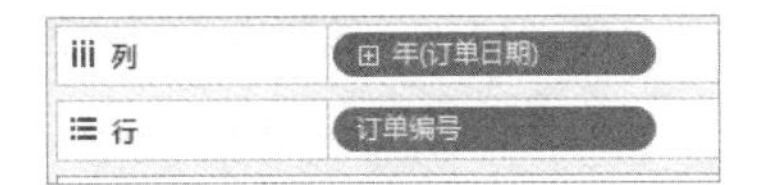

图 10-6　在视图中添加字段

提示：添加“订单编号”字段时如果显示如图 10-7 所示的对话框，只需单击“添加所有成员”按钮即可。

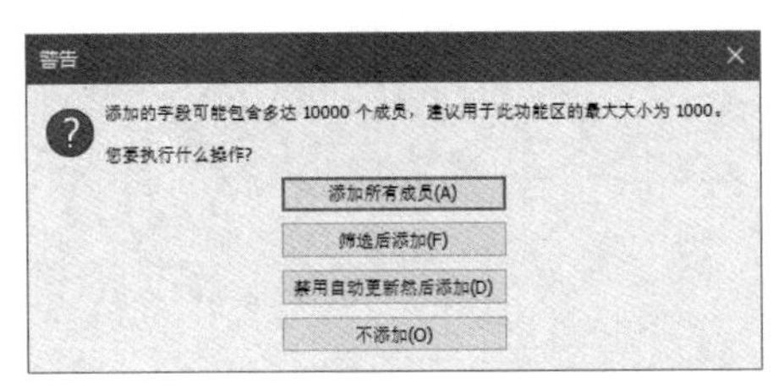

图 10-7　添加“订单编号”字段时显示的对话框

Step03 右击“列”功能区中的“订单日期”字段，在弹出的菜单中选择“月”，如图 10-8 所示。

Step04 右击“行”功能区中的“订单编号”字段，在弹出的菜单中选择“度量”|“计数（不同）”命令，如图 10-9 所示。

图 10-8　更改日期级别

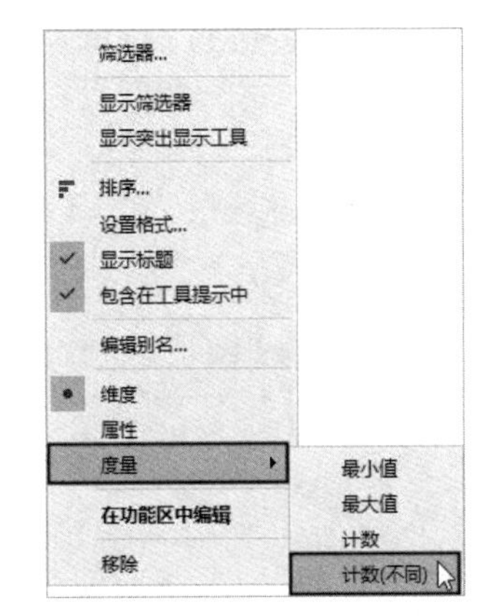

图 10-9　为“订单编号”字段设置聚合类型

经过上述步骤后，功能区和视图的外观如图 10-10 所示，此时已经获得订单数量随日期的变化趋势。

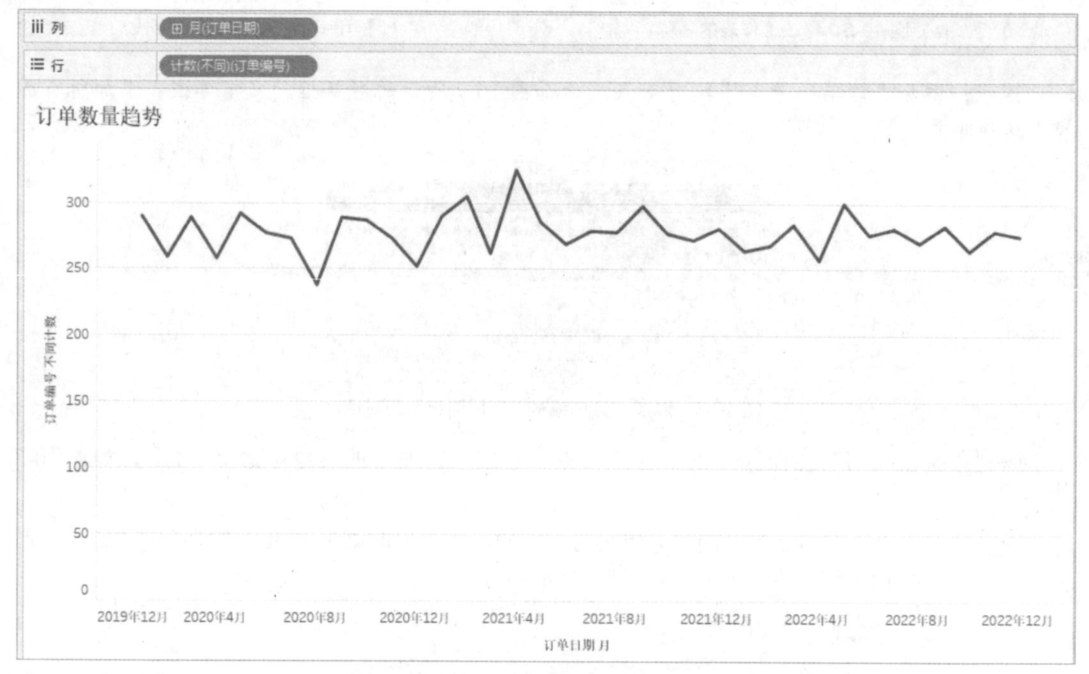

图 10-10　初步得到的趋势图

为了使趋势图呈现更好的视觉效果，需要调整轴的范围，操作步骤如下：

Step01 右击视图左侧的轴，在弹出的菜单中选择“编辑轴”命令，如图 10-11 所示。

Step02 打开如图 10-12 所示的对话框，在“常规”选项卡中选中“固定”单选按钮，然后将“固定开始”和“固定结束”分别设置为 200 和 350。

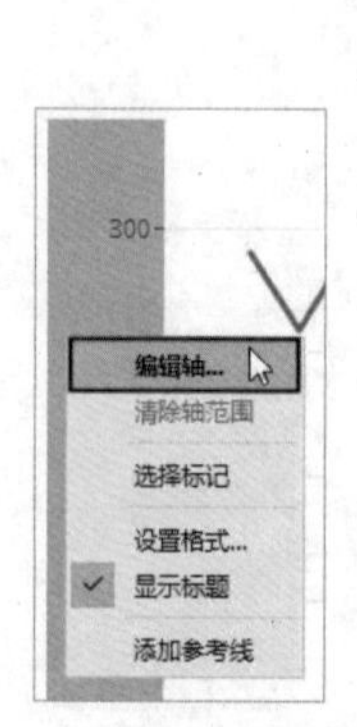

图 10-11　选择“编辑轴”命令

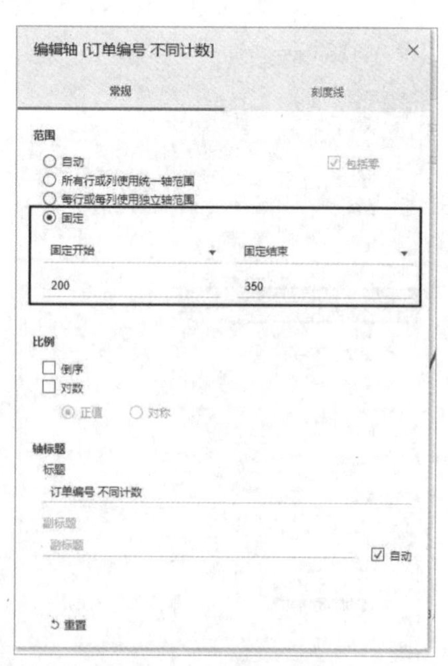

图 10-12　修改轴的范围

Step03 单击对话框右上角的“关闭”✕按钮，关闭对话框。趋势图将显示为如图 10-13 所示，由于缩小了轴的范围，所以折线会充满整个视图，而非只显示在视图的顶部。

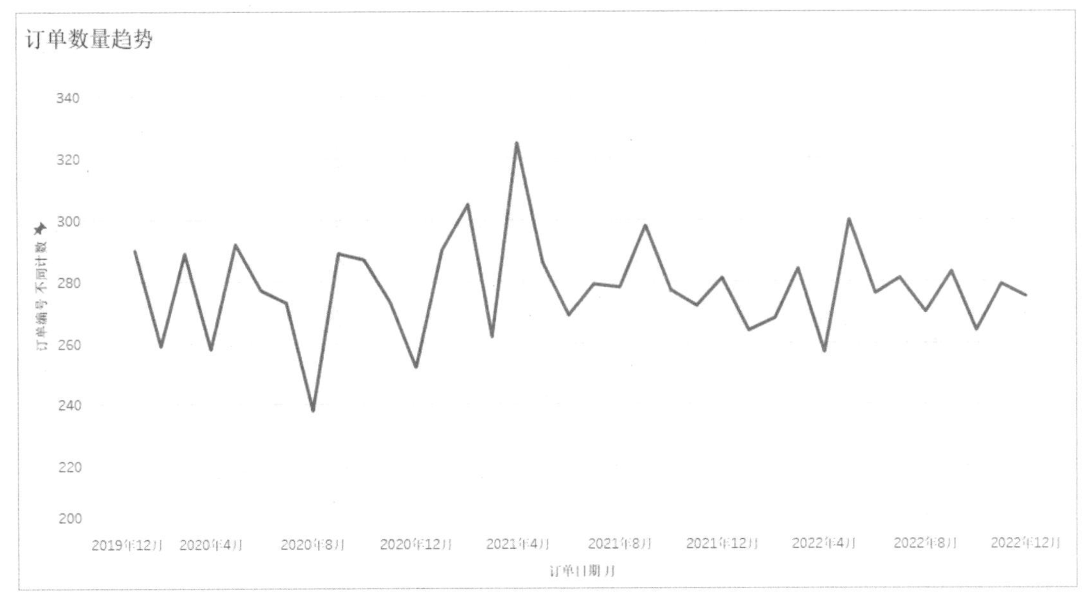

图 10-13　修改轴范围后的视图

10.2.2　创建销售额和利润双轴图

创建销售额和利润双轴图的操作步骤如下：

Step01 打开 10.1 节创建的工作簿，新建一个工作表并将其命名为“销售额和利润双轴”。

Step02 将“数据”窗格中的“订单日期”字段拖动到“列”功能区中，将“销售额”和“利润”两个字段拖动到“行”功能区中，参照 10.2.1 小节中的方法，将“订单日期”字段的日期级别更改为“月”，如图 10-14 所示。

图 10-14　在视图中添加字段

Step03 右击“行”功能区中的“利润”字段，在弹出的菜单中选择“双轴”命令，如图 10-15 所示，此时的视图显示如图 10-16 所示。

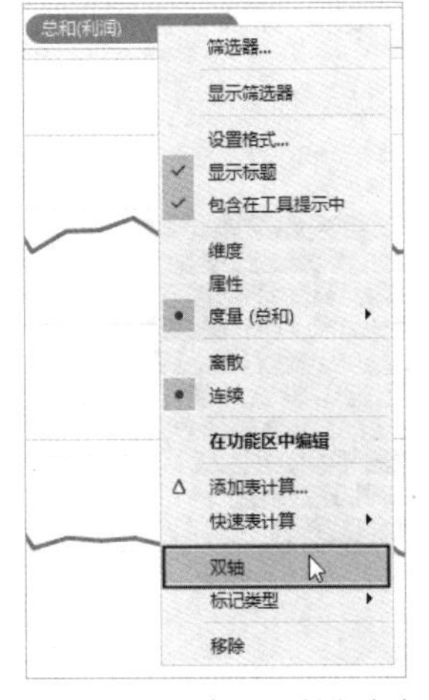

图 10-15　选择“双轴”命令

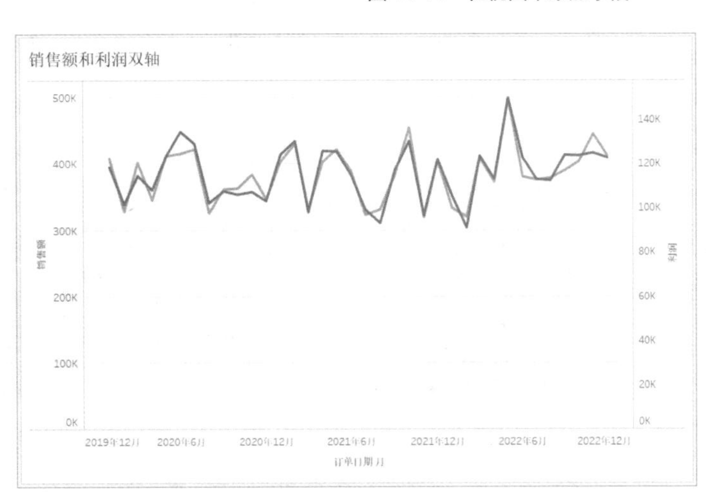

图 10-16　将两个轴合并到一起

Step04 为了使“销售额”和“利润”使用相同的轴范围，需要在视图中右击右侧的轴，然后在弹出的菜单中选择“同步轴”命令，如图 10-17 所示。创建完成的销售额和利润双轴图如图 10-18 所示。

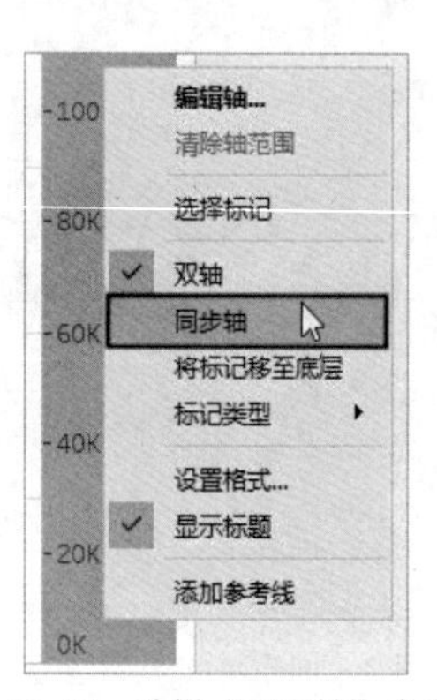

图 10-17　选择“同步轴”命令

图 10-18　创建完成的销售额和利润双轴图

10.2.3　各个地区销售额排名

创建各个地区销售额排名的操作步骤如下：

Step01 打开 10.1 节创建的工作簿，新建一个工作表并将其命名为“各个地区销售额排名”。

Step02 将“数据”窗格中的“省份”字段拖动到“行”功能区中，将“销售额”字段拖动到“列”功能区中，如图 10-19 所示。

Step03 将鼠标指针移动到水平轴的标题右侧，当显示如图 10-20 所示的排序标记时，单击该标记，即可按照销售额降序排列各个地区，如图 10-21 所示。

图 10-19　在视图中添加字段

图 10-20　单击排序标记

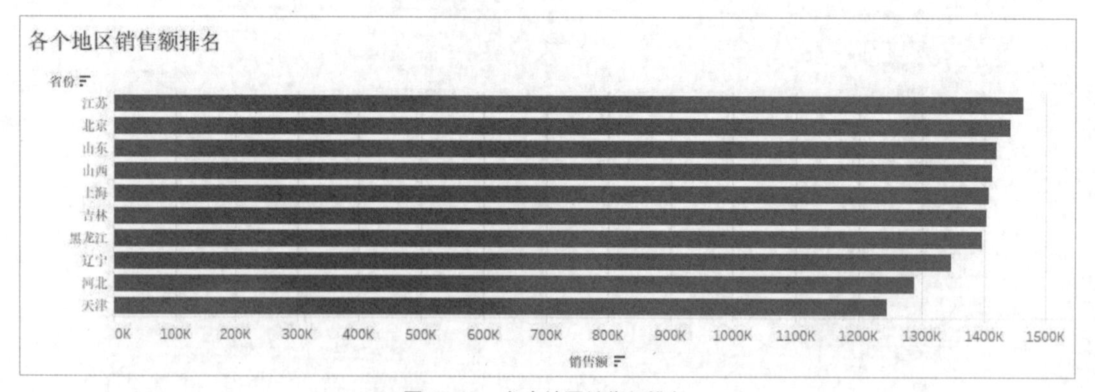

图 10-21　各个地区销售额排名

10.2.4　销售额环比和同比分析

环比表示的是连续两个统计周期内的数据变化比例，统计周期可以是年、月、周、日。环比的计算公式如下：

```
(本期数据 - 上期数据) ÷ 上期数据 ×100%
```

本小节要创建以“月”为统计周期的销售额环比，操作步骤如下：

Step01 打开 10.1 节创建的工作簿，新建一个工作表并将其命名为“销售额环比”。

Step02 将“数据”窗格中的“订单日期”字段拖动到“行”功能区中，如图 10-22 所示。

Step03 右击“行”功能区中的“订单日期”字段，在弹出的菜单中选择“月”命令，将“订单日期”字段的日期级别改为“月”。再次打开该菜单并选择“离散”命令，将该字段从连续改为离散，如图 10-23 所示。

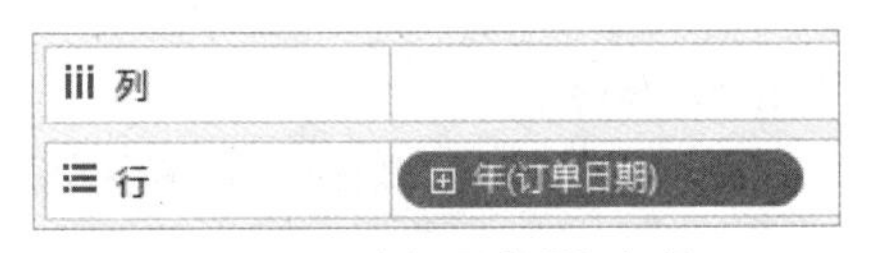

图 10-22　在视图中添加字段

图 10-23　选择“月”和“离散”

Step04 单击“数据”窗格顶部的下拉按钮，在弹出的菜单中选择“创建计算字段”命令，如图 10-24 所示。

Step05 打开如图 10-25 所示的对话框，将计算字段的名称设置为“销售额环比”，然后输入以下公式：

```
(SUM([ 销售额 ])-LOOKUP(SUM([ 销售额 ]),-1))/LOOKUP(SUM([ 销售额 ]),-1)
```

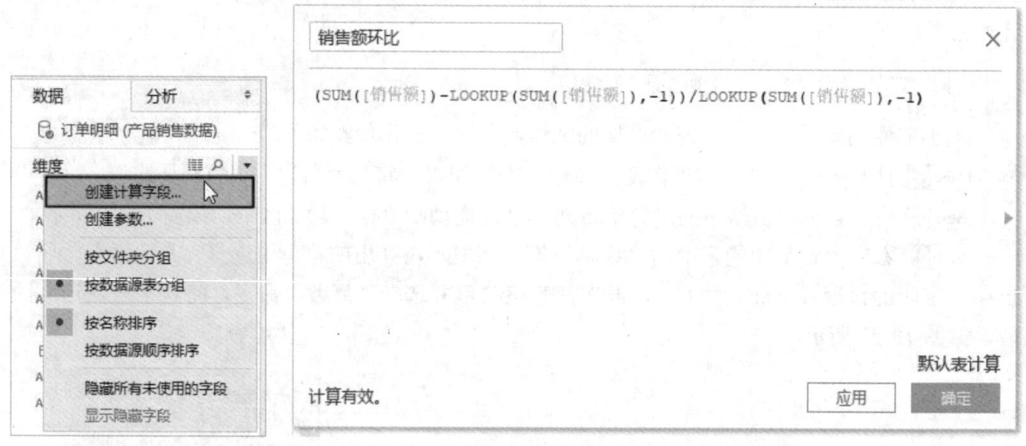

图 10-24　选择“创建计算字段”命令　　　　图 10-25　设置计算字段的名称和公式

提示：公式中使用了 SUM 和 LOOKUP 两个函数，SUM 函数用于对数据求和，LOOKUP 函数用于根据给定的偏移量返回特定行中的值。LOOKUP 函数的第一个参数是要返回的值，第二个参数是偏移量。本例中将 LOOKUP 函数的第二参数设置为 -1，表示返回当前行上一行的值，因此公式中的 LOOKUP(SUM([销售额]),-1) 部分返回的是上一个月的总销售额。

Step06 单击“确定”按钮，关闭对话框，创建的计算字段将显示在“数据”窗格中，本例中该字段名为“销售额环比”，如图 10-26 所示。

Step07 将“数据”窗格中的“销售额同比”字段拖动到“标记”卡中的“文本”按钮上，如图 10-27 所示。

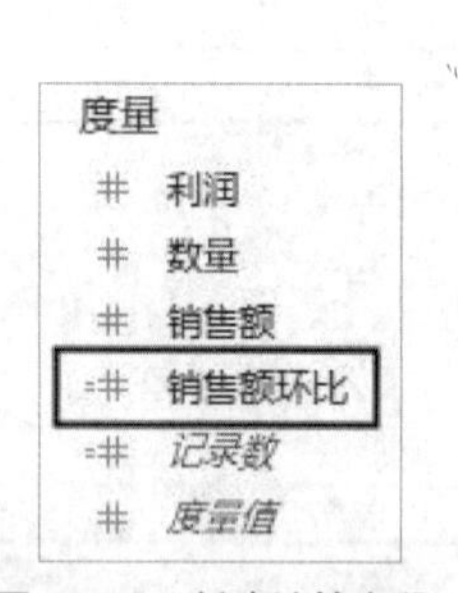

图 10-26　创建计算字段

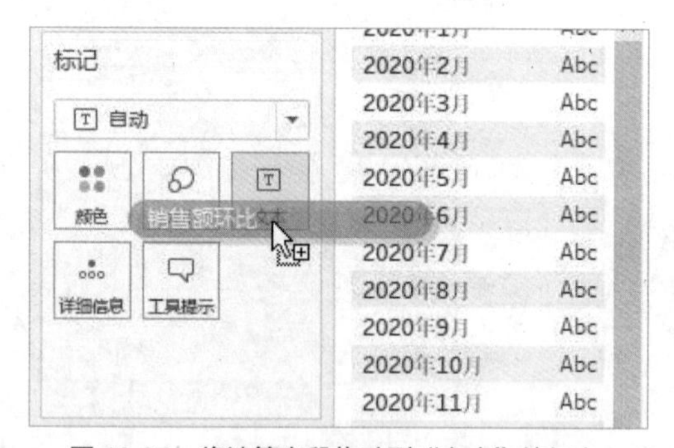

图 10-27　将计算字段拖动到“文本”按钮上

Step08 将在视图中月份列的右侧显示环比值，如图 10-28 所示。

Step09 右击“标记”卡中的“销售额环比”字段，在弹出的菜单中选择“设置格式”命令，如图 10-29 所示。

Step10 在打开窗格的“区”选项卡中，打开“数字”下拉列表并从中选择“百分比”选项，如图 10-30 所示。

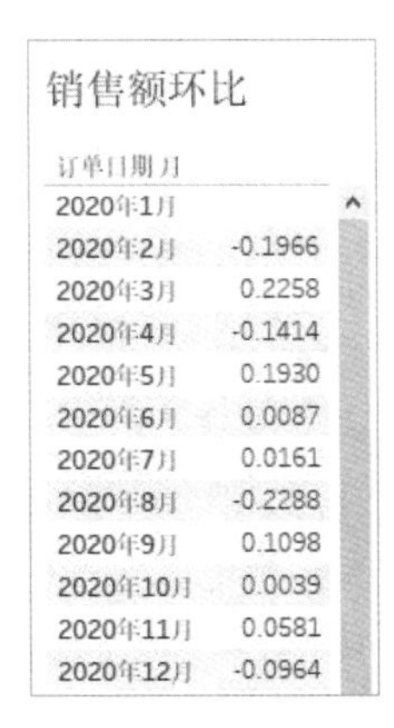

销售额环比

订单日期 月	
2020年1月	
2020年2月	-0.1966
2020年3月	0.2258
2020年4月	-0.1414
2020年5月	0.1930
2020年6月	0.0087
2020年7月	0.0161
2020年8月	-0.2288
2020年9月	0.1098
2020年10月	0.0039
2020年11月	0.0581
2020年12月	-0.0964

图 10-28 将环比值添加到视图中

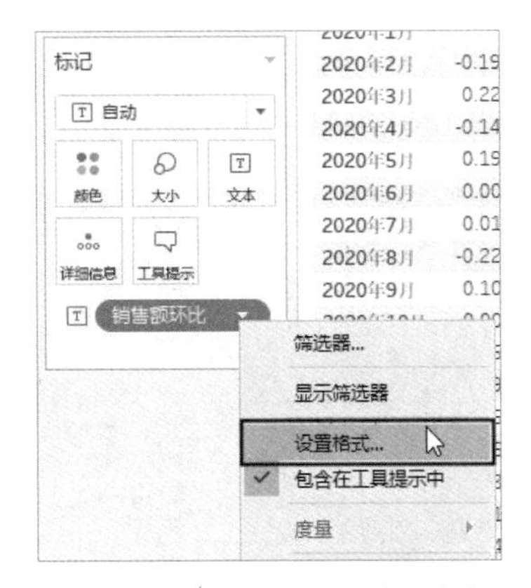

图 10-29 选择“设置格式”命令

设置 聚合(销售额环比) 格式
字段
轴 区
默认值
字体: Tableau ..
对齐: 自动
数字: 123,456
自动
数字(标准)
数字(自定义)
货币(标准)
货币(自定义)
科学型
百分比
自定义
合计
字体:
对齐:
数字:
总和
字体:
对齐:
数字:
页面
筛选器
标记
自动

图 10-30 选择“百分比”选项

Step 11 视图中的环比值将显示为百分比格式，如图 10-31 所示。如需在视图中同时显示销售额作为参考，可以将“数据”窗格中的“销售额”字段拖动到“行”功能区的“订单日期”字段的右侧，然后将该字段改为离散，完成后的视图如图 10-32 所示。

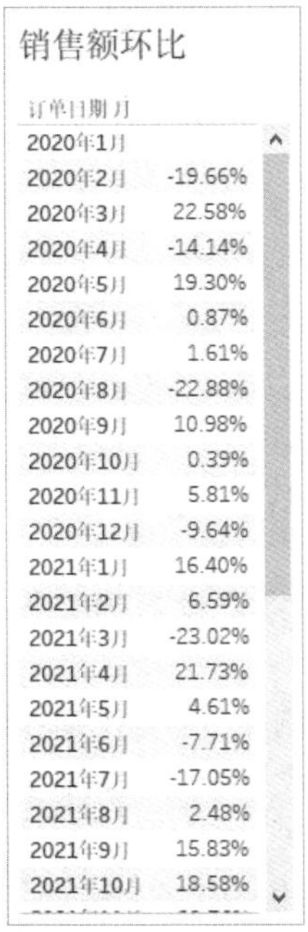

销售额环比

订单日期 月	
2020年1月	
2020年2月	-19.66%
2020年3月	22.58%
2020年4月	-14.14%
2020年5月	19.30%
2020年6月	0.87%
2020年7月	1.61%
2020年8月	-22.88%
2020年9月	10.98%
2020年10月	0.39%
2020年11月	5.81%
2020年12月	-9.64%
2021年1月	16.40%
2021年2月	6.59%
2021年3月	-23.02%
2021年4月	21.73%
2021年5月	4.61%
2021年6月	-7.71%
2021年7月	-17.05%
2021年8月	2.48%
2021年9月	15.83%
2021年10月	18.58%

图 10-31 以百分比格式显示环比值

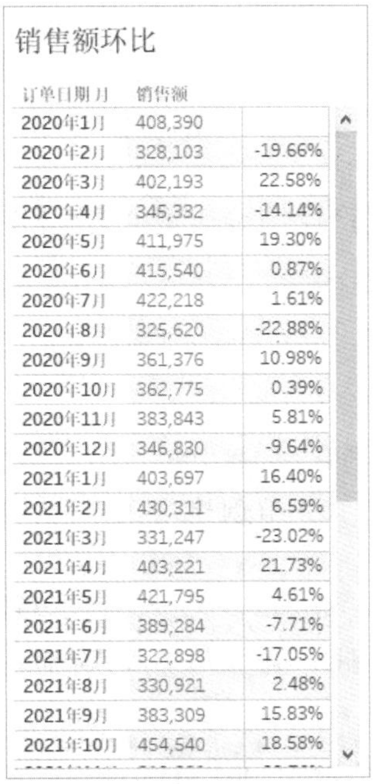

销售额环比

订单日期 月	销售额	
2020年1月	408,390	
2020年2月	328,103	-19.66%
2020年3月	402,193	22.58%
2020年4月	345,332	-14.14%
2020年5月	411,975	19.30%
2020年6月	415,540	0.87%
2020年7月	422,218	1.61%
2020年8月	325,620	-22.88%
2020年9月	361,376	10.98%
2020年10月	362,775	0.39%
2020年11月	383,843	5.81%
2020年12月	346,830	-9.64%
2021年1月	403,697	16.40%
2021年2月	430,311	6.59%
2021年3月	331,247	-23.02%
2021年4月	403,221	21.73%
2021年5月	421,795	4.61%
2021年6月	389,284	-7.71%
2021年7月	322,898	-17.05%
2021年8月	330,921	2.48%
2021年9月	383,309	15.83%
2021年10月	454,540	18.58%

图 10-32 同时显示销售额和环比值

创建销售额同比的操作步骤与环比类似，只是公式略有不同。同比表示的是本期数据与历史同时期数据的变化比例，例如 2023 年 6 月的数据与 2022 年 6 月的数据进行对比。同比的计算公式如下：

```
（本期数据－同期数据）÷ 同期数据 ×100%
```

根据以上公式，在创建销售额同比的计算字段时，需要输入以下公式，简单来说就是将环比计算公式中的 -1 改为 -12，如图 10-33 所示。创建销售额同比的其他操作步骤与环比相同，完成后的销售额同比视图如图 10-34 所示。

```
(SUM([ 销售额 ])-LOOKUP(SUM([ 销售额 ]),-12))/LOOKUP(SUM([ 销售额 ]),-12)
```

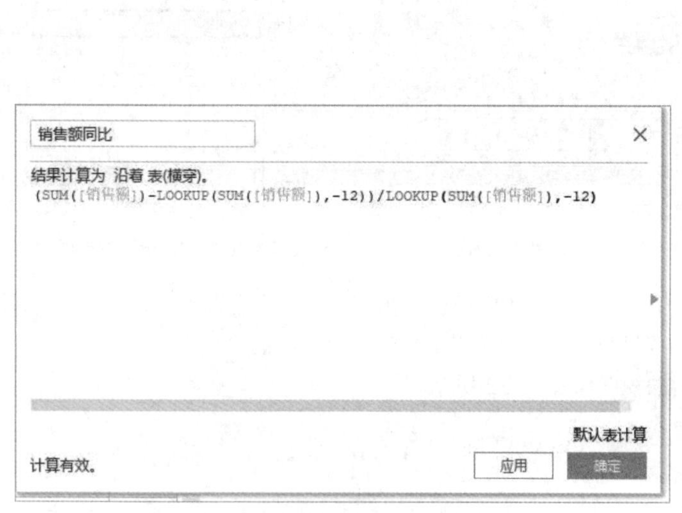

图 10-33 设置销售额同比的公式

销售额同比

订单日期 月	销售额	
2020年1月	408,390	
2020年2月	328,103	
2020年3月	402,193	
2020年4月	345,332	
2020年5月	411,975	
2020年6月	415,540	
2020年7月	422,218	
2020年8月	325,620	
2020年9月	361,376	
2020年10月	362,775	
2020年11月	383,843	
2020年12月	346,830	
2021年1月	403,697	-1.15%
2021年2月	430,311	31.15%
2021年3月	331,247	-17.64%
2021年4月	403,221	16.76%
2021年5月	421,795	2.38%
2021年6月	389,284	-6.32%
2021年7月	322,898	-23.52%
2021年8月	330,921	1.63%
2021年9月	383,309	6.07%
2021年10月	454,540	25.30%

图 10-34 销售额同比

10.2.5 各类产品销售利润率占比分析

销售利润率的计算公式如下，以下简称为利润率。

```
利润 ÷ 销售额 ×100%
```

由于数据源中没有利润率字段，所以需要用户创建一个用于计算利润率的计算字段。创建各类产品利润率占比的操作步骤如下：

Step01 打开 10.1 节创建的工作簿，新建一个工作表并将其命名为“各类产品利润率占比”。

Step02 单击“数据”窗格顶部的下拉按钮，在弹出的菜单中选择“创建计算字段”命令。

Step03 打开如图 10-35 所示的对话框，将计算字段的名称设置为“利润率”，然后输入以下公式：

```
SUM([ 利润 ])/SUM([ 销售额 ])
```

技巧：手动输入字段的名称既费时又容易出错，可以直接将“数据”窗格中的字段拖动到公式输入框中。

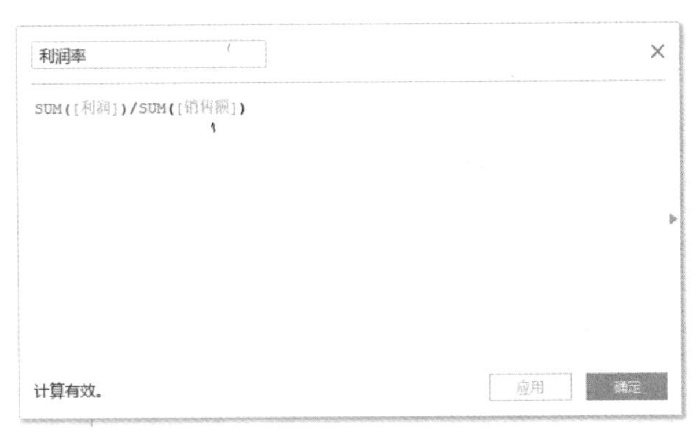

图 10-35　设置计算字段的名称和公式

Step04 单击“确定”按钮，关闭对话框，将在“数据”窗格中创建名为“利润率”的计算字段。

Step05 在“标记”卡中将标记类型设置为“饼图”，如图 10-36 所示。

Step06 将“数据”窗格中的“子类别”字段拖动到“标记”卡中的“颜色”按钮上，将“数据”窗格中的“利润率”字段拖动到“标记”卡中的“角度”按钮上。按住 Ctrl 和 Shift 两个键，然后多次按 B 键，调整饼图的大小，如图 10-37 所示。

图 10-36　将标记类型设置为“饼图”

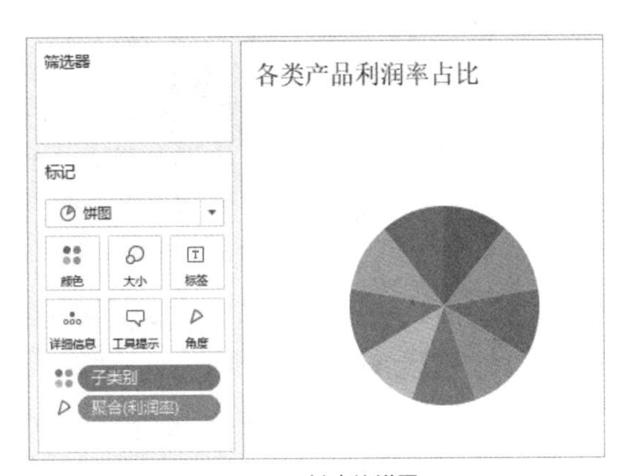

图 10-37　创建的饼图

Step07 将“数据”窗格中的“子类别”和“利润率”两个字段都拖动到“标记”卡中的“标签”按钮上，可以在饼图中的每个扇区附近显示产品子类别名称及其利润率。

Step08 将“利润率”字段的数字格式设置为“百分比”，以百分比格式显示利润率。完成后的视图如图 10-38 所示，展示了各类产品的利润率占比情况。

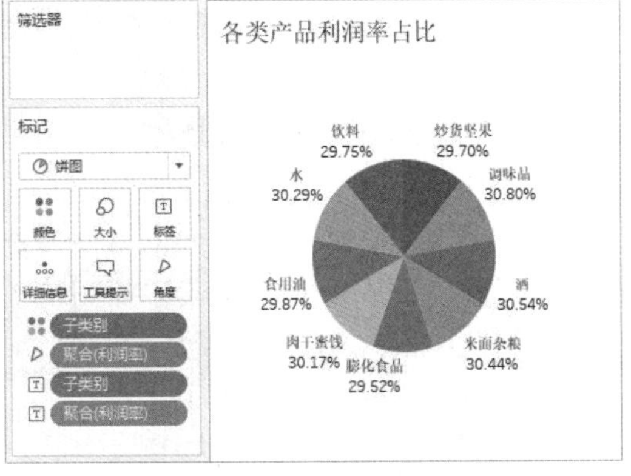

图 10-38　各类产品销售利润率占比

10.2.6 使用动态维度查看销售额

每次在功能区中添加字段后，视图的布局结构始终保持不变，直到调整功能区中字段的位置和数量为止。对于视图面向的受众用户来说，他们可能并不懂得如何改变视图结构，但是由希望变换不同的维度来查看销售额。此时可以创建动态维度，然后由用户选择想要查看的维度，即可在视图中显示特定维度下的销售额。

创建动态维度的操作步骤如下：

Step01 打开 10.1 节创建的工作簿，新建一个工作表并将其命名为“使用动态维度查看销售额”。

Step02 单击“数据”窗格顶部的下拉按钮，在弹出的菜单中选择“创建参数”命令，如图 10-39 所示。

Step03 打开“创建参数”对话框，进行以下几项设置，如图 10-40 所示。

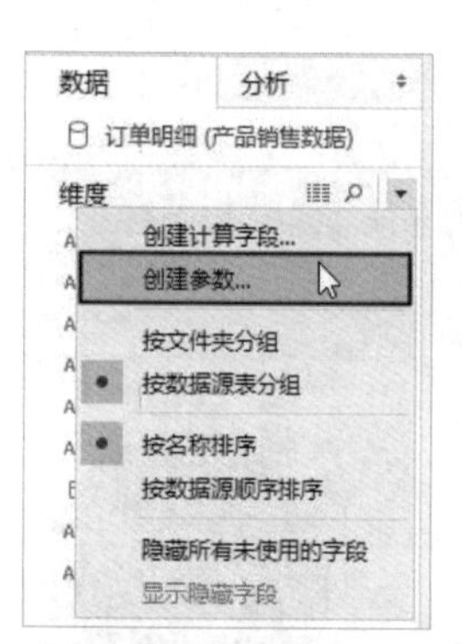

图 10-39 选择“创建参数”命令

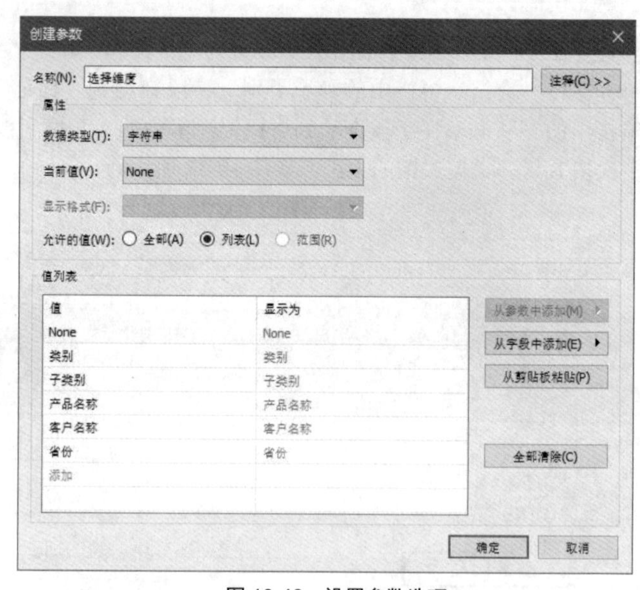

图 10-40 设置参数选项

- 将“名称”设置为“选择维度”。
- 将“数据类型”设置为“字符串”。
- 选中“列表”单选按钮，然后在“值列表”中依次输入字段的名称，这些字段就是以后供用户选择的维度，本例输入了 5 个字段。将列表的第一项输入为 None，“当前值”会被自动设置为 None。

提示：如果不想手动输入字段的名称，可以单击“从字段中添加”按钮，然后在子菜单中选择所需的字段。

Step04 单击“确定”按钮，关闭“创建参数”对话框。

Step05 创建一个名为“动态维度”的计算字段，为其输入以下代码，如图 10-41 所示。

```
CASE [选择维度]
 WHEN '类别' THEN [类别]
 WHEN '子类别' THEN [子类别]
 WHEN '产品名称' THEN [产品名称]
```

```
WHEN '客户名称' THEN [客户名称]
WHEN '省份' THEN [省份]
ELSE ''
END
```

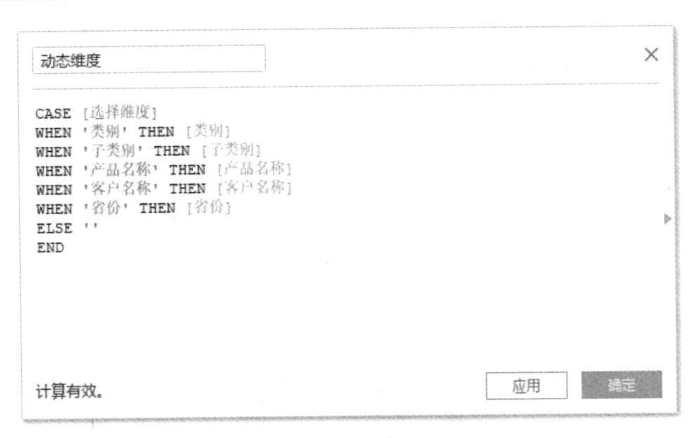

图 10-41 创建计算字段

提示：在计算字段中使用了 CASE 结构，它用于检测条件，然后根据检测结果执行相应的操作。检测的条件位于 CASE 语句的右侧，本例检测的是前面创建的参数值，用户通过在下拉列表中选择一个字段来确定参数的值。下面以 WHEN 开头的多条语句是要执行的操作。例如，如果用户选择的是“类别”字段，则本例创建的计算字段表示的就是“类别”字段。由于在本例创建的参数中输入了 5 个字段，所以需要使用 5 条 WHEN 语句分别处理 5 个字段。

Step06 单击“确定”按钮，关闭对话框。在“数据”窗格中右击前面创建的“选择维度”参数，然后在弹出的菜单中选择“显示参数控件”命令，如图 10-42 所示。

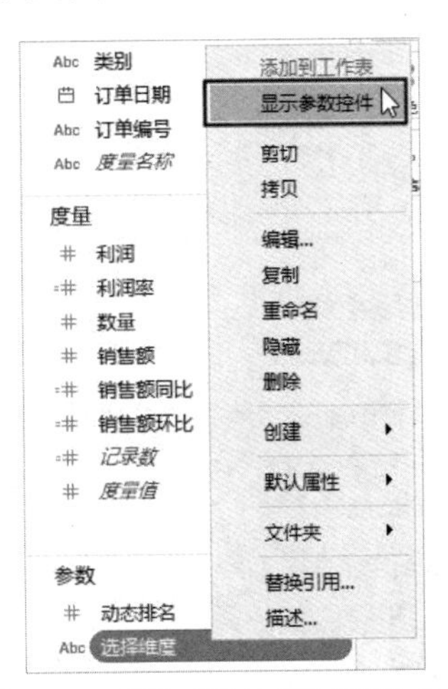

图 10-42 选择“显示参数控件”命令

Step07 将“销售额”字段拖动到“行”功能区中，将前面创建的“动态维度”计算字段拖动到“列”功能区中。由于“选择维度”参数的当前值为 None，所以在视图中只显示一个总销售额，不会显示特定维度下的销售额，如图 10-43 所示。

Step08 在视图右侧的参数卡的下拉列表中选择一个字段，Tableau 将自动使用该字段替换“列”功能区中的“动态维度”字段，以反映所选字段的数据，如图 10-44 所示。

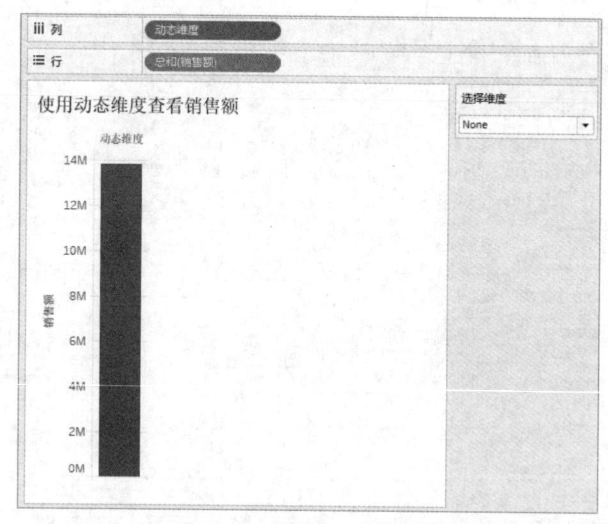

图 10-43　默认显示总销售额

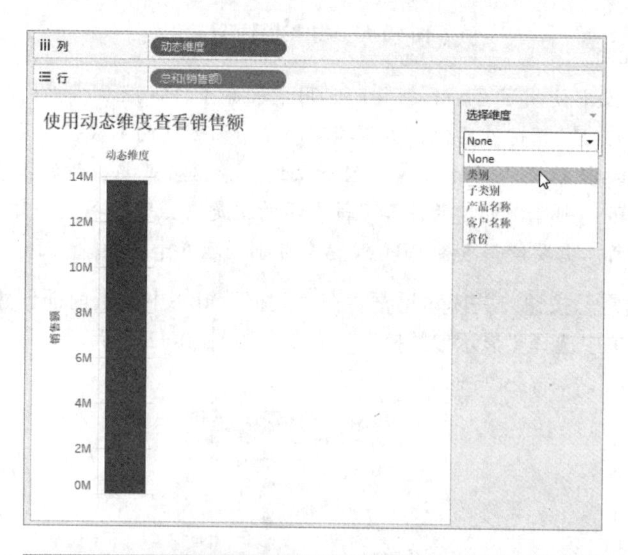

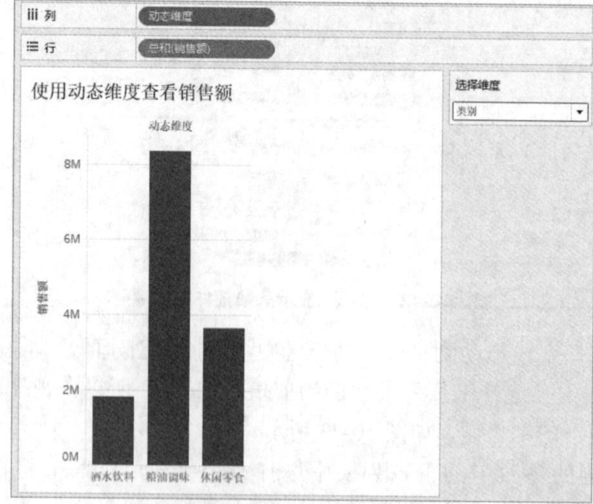

图 10-44　使用动态维度查看销售额

10.3　客户分析

本节将介绍使用 Tableau 对销售数据中的客户消费情况进行分析的方法。

10.3.1　客户消费静态排名

创建客户消费静态排名的操作步骤如下：

Step01 打开 10.1 节创建的工作簿，新建一个工作表并将其命名为“客户消费静态排名”。

Step02 将“数据”窗格中的“客户名称”字段拖动到“行”功能区中，将“销售额”字段拖动到“列”功能区中，创建一个统计客户消费情况的条形图，如图 10-45 所示。

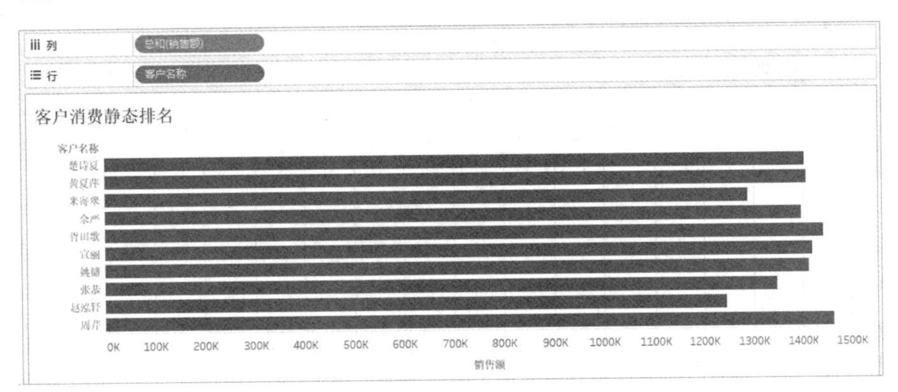

图 10-45　创建统计客户消费情况的条形图

Step03 右击“行”功能区中的“客户名称”字段，在弹出的菜单中选择“排序”命令，如图 10-46 所示。

Step04 打开“排序”对话框，在“排序依据”下拉列表中选择“嵌套”选项，如图 10-47 所示。

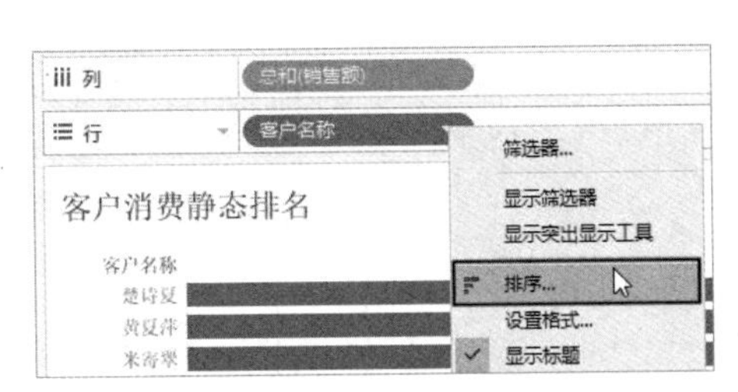

图 10-46　选择“排序”命令

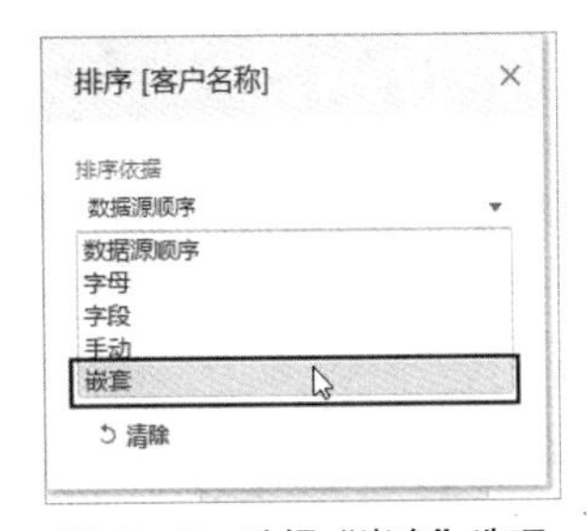

图 10-47　选择“嵌套”选项

提示：实际上只需使用 10.2.3 小节中的方法，或者直接单击工具栏中的“排序”按钮，即可完成排序工作，此处只是通过案例介绍排序数据的另一种方法。

Step05 选中“降序”单选按钮，将“字段名称”设置为“销售额”，将“聚合”设置为“总和”，如图 10-48 所示。

Step06 单击对话框右上角的“关闭”✕按钮，关闭对话框，此时的视图已经按照销售额从大到小的顺序排列客户名称，如图 10-49 所示。

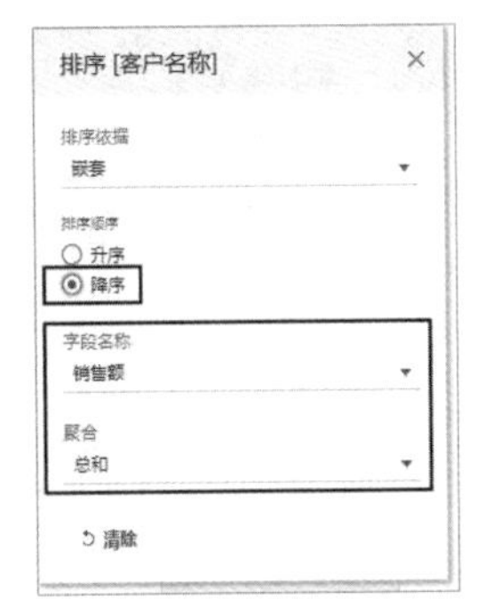

图 10-48　设置排序选项

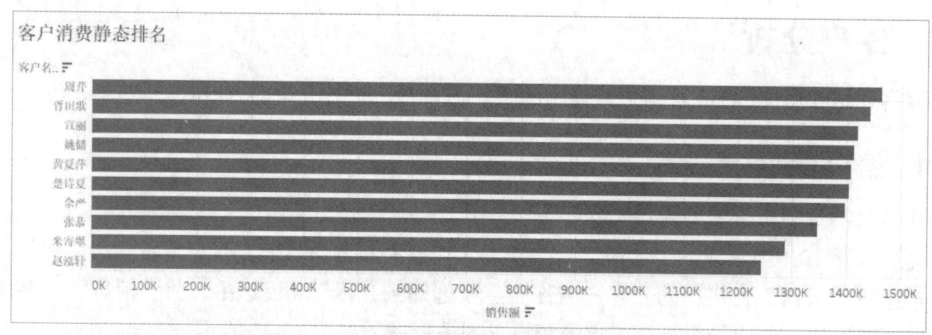

图 10-49　按照销售额从大到小的顺序排列客户名称

10.3.2　客户消费动态排名

在 10.3.1 小节中创建的客户排名是静态的，这意味着有多少个客户，视图中就会显示多少个排名。虽然通过添加筛选器可以控制视图中显示的排名数量，但是操作起来不够灵活。为了可以让用户灵活指定在视图中显示的排名数量，可以通过参数创建动态排名，操作步骤如下：

Step01 打开 10.1 节创建的工作簿，右击 10.3.1 小节创建的“客户消费静态排名”工作表，在弹出的菜单中选择“复制”命令，然后将复制后的工作表名称修改为“客户消费动态排名”。

Step02 复制后的“客户消费动态排名”工作表中的视图也是按照销售额从大到小的顺序排列客户名称。在该工作表中右击“行”功能区中的“客户名称”字段，然后在弹出的菜单中选择“筛选器”命令，如图 10-50 所示。

Step03 打开“筛选器”对话框，切换到“顶部”选项卡，选中“按字段”单选按钮，然后在“顶部”右侧的下拉列表中选择“创建新参数”选项，如图 10-51 所示。

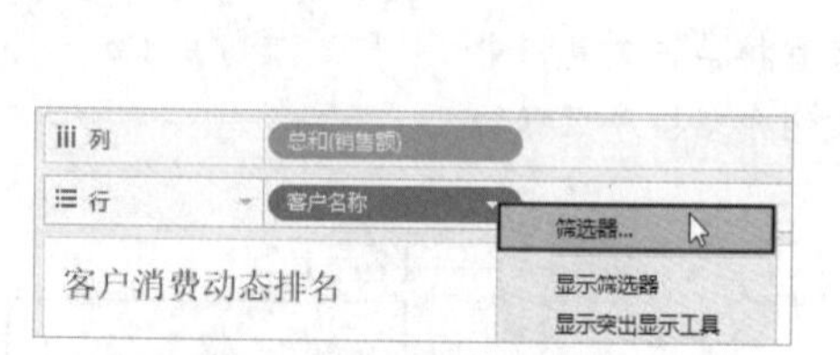

图 10-50　选择“筛选器”命令

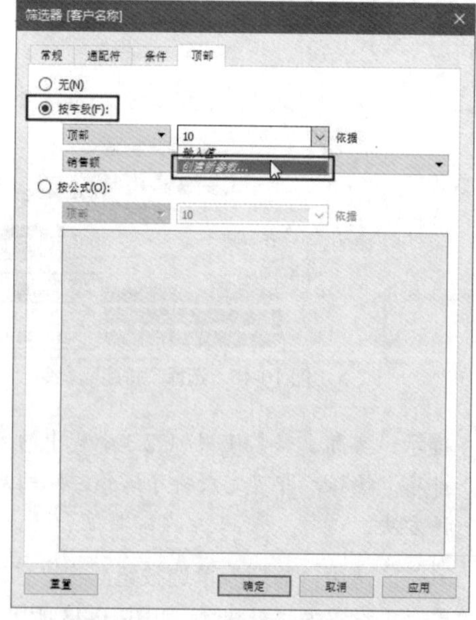

图 10-51　选择“创建新参数”选项

Step04 打开“创建参数”对话框，进行以下设置，如图 10-52 所示。

- 在“名称”文本框中输入参数的名称，例如输入“动态排名”。
- 在“当前值”文本框中输入一个数字，此处输入 10，因为本例的视图中一共有 10 个客户，

所以输入 10 表示默认显示所有客户的排名。

- 选中“范围”单选按钮。
- 将“最小值”设置为 1，将“最大值”设置为 10，这两项表示在视图中至少显示 1 个客户的排名，最多显示 10 个客户的排名。

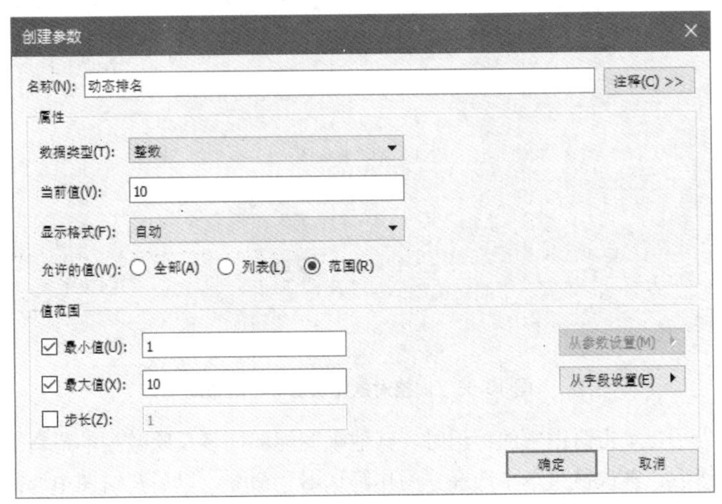

图 10-52　设置参数选项

Step05 单击“确定”按钮，关闭“创建参数”对话框。再次单击“确定”按钮，关闭“筛选器”对话框。在视图的右侧会显示一个参数卡，如图 10-53 所示，拖动其中的滑块可以动态改变视图中显示客户排名的数量，如图 10-54 所示。

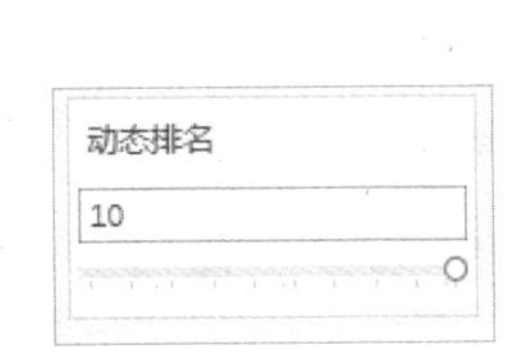

图 10-53　参数卡

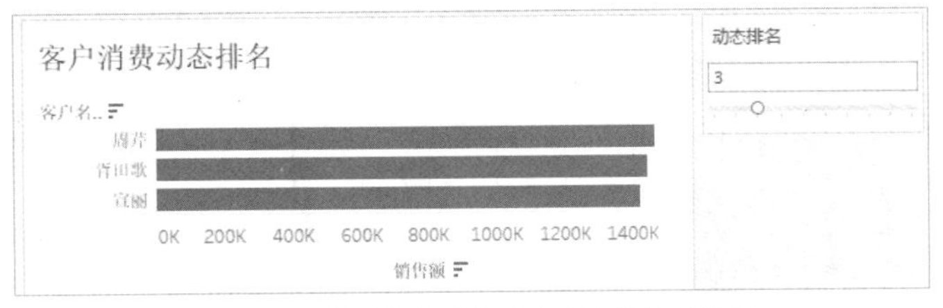

图 10-54　拖动滑块动态改变客户排名的数量

10.4　展示分析结果

本节将使用前面制作完成的工作表来创建仪表板和故事，以便展示分析结果。

10.4.1　创建仪表板

创建仪表板的操作步骤如下：

Step01 打开 10.1 节创建的工作簿，新建一个仪表板并将其命名为“销售分析”。

Step02 在“仪表板”窗格中将所需的工作表添加到仪表板中，如图 10-55 所示。可以直接拖动仪表板中，也可以先在仪表板中添加布局容器，然后将工作表拖动到布局容器中。

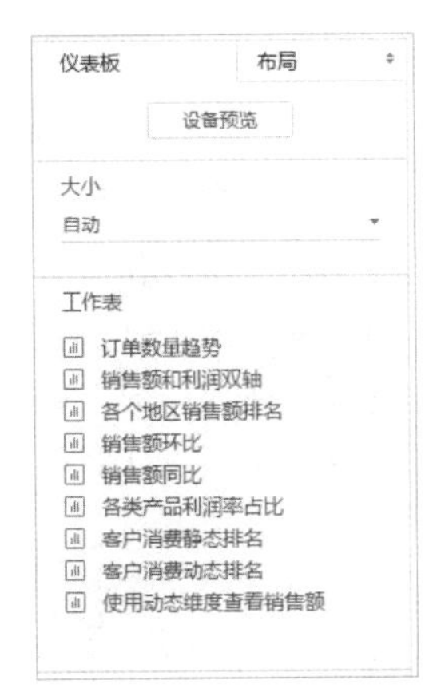

图 10-55　向仪表板添加工作表

Step03 根据需要调整各个工作表在仪表板中的布局，可以将平铺对象改为浮动对象，然后将浮动对象移动到仪表板中的特定位置并调整其大小，如图 10-56 所示。

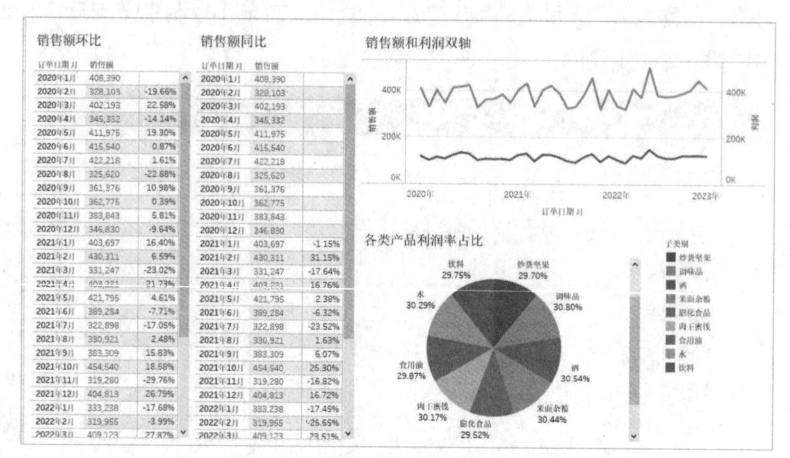

图 10-56　调整对象在仪表板中的布局

Step04 本例为了在单击饼图中的标记时，其他视图能够同步反映数据的最新变化，需要在仪表板中选择饼图，然后在其快捷菜单中选择“用作筛选器”命令。以后在饼图中选择标记时，仪表板中的其他对象会同步更新，如图 10-57 所示。

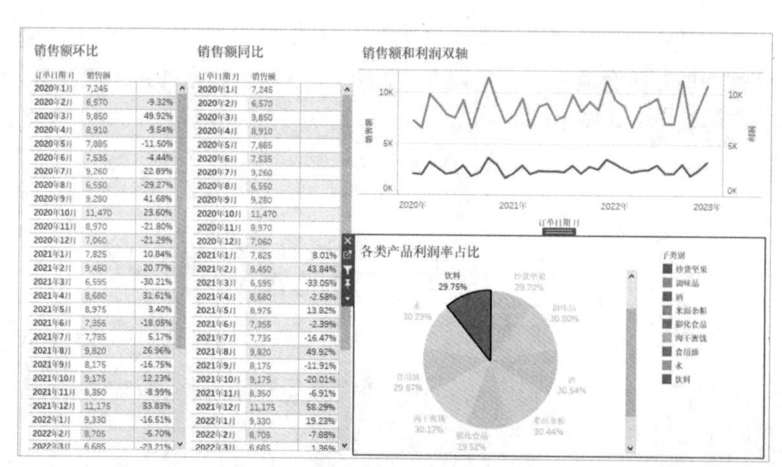

图 10-57　使用一个视图筛选其他视图

10.4.2　创建故事

创建故事的操作步骤如下：

Step01 打开 10.1 节创建的工作簿，新建一个故事并将其命名为“销售分析报告”。

Step02 本例中的故事共有 5 个故事点，因此，除了默认自带的一个故事点之外，还需要在故事中添加 4 个故事点，分别为每个故事点输入说明信息，如图 10-58 所示。

图 10-58　添加故事点并输入说明信息

Step03 在前 4 个故事点中添加相应的工作表，在最后一个故事点中添加 10.4.1 小节创建的仪表板，创建完成的故事如图 10-59 所示。

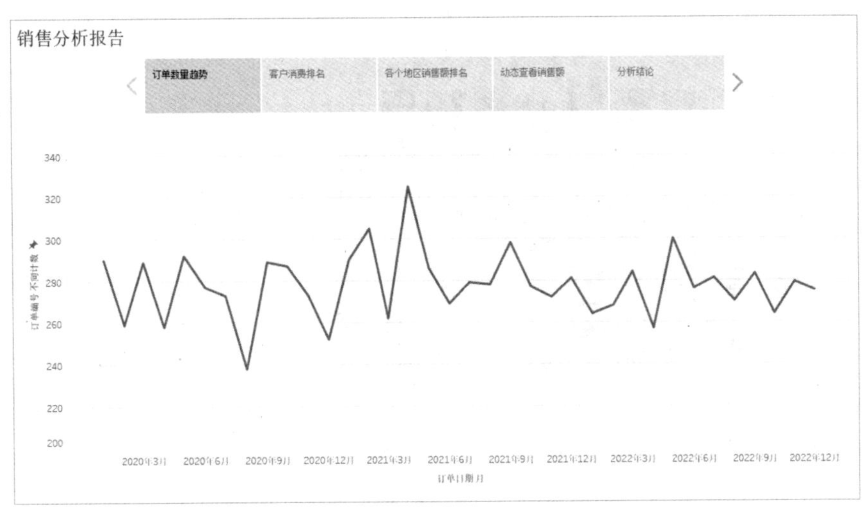

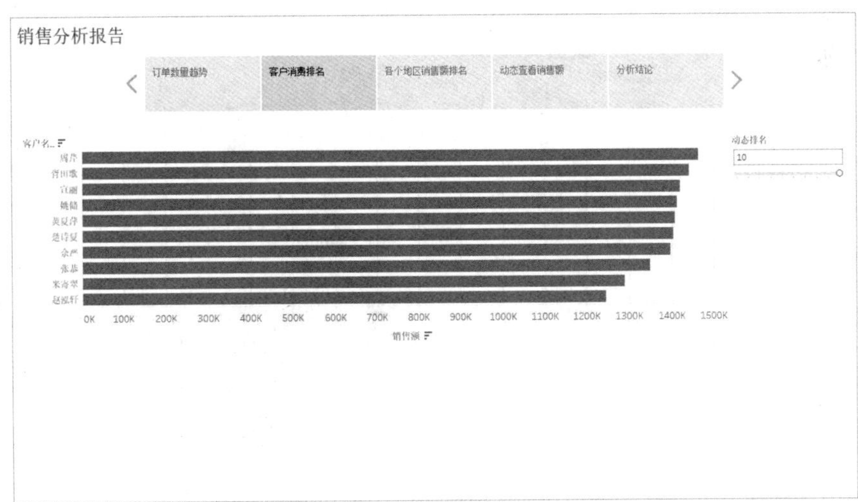

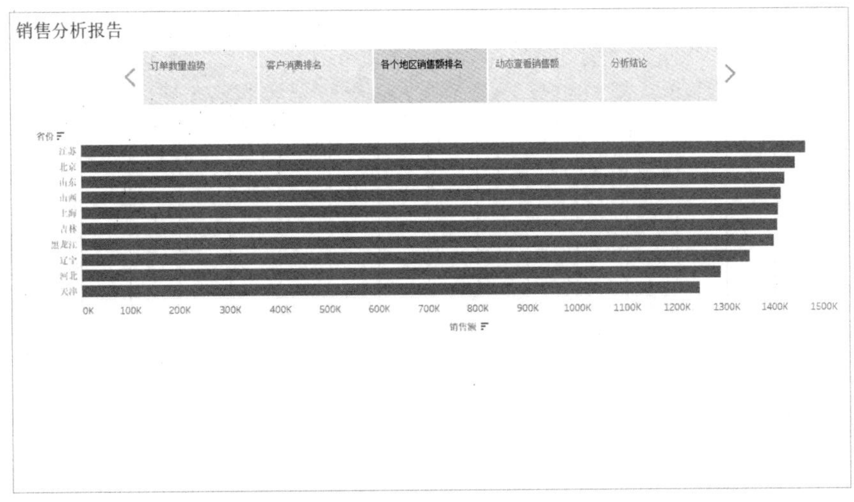

图 10-59　创建完成的故事

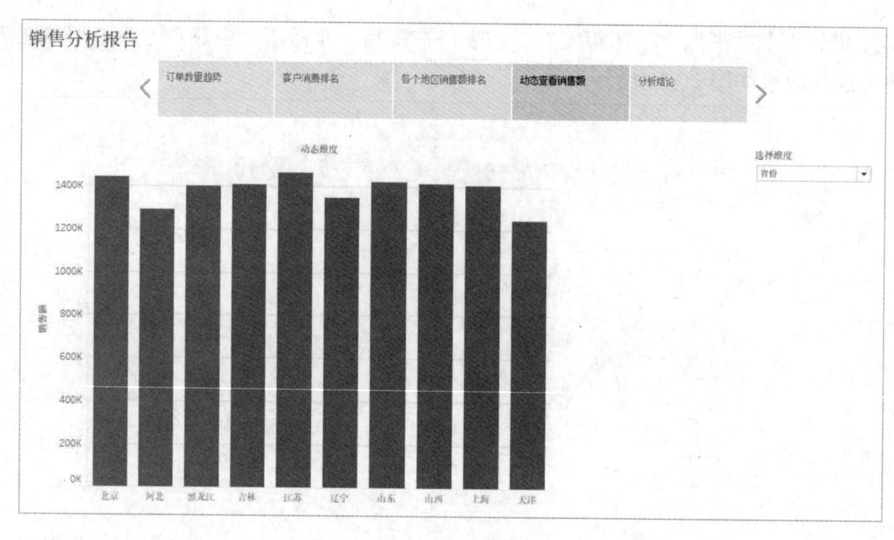

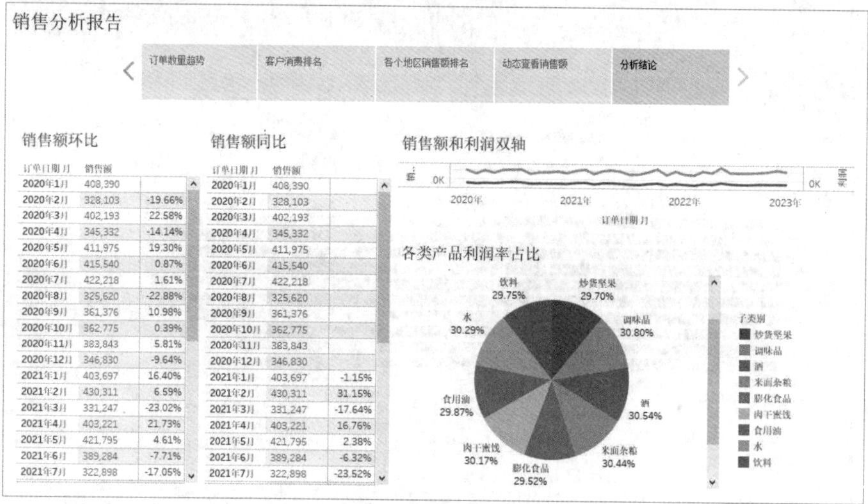

销售额环比

订单日期 月	销售额	
2020年1月	408,390	
2020年2月	328,103	-19.66%
2020年3月	402,193	22.58%
2020年4月	345,332	-14.14%
2020年5月	411,975	19.30%
2020年6月	415,540	0.87%
2020年7月	422,218	1.61%
2020年8月	325,620	-22.88%
2020年9月	361,376	10.98%
2020年10月	362,775	0.39%
2020年11月	383,843	5.81%
2020年12月	346,830	-9.64%
2021年1月	403,697	16.40%
2021年2月	430,311	6.59%
2021年3月	331,247	-23.02%
2021年4月	403,221	21.73%
2021年5月	421,795	4.61%
2021年6月	389,284	-7.71%
2021年7月	322,898	-17.05%

销售额同比

订单日期 月	销售额	
2020年1月	408,390	
2020年2月	328,103	
2020年3月	402,193	
2020年4月	345,332	
2020年5月	411,975	
2020年6月	415,540	
2020年7月	422,218	
2020年8月	325,620	
2020年9月	361,376	
2020年10月	362,775	
2020年11月	383,843	
2020年12月	346,830	
2021年1月	403,697	-1.15%
2021年2月	430,311	31.15%
2021年3月	331,247	-17.64%
2021年4月	403,221	16.76%
2021年5月	421,795	2.38%
2021年6月	389,284	-6.32%
2021年7月	322,898	-23.52%

图 10-59　创建完成的故事（续）